普通高等教育“十一五”国家级规划教材

高 等 学 校 自 动 化 专 业 系 列 教 材
教育部高等学校自动化专业教学指导分委员会牵头规划

非线性系统理论

（第2版）

方勇纯　卢桂章　编著
Fang Yongchun　Lu Guizhang

清华大学出版社
北京

内 容 简 介

非线性控制是近年来控制理论界非常活跃的一个研究领域。本书重点讨论基于李雅普诺夫方法的非线性控制及其在实际系统中的具体应用，首先介绍李雅普诺夫稳定性理论，然后依次对非线性系统精确线性化、自适应控制、鲁棒控制、学习控制等方法进行讨论，同时应用李雅普诺夫理论对于这些控制方法进行稳定性分析。

在内容安排上，第2、3章是理论基础。其中，第2章重点介绍书中所涉及的数学背景，主要包括用于信号分析的几个重要定理以及少量的微分几何基础知识。第3章讨论李雅普诺夫基本理论，给出各种稳定性的数学定义，并重点介绍李雅普诺夫稳定性理论和拉塞尔不变性原理。第4～7章是对于自适应控制等多种方法的具体介绍和理论分析，各章相互独立，读者可以选择感兴趣的方法进行学习。第8～10章主要介绍非线性控制方法在典型对象，如机器人系统、欠驱动吊车系统和磁悬浮系统中的具体应用。

本书适用对象为高等院校控制类专业研究生，以及从事非线性控制系统分析与设计的工程技术人员。

图书在版编目(CIP)数据

非线性系统理论/方勇纯，卢桂章编著. —2版. —北京：清华大学出版社，2023.1
高等学校自动化专业系列教材
ISBN 978-7-302-60672-7

Ⅰ. ①非… Ⅱ. ①方… ②卢… Ⅲ. ①非线性系统(自动化)－高等学校－教材 Ⅳ. ①TP271

中国版本图书馆CIP数据核字(2022)第069404号

责任编辑：王一玲　李　晔
封面设计：傅瑞学
责任校对：郝美丽
责任印制：朱雨萌

出版发行：清华大学出版社
网　　址：http://www.tup.com.cn，http://www.wqbook.com
地　　址：北京清华大学学研大厦A座　　**邮　　编**：100084
社 总 机：010-83470000　　**邮　　购**：010-62786544
投稿与读者服务：010-62776969，c-service@tup.tsinghua.edu.cn
质量反馈：010-62772015，zhiliang@tup.tsinghua.edu.cn
课件下载：http://www.tup.com.cn，010-83470236
印 装 者：大厂回族自治县彩虹印刷有限公司
经　　销：全国新华书店
开　　本：175mm×245mm　　**印　　张**：10.75　　**字　　数**：232千字
版　　次：2009年5月第1版　2023年1月第2版　　**印　　次**：2023年1月第1次印刷
印　　数：1～1500
定　　价：59.00元

产品编号：095393-01

“高等学校自动化专业系列教材”编审委员会

出版说明

《高等学校自动化专业系列教材》

为适应我国对高等学校自动化专业人才培养的需要，配合各高校教学改革的进程，创建一套符合自动化专业培养目标和教学改革要求的新型自动化专业系列教材，"教育部高等学校自动化专业教学指导分委员会"（简称"教指委"）联合了"中国自动化学会教育工作委员会""中国电工技术学会高校工业自动化教育专业委员会""中国系统仿真学会教育工作委员会""中国机械工业教育协会电气工程及自动化学科委员会"四个委员会，以教学创新为指导思想，以教材带动教学改革为方针，设立专项资助基金，采用全国公开招标方式，组织编写出版了一套自动化专业系列教材——《高等学校自动化专业系列教材》。

本系列教材主要面向本科生，同时兼顾研究生；覆盖面包括专业基础课、专业核心课、专业选修课、实践环节课和专业综合训练课；重点突出自动化专业基础理论和前沿技术；以文字教材为主，适当包括多媒体教材；以主教材为主，适当包括习题集、实验指导书、教师参考书、多媒体课件、网络课程脚本等辅助教材；力求做到符合自动化专业培养目标、反映自动化专业教育改革方向、满足自动化专业教学需要；努力创造使之成为具有先进性、创新性、适用性和系统性的特色品牌教材。

本系列教材在"教指委"的领导下，从 2004 年起，通过招标机制，计划用 3～4 年时间出版 50 本左右教材，2006 年开始陆续出版。为满足多层面、多类型的教学需求，同类教材可能出版多种版本。

本系列教材的主要读者群是自动化专业及相关专业的本科生和研究生，以及相关领域和部门的科学工作者和工程技术人员。我们希望本系列教材既能为在校本科生和研究生的学习提供内容先进、论述系统和适于教学的教材或参考书，也能为广大科学工作者和工程技术人员的知识更新与继续学习提供适合的参考资料。感谢使用本系列教材的广大教师、学生和科技工作者的热情支持，并欢迎提出批评和意见。

《高等学校自动化专业系列教材》编审委员会

2005 年 10 月于北京

序一
FOREWORD

自动化学科有着光荣的历史和重要的地位，20世纪50年代我国政府就十分重视自动化学科的发展和自动化专业人才的培养。五十多年来，自动化科学技术在众多领域发挥了重大作用，如航空航天等，“两弹一星”的伟大工程就包含了许多自动化科学技术的成果。自动化科学技术也改变了我国工业整体的面貌，不论是石油化工、电力、钢铁，还是轻工、建材、医药等领域都要用到自动化手段，在国防工业中自动化的作用更是巨大的。现在，世界上有很多非常活跃的领域都离不开自动化技术，比如机器人、月球车等。另外，自动化学科对一些交叉学科的发展同样起到了积极的促进作用，例如网络控制、量子控制、流媒体控制、生物信息学、系统生物学等学科就是在系统论、控制论、信息论的影响下得到不断的发展。在整个世界已经进入信息时代的背景下，中国要完成工业化的任务还很重，或者说我们正处在后工业化的阶段。因此，国家提出走新型工业化的道路和“信息化带动工业化，工业化促进信息化”的科学发展观，这对自动化科学技术的发展是一个前所未有的战略机遇。

机遇难得，人才更难得。要发展自动化学科，人才是基础、是关键。高等学校是人才培养的基地，或者说人才培养是高等学校的根本。作为高等学校的领导和教师始终要把人才培养放在第一位，具体对自动化系或自动化学院的领导和教师来说，要时刻想着为国家关键行业和战线培养和输送优秀的自动化技术人才。

影响人才培养的因素很多，涉及教学改革的方方面面，包括如何拓宽专业口径、优化教学计划、增强教学柔性、强化通识教育、提高知识起点、降低专业重心、加强基础知识、强调专业实践等，其中构建融会贯通、紧密配合、有机联系的课程体系，编写有利于促进学生个性发展、培养学生创新能力的教材尤为重要。清华大学吴澄院士领导的《高等学校自动化专业系列教材》编审委员会，根据自动化学科对自动化技术人才素质与能力的需求，充分汲取国外自动化专业教材的优势与特点，在全国范围内，以招标方式组织编写了这套自动化专业系列教材，这对推动高等学校自动化专业发展与人才培养具有重要的意义。这套系列教材的建设有新思路、新机制，适应了高等学校教学改革与发展的新形势，立足创建精品教材，重视实践性环节在人才培养中的作用,采用了竞争机制,以激励和推动教材建设。在此,我谨向参与本系列教材规划、组织、编写的老师致以诚挚的感谢,并希望该系列教材在高等学校自动化专业人才培养中发挥应有的作用。

吴启迪教授

2005年10月于教育部

序二

FOREWORD

“高等学校自动化专业系列教材”编审委员会在对国内外部分大学有关自动化专业的教材做深入调研的基础上，广泛听取了各方面的意见，以招标方式组织编写了一套面向全国本科生（兼顾研究生）、体现自动化专业教材整体规划和课程体系、强调专业基础和理论联系实际的系列教材，自2006年起将陆续出版。全套系列教材共50多本，涵盖了自动化学科的主要知识领域，大部分教材都配置了包括电子教案、多媒体课件、习题辅导、课程实验指导书等立体化教材配件。此外，为强调落实“加强实践教育，培养创新人才”的教学改革思想，还特别规划了一组专业实验教程，包括《自动控制原理实验教程》《运动控制实验教程》《过程控制实验教程》《检测技术实验教程》《计算机控制系统实验教程》等。

自动化科学技术是一门应用性很强的学科，面对的是各种各样错综复杂的系统，控制对象可能是确定性的，也可能是随机性的；控制方法可能是常规控制，也可能需要优化控制。这样的学科专业人才应该具有什么样的知识结构，又应该如何通过专业教材来体现，这正是系列教材编审委员会规划系列教材时所面临的问题。为此，设立了“自动化专业课程体系结构研究”专项研究课题，成立了由清华大学萧德云教授负责，包括清华大学、上海交通大学、西安交通大学和东北大学等多所院校参与的联合研究小组，对自动化专业课程体系结构进行深入的研究，提出了按“控制理论与工程、控制系统与技术、系统理论与工程、信息处理与分析、计算机与网络、软件基础与工程、专业课程实验”等知识板块构建的课程体系结构。以此为基础，组织规划了一套涵盖几十门自动化专业基础课程和专业课程的系列教材。从基础理论到控制技术，从系统理论到工程实践，从计算机技术到信号处理，从设计分析到课程实验，涉及的知识单元多达数百个、知识点几千个，参与的学校50多所，参与的教授120多人，是一项庞大的系统工程。从编制招标要求、公布招标公告，到组织投标和评审，最后商定教材大纲，凝聚着全国百余名教授的心血，为的是编写出版一套具有一定规模、富有特色的、既考虑研究型大学又考虑应用型大学的自动化专业创新型系列教材。

然而，如何进一步构建完善的自动化专业教材体系结构？如何建设基础知识与最新知识有机融合的教材？如何充分利用现代技术，适应现代大学生的接受习惯，改变教材单一形态，建设数字化、电子化、网络化等多元形态、开放性的“广义教材”？等等，这些都还有待我们进行更深入的研究。

本系列教材的出版，对更新自动化专业的知识体系、改善教学条件、创造个性化的教学环境，一定会起到积极的作用。但是由于受各方面条件所限，本套教材从整体结构到每本书的知识组成都可能存在不当甚至谬误之处，还望使用本套教材的广大教师、学生及各界人士不吝批评指正。

吴澄 院士

2005年10月于清华大学

前言

PREFACE

非线性控制是近年来控制理论界非常活跃的一个研究领域，各种非线性控制方法在机器人、航空航天等系统中得到了日益重要的应用。因此，为控制类学科的研究生开设非线性控制课程具有非常重要的意义。

本书是为促进我国高等院校教学与国内外最新研究成果紧密结合，适应研究型大学人才培养需要所编写的一本新型研究生教材，其适用对象为控制类学科的研究生，或者是有志于从事非线性控制系统设计与分析的工程技术人员。本书旨在使读者了解非线性控制领域中的基本理论，掌握非线性控制系统的设计方法，为其从事非线性系统研究或者工程技术应用奠定基础。

本书第1版出版于2009年，当时第一作者刚回国任教不久，出版本书的初衷是希望为从事非线性控制研究的工科类研究生提供一本合适的教材，因此在编著本书时更多偏重于应用，不过于追求理论的完备性和分析深度。自出版以来，本书得到了非线性控制领域同行的逐步认可。除持续作为南开大学非线性控制课程的教材之外，也成为北京科技大学、大连海事大学等学校非线性控制课程的教材或参考书。从反馈意见来看，读者通过阅读本书，可以较好地从应用角度来理解非线性控制的设计思路，并进一步掌握非线性控制系统的设计方法。在本次修订过程中，我们仍然保留了原来偏重应用、便于教学的特点，在这个前提下，主要是修正了第1版中存在的一些表达不准确或描述不清楚之处，力求使读者在阅读过程中能更好地理解教材核心内容，从而使本书第2版更适合非线性控制特点和研究生课程教学的需要。

在结构方面，本书第2版仍然以李雅普诺夫稳定性理论为基础，依次介绍非线性系统精确线性化、自适应控制、鲁棒控制、学习控制等方法，并应用李雅普诺夫理论对这些控制方法进行稳定性分析。非线性控制是一个对于数学基础要求很高的领域，考虑到工科研究生的知识特点，在书中重点阐述这些非线性控制方法的设计思路，并在后半部分通过具体例子来进一步描述这些方法的具体应用，从而使读者能更好地理解其基本原理，并通过研读应用实例掌握基本设计方法。考虑到篇幅，以及课程教学学时等方面的限制，对于这些方法的其他方面，书中未做过多阐述，而是提供了相应的参考文献，以方便感兴趣的读者查阅。

在内容编排上，第2、3章是本书的理论基础，熟练掌握这两章的内容是学习后续各章的前提。其中,第2章重点介绍书中所涉及的数学背景,主要包括用于信号分析的几个重要定理以及少量的微分几何基础知识。第3章讨论了李雅普诺夫基本理论,给出了各种稳定性的数学定义,并重点介绍了李雅普诺夫稳定性理论和拉塞尔不变性原理。第4～7章是对于自适应控制等数种方法的具体介绍和理论分析,各章相互独立,读者可以选择感兴趣的方法进行学习。此外,在学习这些控制方法时,对理论要求不高的读者可以跳过这些控制方法的稳定性分析,而不会影响对后续内容的理解。与线性控制方法不同的是,针对一般的非线性系统,目前尚没有成熟的设计方法,仍然只能采用反复猜测—尝试—修正的设计过程,因此掌握这些非线性控制方法的设计技巧具有很大的难度。为了增强读者对自适应控制等方法的理解,本书第8～10章,将主要介绍这些非线性控制方法在典型对象,如机器人系统、欠驱动吊车系统、磁悬浮系统上的具体应用,力图通过这些实例来增加读者对于应用这些非线性控制方法的经验,使其对于一些常见的非线性系统,能够设计合适的控制策略来实现期望的性能指标。为此,教材中选用了在国际著名学术期刊/会议上出现的相关论文来介绍自适应控制等方法的设计与应用情况。在这一部分,各章针对机器人等具体控制对象,根据不同的设计要求,分别介绍采用数种不同的非线性方法实施控制的设计过程及其稳定性分析,各章之间相互独立,同一章的不同方法之间也没有过强的先后次序,对此读者可以根据自己的实际情况来自由选择感兴趣的内容进行学习。除此之外,书中有*标注的章节表示教材中较难的部分,对于这些内容,读者可以根据自己的情况自行取舍。

本书的出版得到"高等学校自动化专业系列教材"编审委员会萧德云教授和其他各位委员的大力支持。特别是对于本书第1版,萧德云教授对于其结构与内容编排提出了很多富有建设性的建议,袁著祉教授对全书进行了认真详细的审阅,并提出了许多宝贵意见。此外,在本书第1版的使用过程中,得到了不少同行的建议与帮助。在此一并对他们表示衷心的感谢!

尽管我们对于本书进行了反复校对,力求修正第1版存在的不当之处,但由于编者水平和经验有限,本书第2版仍难免存在问题,继续恳请广大读者批评指正。

编　者

2022年5月

第1版前言

PREFACE

非线性控制是近年来控制理论界非常活跃的一个研究领域，各种非线性控制方法在机器人、航空航天等系统中得到了日益重要的应用。因此，为控制类专业的研究生开设非线性控制课程具有非常重要的意义。

本书是为促进我国高等院校教学与国内外最新研究成果紧密结合，适应研究型大学人才培养需要所编写的一本新型研究生教材，其适用对象为控制类专业研究生，或者是有志于从事非线性控制系统设计与分析的工程技术人员。本书旨在使读者了解非线性控制领域中的基本理论，掌握非线性控制系统的设计方法，为其从事非线性系统研究或者工程技术应用奠定基础。

本书重点讨论基于李雅普诺夫方法的非线性控制及其在实际系统中的具体应用，这是非线性控制领域非常核心的研究内容。为此，首先介绍了李雅普诺夫稳定性理论，然后以之为主线，依次对非线性系统精确线性化、自适应控制、鲁棒控制、学习控制等方法进行讨论，同时应用李雅普诺夫理论对这些控制方法进行了稳定性分析。为了符合工科研究生教学的要求，教材对这些控制方法的设计思路进行了阐述，使读者能够理解和掌握它们的基本原理和设计技巧，而对于这些方法的其他方面，书中将不做过多讨论，感兴趣的读者可以查阅有关专著来了解其中的具体内容。

在内容编排上，第 2、3 章是本书的理论基础，熟练掌握这两章的内容是学习后续各章的前提。其中，第 2 章重点介绍书中所涉及的数学背景，主要包括用于信号分析的几个重要定理以及少量的微分几何基础知识。第 3 章讨论了李雅普诺夫基本理论，给出了各种稳定性的数学定义，并重点介绍了李雅普诺夫稳定性理论和拉塞尔不变性原理。第 4～7 章是对自适应控制等数种方法的具体介绍和理论分析，各章相互独立，读者可以选择感兴趣的方法进行学习。此外，在学习这些控制方法时，对理论要求不高的读者可以跳过这些控制方法的稳定性分析，而不会影响对后续内容的理解。与线性控制方法不同的是，针对一般的非线性系统，目前尚没有成熟的设计方法，仍然只能采用反复猜测—尝试—修正的设计过程，因此掌握这些非线性控制方法的设计技巧具有很大的难度。为了增强读者对自适应控制等方法的理解，本书第 8～10 章将主要介绍这些非线性控制方法在典型对象，如机器人系统、欠驱动吊车系统、磁悬浮系统上的具体应用，力图通过这些实例来增加读者应用这些非线性控制方法的经验，使其对于一些常见的非线性系统,能够设计合适的控制策略来实现期望的性能指标。为此,本书选用了近年来在国际著名学术期刊和会议上出现的相关论文来介绍自适应控制等方法的设计与应用情况。在这一部分,各章针对机器人等具体的控制对象,根据不同的设计要求,分别介绍采用数种不同的非线性方法实施控制的设计过程及其稳定性分析,各章之间相互独立,同一章的不同方法之间也没有过强的先后次序,对此读者可以根据自己的实际情况来自由选择感兴趣的内容进行学习。除此之外,书中有*标注的章节表示教材中较难的部分,对于这些内容,读者可以根据自己的情况自行取舍。

本书的出版得到了“高等学校自动化专业系列教材”编审委员会萧德云教授和其他各位委员的大力支持。其中,萧德云教授对于本书的结构与内容编排提出了很多富有建设性的建议,袁著祉教授对全书进行了详细认真的审阅,并提出了许多宝贵意见。在此一并对他们表示衷心的感谢。

由于编者水平和经验有限,书中难免存在不当之处,殷切希望广大读者批评指正。

编　者

2008年5月

目录

CONTENTS

第1章 非线性系统简介 …… 1

1.1 引言 …… 1
1.2 非线性系统的复杂性能 …… 3
1.2.1 非线性系统的多平衡点特性 …… 3
1.2.2 极限环 …… 4
1.2.3 混沌 …… 5
1.2.4 其他非线性现象 …… 6
1.3 非线性控制的重要意义 …… 7
1.4 常见的非线性系统设计与分析方法 …… 8
1.4.1 相平面分析法 …… 9
1.4.2 描述函数法 …… 9
1.4.3 李雅普诺夫法 …… 9
1.5 本书的主要内容安排 …… 11
习题 …… 12
参考文献 …… 13

第2章 数学预备知识 …… 14

2.1 范数及其性质 …… 14
2.2 函数的连续性 …… 16
2.3 函数的正定性分析 …… 17
2.4 信号分析基本定理 …… 19
2.5 微分几何基本知识 …… 24
2.5.1 微分流形及切空间 …… 24
2.5.2 李导数与李括号运算 …… 25
2.5.3 伏柔贝尼斯定理 …… 27
习题 …… 29
参考文献 …… 30

第3章 李雅普诺夫稳定性理论 …… 31

3.1 引言 …… 31
3.2 稳定性定义 …… 32
3.3 李雅普诺夫间接法 …… 34

3.4 李雅普诺夫直接法…………35
3.5 李雅普诺夫候选函数的选择方法…………39
3.5.1 基于能量分析的构造方法…………39
3.5.2 基于控制目标的构造方法…………39
3.5.3 经验与试探相结合的构造方法…………40
3.6 拉塞尔不变性原理…………41
习题…………43
参考文献…………44
第4章 基于精确模型的控制系统设计…………45
4.1 引言…………45
4.2 反馈线性化的设计思路…………46
4.3 单输入单输出系统的精确线性化…………47
4.3.1 SISO系统的输入输出线性化…………47
4.3.2 SISO非线性系统的标准型变换…………49
4.3.3 SISO非线性系统的状态反馈线性化…………51
4.3.4 系统的零动态和最小相位系统…………56
4.4 反向递推设计方法…………56
4.5 线性滤波降阶设计方法…………60
习题…………62
参考文献…………63
第5章 自适应控制…………65
5.1 引言…………65
5.2 线性参数化条件…………66
5.3 基本自适应控制算法…………67
5.3.1 自适应控制算法介绍…………67
5.3.2 性能分析…………68
5.3.3 自适应控制中的参数辨识问题…………69
5.4 直流无刷电机的自适应控制…………72
5.5* 非线性参数化系统的自适应控制…………74
5.5.1 滑模自适应控制器设计…………75
5.5.2 控制器稳定性分析…………76
习题…………78
参考文献…………79
第6章 滑模与鲁棒控制…………81
6.1 引言…………81

6.2 滑动平面及其性质 …… 82
6.3 滑模控制算法与分析 …… 85
6.3.1 滑模控制算法 …… 85
6.3.2 滑模控制器性能分析 …… 86
6.3.3 滑模控制中的抖振问题 …… 87
6.4 基于滑模结构的鲁棒控制 …… 87
6.4.1 高频率反馈鲁棒控制 …… 87
6.4.2 高增益反馈鲁棒控制 …… 88
6.4.3 鲁棒控制系统的饱和问题 …… 89
6.5* 鲁棒自适应控制与自适应鲁棒控制 …… 90
习题 …… 91
参考文献 …… 91

第7章 自学习控制 …… 93

7.1 引言 …… 93
7.2 标准的重复学习控制算法与分析 …… 94
7.2.1 重复学习算法介绍 …… 94
7.2.2 重复学习控制稳定性分析 …… 94
7.3 带饱和环节的重复学习控制策略 …… 95
7.4 重复学习控制在原子力显微镜系统中的应用 …… 98
7.5* 周期未知动态特性的重复学习控制 …… 99
7.6* 自学习控制中的其他问题 …… 100
习题 …… 100
参考文献 …… 101

第8章 机器人动态控制 …… 103

8.1 引言 …… 103
8.2 工业机器人的动态特性分析 …… 104
8.3 机器手臂的反馈线性化控制 …… 106
8.3.1 工业机器人开环误差系统分析 …… 106
8.3.2 非线性反馈控制器设计与分析 …… 107
8.4 机器手臂的自适应控制 …… 108
8.5 基于目标轨迹的机器人自适应控制 …… 110
8.5.1 DCAL 机器人自适应控制器设计 …… 111
8.5.2 DCAL 自适应控制系统性能分析 …… 112
8.6 机器手臂的重复学习自适应混合控制 …… 113
8.7* 机器人对象的输出反馈控制 …… 114

8.7.1 研究动机 …… 114
8.7.2 辅助误差信号定义 …… 115
8.7.3 输出反馈控制器设计 …… 115
8.7.4 闭环系统稳定性分析 …… 116
8.7.5 控制系统的实现形式分析 …… 118
习题 …… 119
参考文献 …… 120

第9章 欠驱动桥式吊车系统的非线性控制 …… 121

9.1 引言 …… 121
9.2 桥式吊车系统动态特性建模与分析 …… 122
9.3 基于能量分析的吊车系统非线性控制 …… 123
9.3.1 吊车系统的开环动态特性变换 …… 123
9.3.2 系统的能量分析 …… 123
9.3.3 吊车控制系统设计与分析 …… 124
9.3.4 吊车控制系统实验结果 …… 126
9.4 桥式吊车系统的抗干扰控制器设计 …… 128
9.4.1 抗干扰控制器设计 …… 128
9.4.2 吊车抗干扰控制系统的稳定性分析 …… 129
9.4.3 仿真结果与分析 …… 130
习题 …… 131
参考文献 …… 132

第10章 磁悬浮系统的非线性控制 …… 134

10.1 引言 …… 134
10.2 零稳态功率损失的磁轴承控制系统设计 …… 135
10.2.1 磁轴承系统模型分析 …… 136
10.2.2 零稳态功率损失控制系统设计与分析 …… 136
10.2.3 功率损耗估计 …… 138
10.2.4 控制器奇异性分析 …… 139
10.3 磁悬浮列车系统的非线性控制 …… 140
10.3.1 磁悬浮列车介绍 …… 140
10.3.2 磁悬浮列车建模与控制器设计 …… 141
10.3.3 磁悬浮控制系统的稳定性分析 …… 143
10.3.4 实验结果 …… 146
习题 …… 149
参考文献 …… 150

第1章 非线性系统简介

1.1 引言

自动控制理论是人类长期与外部世界和谐发展的产物。自古以来,人类为了更好地适应自然环境,尝试制造各种工具以及具有不同自动化程度的机器,并利用它们来完成复杂的任务。

自古代开始,各种朴素的控制思想与技术就在人类社会中得到了应用。传说远古时期,黄帝就发明了铜壶滴漏以区分昼夜的不同时刻,到了春秋时期,这种壶的使用已经相当普遍。在这种计时装置中,放置在壶中的木箭随着水位的降低而不断下沉,人们通过读出木箭上的刻度便可以知道当时的时间。在这种计时器中,水的滴出速度会随着容器内水面的降低而减慢,从而造成计时的不准确。东汉时期,著名科学家张衡设计了二级刻漏计时器,他通过采用补偿壶来解决由于水面降低而导致的计时差别。

西方是现代科学文明的主要发源地,控制理论在"工业革命"时期受到了极大的重视,并在实际应用中得到了飞速发展。1788年,瓦特在改进蒸汽机时,发明了一种离心式调速装置来改变蒸汽流,它能使引擎匀速工作,这是当时反馈控制思想最为成功的应用之一。E. J. Routh和A. Hurwitz分别于1877年和1895年提出了可以用于分析系统稳定性的劳斯判据和赫尔维茨判据,为分析线性系统的稳定性奠定了理论基础。1892年,俄国科学家李雅普诺夫(Lyapunov)提出了李雅普诺夫直接方法,这种方法一直沿用至今,现在仍然是非线性系统设计与分析的主要工具之一。在建立了系统稳定性分析的理论体系之后,科学家们又陆续提出了控制系统分析与设计的一些具体方法。其中,奈奎斯特(Nyquist)于1932年发表了奈奎斯特判据,H. Bode在1940—1945年完成了频率特性绘制的伯德图方法。1942年,H. Harris在拉普拉斯变换的基础之上,提出应用传递函数来描述系统的输入输出关系。1945—1950年,美国电信工程师W. R. Evans发表了根轨迹方法的基本理论。

美国数学家维纳于1948年提出了控制论,标志着自动控制理论进入了一个崭新的发展时期。1954年,钱学森在美国发表了著名的《工程控制论》一书,系统地揭示了控制论对自动化、航空航天等科学技术的意义与深远影响。除了不断完善有关理论之外,反馈控制等方法逐渐渗透到国民经济的各个领域,为许多产业实现自动化操作奠定了理论基础。

自20世纪中期人类开始尝试太空探索,其中,苏联在1957年发射了第一颗人造地球卫星,美国的阿波罗飞船于1968年成功登上月球。在这些举世瞩目的成就中,自动控制理论发挥着巨大的作用。同时,人类在航空航天等领域的研究也直接促使现代控制理论在20世纪60年代的巨大发展,许多控制理论和方法,如动态规划理论、极大值原理、最优控制理论、卡尔曼滤波方法以及系统的状态空间方法等都逐渐发展成熟。

毫无疑问,自动控制现在已经渗透到国民经济的各个领域。在2001年美国控制年会上,美国波士顿大学(Boston University)的Christos Cassandras教授作了题为*Let's Control Everything*的大会报告,总结了自动控制系统在多个领域的广泛应用,并对其未来的发展前景进行了预测。值得指出的是,随着计算机、网络和传感器技术的不断发展,人类认识世界的能力不断增强,因此,控制对象也从最初的简单机械系统不断拓展,逐渐延伸到机器人、航天器、工业过程等各个新兴高科技领域。随着人类活动范围不断扩大,控制对象也与日俱增,既包括宇宙飞船等大型复杂系统,又包括现在广泛研究的微纳米领域。与此同时,人类对于控制系统的品质要求,例如系统的快速性、稳定性、准确性等,都不断提高,因此对于控制系统的设计与分析方法也提出了更高的要求。

应该看到,以上提及的各种线性控制理论,如根轨迹方法、频域分析方法等经过过去一个多世纪的发展,已经逐步成熟,并在人类社会的实际生产(如化工过程等)中得到了广泛的应用,并且获得了巨大的经济效益。特别是近几十年来,随着数字计算机的发明和功能日益强大,线性控制方法已经在多个领域得到了成功的应用,极大地提高了生产规模和劳动效率,为这些领域的发展带来了革命性的变革。然而,随着现代社会对控制系统品质要求的不断提高,以及控制对象的日益复杂,这种线性控制方法已经很难满足人类的要求。

实际上,人类生产过程中接触到的都是非线性系统。所谓线性系统,只是这些非线性系统在某些条件下的良好近似。对于现有的线性系统设计工具而言,由于在分析过程中,忽略了系统中的非线性因素,因此无法准确衡量系统的输入输出性能。所以,这种基于近似处理的设计方法缩小了系统的正常工作范围,并造成其性能的明显下降,严重时甚至导致控制的失败。由于上述原因,自动控制领域一直在寻求一种能够直接对非线性系统进行设计与处理的工具来取代这些线性近似方法,以获得精确度更高、性能更为优越的控制系统。在控制理论专家的不断努力下,非线性控制理论与应用取得了很大的进展,陆续提出了相平面法、李雅普诺夫法和描述函数法等主要方法。特别是近年来,随着高性能计算机的出现,大规模集成电路以及新型传感器技术的快速发展,各种复杂的非线性控制方法在机器人、航空航天和工业过程等高科技领域得到了越来越多的应用。

1.2　非线性系统的复杂性能

对于线性系统而言，它们具有齐次性和叠加性等良好性质，因此可以应用传递函数来表示系统的输入输出特性，或者是通过状态空间方法来描述系统的状态及输出信号的动态特性。由于线性系统的良好性质，它们的稳定性完全取决于系统的结构和参数（例如传递函数的闭环极点或者是状态空间表示方法中的系统矩阵等），而与系统的初始状态没有任何关系。换言之，对于线性系统而言，对于同一个输入函数，只要系统在某个初始条件下保持稳定，那么对于其他任意初始条件，系统都是稳定的。因此，在线性系统中，所有的稳定性都是在全局意义上成立的。线性系统的这些性质为系统设计带来了非常有利的条件，使整个控制系统的设计和分析简单易行，特别是在稳定性分析方面具有非常成熟的理论和方法。

但是，对于非线性系统而言，它们表现出比线性系统复杂得多的动态行为。首先，由于非线性系统不满足齐次性和叠加性原理，因此无法利用传递函数这个数学工具来描述系统的输入输出关系。此外，对于非线性系统而言，其稳定性不但取决于系统的结构和参数，同时也和系统的初始状态有直接关系。一般而言，系统只有在初始状态满足相应的约束条件，即位于某个集合之内时，才能保证其稳定性。因此，对于非线性系统而言，在描述其稳定性时，还必须明确区分系统的稳定性是建立在全局范围上还是局部有效的。

由于非线性系统具有非常复杂的特性，因此，与线性系统相比较，非线性系统还表现出许多独特的行为[1-6]。

1.2.1　非线性系统的多平衡点特性

对于一个系统而言，我们将其状态维持不变的点称为平衡点。从平衡点的定义可以看出，对于下列 n 维线性系统

$$\dot{\boldsymbol{x}}=\boldsymbol{A}\boldsymbol{x}$$

其中 $\boldsymbol{x}\in\mathbf{R}^n$ 为系统的状态，而 $\boldsymbol{A}\in\mathbf{R}^{n\times n}$ 则是可逆的系统矩阵，显然该系统具有唯一的平衡点 $\boldsymbol{x}_s=\mathbf{0}$。但是对于非线性系统而言，系统通常具有多个平衡点，例如，对于如下的一阶非线性系统

$$\dot{x}=f(x) \tag{1.1}$$

其中 $x\in\mathbf{R}$ 代表系统的状态，而 $f(x)$ 则是一个非线性函数。为了计算系统(1.1)的平衡点，根据定义可以得到如下的代数方程

$$f(x)=0$$

显然，对于非线性函数 $f(\cdot)$ 而言，它可能具有若干零点，由此将导致系统(1.1)具有多个平衡点。

非线性系统一般都存在多个性质有所差异的平衡点，这是其区别于线性系统的

主要标志之一。

例 1.1　对于如下非线性系统

$$\dot{x} = -x + x^2$$

运用上述方法可以计算得到系统的两个平衡点分别为

$$x_{s1} = 0,\quad x_{s2} = 1$$

进一步地,我们可以分析系统在这两个平衡点附近的稳定性。根据系统的动态方程,可以得知 $\dot{x}(t)$ 具有如下特点

$$\begin{cases} \dot{x} > 0, & x > 1 \\ \dot{x} < 0, & 0 < x < 1 \\ \dot{x} > 0, & x < 0 \end{cases}$$

因此,当系统状态 $x(t)$ 位于平衡点 $x_{s1}=0$ 附近时,它将表现出向原点运动的趋势,因此,该平衡点 $x_{s1}=0$ 是稳定的;反之,在平衡点 $x_{s2}=1$ 附近,经过分析可以得知,系统状态具有偏离该平衡点的趋势,因此,平衡点 $x_{s2}=1$ 是不稳定的。实际上,当系统位于平衡点 $x_{s2}=1$ 上,一旦受到外力作用而发生轻微偏离时,系统状态将不断远离该平衡点,直至最后状态发散或者稳定到另一个平衡点 $x_{s1}=0$。对于该系统,当初始状态分别位于 $x_0=0.9999$ 和 $x_0=1.0001$ 时,其状态 $x(t)$ 随时间变化的曲线如图 1.1 所示。从左图可以看出:当初始状态 x_0 小于 1 时,系统状态 $x(t)$ 随时间不断衰减,直到最终稳定于原点;而右图则表明:当初始状态 x_0 大于 1 时,$x(t)$ 随时间不断增加,因此系统是不稳定的。

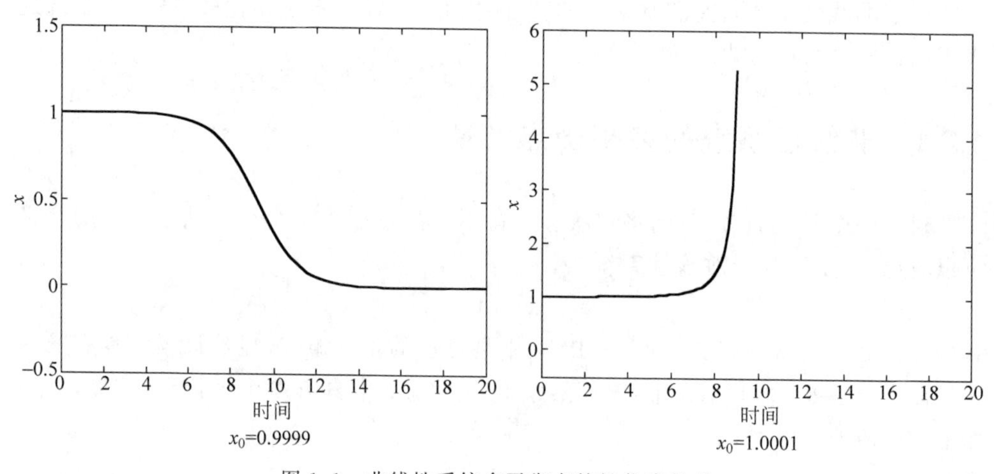

图 1.1　非线性系统多平衡点特性仿真结果 ■

1.2.2　极限环

某些非线性系统在无任何外力作用的情况下,呈现出一种固定频率和固定振幅的等幅振荡,这种振荡通常称为极限环[7],它也是非线性系统的一种独特行为。值

得指出的是，与线性系统由于外作用引起的等幅振荡不同，极限环是非线性系统的一种固有特性，它与系统的输入无关。

例 1.2　对于下列非线性系统

$$\ddot{x}+(x^2-1)\dot{x}+x=0$$

显然，当$|x|<1$时，$x^2-1<0$，此时振荡环节可以产生能量，因此导致系统的能量不断增加，所以$|x|$将持续增大最终达到1；反之，如果$|x|>1$，则有$x^2-1>0$，此时振荡环节将消耗能量，因此导致系统能量不断减少，从而使$|x|$逐渐下降到1。因此，在这种情况下，不管系统的初始条件如何，都将表现出一种固定频率和幅值的振荡，即体现出极限环的特征。特别地，当系统的初始条件分别取为

$$x_0=5,\quad \dot{x}_0=5$$

和

$$x_0=-1,\quad \dot{x}_0=-3$$

时，系统的相平面图如图1.2所示。图中A点表示起点(5,5)，而B点则代表起点(−1,−3)。由该图可以分析得知：系统具有一个频率为6.5Hz、振幅为2个单位的极限环。

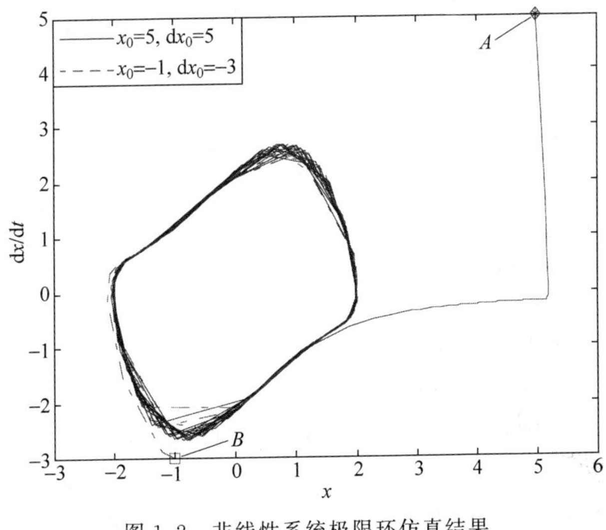

图1.2　非线性系统极限环仿真结果　■

1.2.3　混沌

对于某些非线性系统而言，其输出对于初始条件的变化极其敏感，这种现象通常称为混沌[8]。因此，当一个系统具有混沌特性时，其初始值的微小变化将可能导致输出量的剧烈改变。这种现象在很多非线性系统中大量存在。一般而言，系统的非线性越强，混沌特性可能表现越明显。

例 1.3 对于下列非线性系统

$$\ddot{x}+0.1\dot{x}+x^5=3\sin t$$

由于强非线性项 x^5 的影响使系统表现出一定的混沌特性。例如，对应于两组具有细微差别的初始状态

$$x_0=1,\quad \dot{x}_0=1.5$$

和

$$x_0=1.01,\quad \dot{x}_0=1.49$$

经过一段时间以后，系统状态表现出很大的差别，其相平面图见图 1.3。

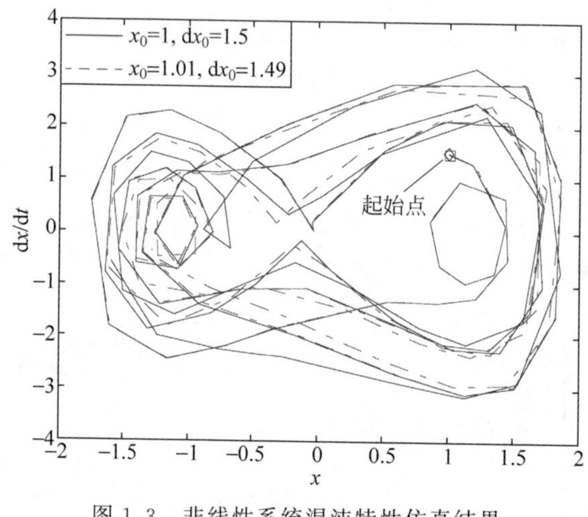

图 1.3 非线性系统混沌特性仿真结果 ■

值得指出的是，近年来，许多科学家合理利用非线性系统的混沌行为来完成预定的任务，如实现数据加密等。

1.2.4 其他非线性现象

除了以上所讨论的特性之外，非线性系统还具有其他一些行为。磁滞是一种常见的非线性特性，它具体表现为系统的输出值不仅取决于当前的输入量，同时还和输入量的变化趋势有关[9-10]。即在输入值的上升和下降过程中，对于同样的输入值，系统具有不同的输出值，所以系统的输入输出关系将不再是一个简单的一一映射。当系统的输入量做周期性变化时，此时所对应的输入输出关系不是一条直线，而是一条闭合的曲线，通常将其称为磁滞回线。

例 1.4 对于原子力显微镜中的压电陶瓷而言，其位移-电压关系具有如图 1.4 所示的磁滞特性。这种特性将为选择合适的控制电压以实现期望的轨迹带来较大的困难。 ■

对于传感装置或者执行机构而言，通常只有在输入值超过一定的阈值以后，系统才会有所响应，这种行为称为死区特性，它是一种常见的非线性行为。死区一般

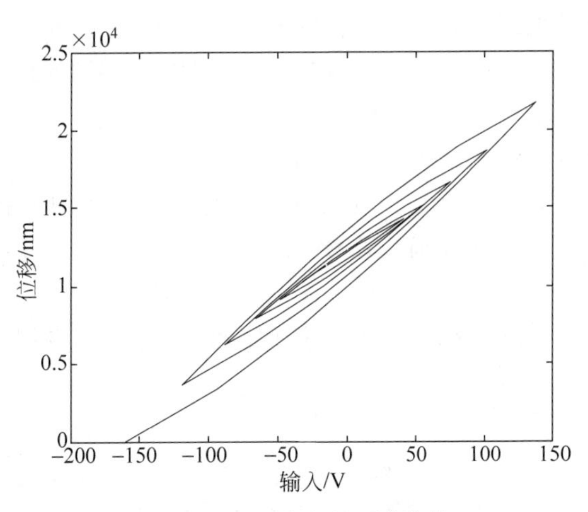

图 1.4　压电陶瓷的磁滞曲线

定义为传感器或者执行机构无法进行响应的区域，它的存在严重地限制了传感器的分辨率以及控制的精度。死区特性的示意图如图 1.5 所示，图中(−Δ，+Δ)表示系统响应的死区。

对于实际的机电系统而言，其工作范围都有一定的限制，输入量与输出量之间的相互关系只有在该工作范围内才有意义。如果输入量过大，由于系统已经达到其极限值，此时输出量将不再随输入量的增加而改变，而是保持在器件的极限值上。这种行为称为饱和，它也是一种常见的非线性行为，其响应曲线如图 1.6 所示，图中 K 表示系统响应的饱和值，而 a 则为输出到达饱和点时对应的输入量。

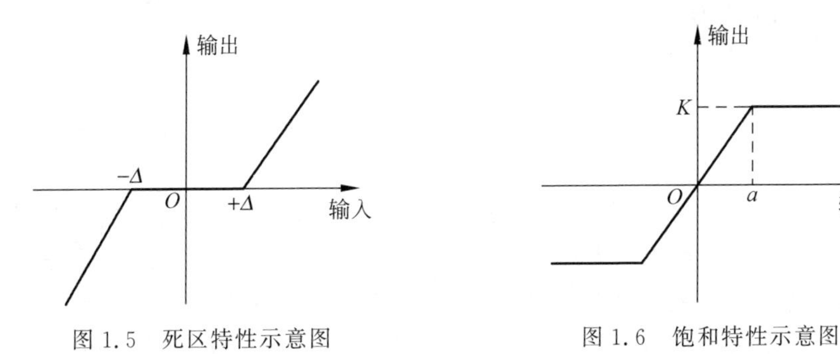

图 1.5　死区特性示意图　　图 1.6　饱和特性示意图

1.3　非线性控制的重要意义

综上所述，非线性系统具有许多不同于线性系统的独特行为，因此线性系统的设计与分析方法，如传递函数、根轨迹法、频率响应法等，很难在非线性系统上得到应用。事实上，为了将这些线性控制方法用于非线性系统，通常需要将系统在平衡点附近线性化，然后再针对所得到的近似线性系统进行设计。显然，这种近似将影响系统的准确性，在很多情况下甚至无法使系统正常工作。因此，近年来，许多专家学者致力于提出新的控制方法来控制各种非线性系统,由此推动了非线性控制成为当今最活跃的研究方向之一。非线性控制之所以日益受到控制领域的广泛重视,其主要原因为:

(1) 提高系统的性能。通常,采用近似方法所设计的线性系统在一定程度上偏离了原系统的特性,因此,系统的性能无法得到保证。这种情况在面对复杂的强非线性系统,如机器人系统、航空航天系统时,局限性更加明显。因此,针对这类控制对象而言,非线性控制是进行系统设计的一种最佳选择。

(2) 在很多情况下,线性控制方法无法使系统正常工作,此时非线性控制便成为系统设计与分析的唯一选择。

例 1.5 对于以下系统

$$\dot{x}=(x-\sin x)u \tag{1.2}$$

如果将其在零点附近线性化后,可以得到其近似系统为

$$\dot{x}=0$$

显然,该近似系统是不可控的,因此无法设计控制器使系统回到零点。实际上,对于原系统,如果设计非线性控制器

$$u=-x(x-\sin x) \tag{1.3}$$

则有

$$\dot{x}=-x(x-\sin x)^2$$

对于上述闭环系统,如果选择一个正定函数

$$V=\frac{1}{2}x^2$$

然后对它求时间的导数可以计算得到

$$\dot{V}=-x^2(x-\sin x)^2\leqslant 0$$

当且仅当 $x=0$ 时,$\dot{V}=0$,因此,$\dot{V}$ 是负定函数。根据以上事实不难证明,控制器(1.3)可以使系统(1.2)渐近稳定于原点。 ■

(3) 更好地处理系统中的干扰与未建模特性。在设计控制系统时,通常需要对系统进行建模,然后再根据所获得的模型设计相应的控制方法。但是,由于在建模时,一般都忽略了系统的某些次要因素,因此,模型与实际系统之间具有一定的偏差。此外,实际系统在工作过程中受到各种不确定干扰的影响。为了使系统在这些干扰的影响下仍然能正常工作,可以将这些因素综合处理为不确定动态特性,然后采用非线性设计方法,通过在控制器中嵌入有关项来抵消或者削弱它们对系统性能的影响。

1.4 常见的非线性系统设计与分析方法

由于非线性系统具有非常复杂的特性,人类对其性能的认识远未成熟。迄今为止,真正能够有效应用于非线性系统设计和分析的工具并不多。现在,在非线性控

制领域，常见的方法主要有相平面分析法、描述函数法、李雅普诺夫分析法 3 种。

1.4.1　相平面分析法

相平面分析法是法国数学家庞加莱于 1885 年提出的一种图解方法，它主要适用于二阶非线性系统。这种方法的主要思想就是根据系统的状态构成相平面，然后在相平面上，利用系统的动态方程绘制不同初始条件下系统状态的运动轨迹，并将它们称为相平面图。这种方法的关键环节在于准确地绘制系统的相平面图。常用的方法主要有分析法和等倾线法两种。一旦得到了系统的相平面图，则对于在任意初始条件下的响应特性，可以根据相应的相轨迹直接得到。

相平面分析法简单直观，例如，非线性系统的多平衡点和极限环特性就可以在相平面上直接体现出来，它避免了求解非线性微分方程。因此，这种方法在非线性系统分析中得到了一定程度的应用。不足的是，作为一种近似的图解方法，这种方法一般只适用于二阶系统，现在，借助于计算机图形学等方法，可以将其扩展到三阶系统。但是，对于更高阶的系统而言，相平面法就无能为力了。

1.4.2　描述函数法

描述函数法是一种应用于非线性系统的近似分析方法，它是线性系统频率响应方法的一种拓展，可以用来近似分析和预测系统的动态行为。这种方法最早是由丹尼尔(P. J. Daniel)于 1940 年提出的。其主要思想为：在一定的条件下，当非线性环节在正弦输入信号作用时，其响应的高次谐波分量可以忽略不计，因此系统的响应可以用一次谐波分量来近似，此时可以仿照线性系统的频域特性来定义非线性系统的等效频率特性，并将其称为描述函数。

描述函数方法可以用来分析非线性系统的稳定性和极限环等问题。但是作为一种近似的分析方法，应用时必须考虑其前提条件。此外，这种方法只能研究系统的频率响应特性，而无法进行时域上的分析。

1.4.3　李雅普诺夫法

李雅普诺夫法是当前针对非线性系统的一种主要研究方法，是由俄国科学家李雅普诺夫于 1892 年提出来的。这种方法包括直接法和间接法两种，最初主要用来分析系统的稳定性。近年来，经过发展，这种方法可以完成非线性系统控制器的设计与分析。李雅普诺夫法是当前几种主要的非线性控制策略，如自适应控制、鲁棒控制等的理论基础。这种分析方法的基本思路是构造一个类似于系统能量的正定函数(通常称之为李雅普诺夫候选函数)，然后通过研究该函数随时间的变化趋势来分析系统的稳定性[11-12]。

例 1.6 对如下非线性系统

$$\dot{x}=\frac{1}{2}\sin x-x$$

试判断该系统是否稳定。

解 为了分析系统的稳定性,构造如下的正定函数

$$V(x)=\frac{1}{2}x^2$$

经过计算可以得到 $V(x)$ 关于时间的导数为

$$\dot{V}(x)=-x^2+\frac{1}{2}x\sin x$$

注意到

$$x\sin x\leqslant x^2$$

可以对 $\dot{V}(x)$ 进行放缩得到

$$\dot{V}(x)\leqslant-\frac{1}{2}x^2=-V$$

求解以上微分不等式得到

$$V(t)\leqslant V(0)\mathrm{e}^{-t}$$

因此

$$|x(t)|\leqslant|x(0)|\mathrm{e}^{-\frac{1}{2}t}$$

所以,系统的状态 $x(t)$ 以指数方式收敛于零。 ■

除了用来分析系统的稳定性之外,近年来,李雅普诺夫方法还被广泛应用于构造非线性控制器来控制各类复杂系统。通常,在利用李雅普诺夫方法设计控制器时,采用前馈与反馈相结合的设计方法,通过前馈环节来补偿系统的非线性特性,在此基础上,利用反馈环节来控制补偿后的系统。由于在补偿系统的非线性特性时,需要利用系统的动态模型,因此,这是一种基于模型的控制方法。

例 1.7 对于以下的一阶非线性系统

$$\dot{x}=f(x)+g(x)u$$

其中,$x(t)$ 是系统的状态,$u(t)$ 代表控制输入,$f(x)$ 和 $g(x)$ 均为结构已知的非线性函数,而且,$g(x)$ 具有以下的下界 g_0

$$|g(x)|\geqslant g_0>0$$

试设计控制算法将 x 调节到零点。

解 为了补偿系统的非线性特性 $f(x)$,选择控制输入 u 为

$$u=-\frac{f(x)}{g(x)}-\frac{kx}{g(x)}$$

式中,正数 $k\in\mathbf{R}^+$ 代表反馈控制增益。将上述控制算法代入系统的动态方程可以计算得到闭环方程如下

$$\dot{x}=-kx$$

因此

$$x(t)=x(0)\mathrm{e}^{-kt}$$

系统状态 $x(t)$ 以指数方式趋近于零。■

除了上述3种非线性控制方法之外，自20世纪80年代以来，基于微分几何的非线性控制方法取得了很大的进展。这种方法从几何的角度来分析非线性系统的许多性质，包括其可控性、可观性、可逆性等。更重要的是，对于满足某些条件的非线性系统，可以通过非线性状态变换等方法，将其转化为线性系统，即实现精确线性化[13-14]，在此基础上，可以应用成熟的线性控制理论来对其进行分析与设计，最终实现期望的控制性能。

1.5　本书的主要内容安排

针对非线性系统的控制方法有多种，本书将主要以李雅普诺夫方法为工具介绍常见的非线性控制策略。具体而言，本书的内容可以分为理论基础与实际应用两部分。其中，第一部分，即第2～7章，将对非线性系统的精确线性化、自适应控制、鲁棒控制、自学习控制等方法进行讨论和理论分析。为了适合研究生教学要求，本书将对这些控制方法的设计思路进行分析，使读者能够理解和掌握其基本原理，而对于它们的一些具体细节，书中将不做过多讨论，感兴趣的读者可以查阅有关专著或者教材来了解其中的具体内容。为了使读者能够更好地了解上述非线性控制方法的具体特点和设计技巧，本书的第二部分，即第8～10章，将主要介绍这些方法在一些实际系统，如机器人系统、欠驱动吊车系统、磁悬浮系统上的具体应用等。本书共分为10章，其中第2～10章的内容安排如下。

第2章主要介绍非线性控制的数学背景知识。为了符合工程专业研究生教学的需要，本书尽量减少枯燥的数学理论分析和证明，而只是对后续控制方法中所涉及的数学背景知识进行介绍。主要内容将包括范数及其性质，函数的一致连续及判别方法，函数和矩阵的正定性及判断准则，各种形式的芭芭拉定理，以及部分微分几何基础知识。

第3章主要介绍李雅普诺夫基本理论，首先给出各种稳定性定义，如李雅普诺夫意义下的稳定性、渐近稳定性、指数稳定性等，然后介绍李雅普诺夫稳定性定理，包括局部与全局稳定性定理，以及拉塞尔不变性原理等，最后介绍李雅普诺夫候选函数的选择方法。

第4章描述当系统模型完全已知时，非线性控制系统的设计方法。主要内容包括非线性系统的精确线性化方法，针对一类非线性系统的反向递推设计方法以及线性滤波降阶设计方法等。

第5章介绍自适应控制的设计思想以及它对控制对象的基本要求。具体而言，该章首先介绍线性参数化条件，在此基础上，讨论当系统的不确定动态特性满足线性参数化条件时，自适应控制器的设计过程及其稳定性分析。然后，对于自适应控制中的参数辨识问题展开了讨论,给出了能够实现参数辨识的持续激励条件。最后,以直流无刷电机系统为例,介绍如何将反向递推设计方法与自适应控制相结合来实现期望的控制目标。

第6章主要讨论滑模与鲁棒控制。在该章中,首先引入滑模控制的前提条件,即系统的不确定动态特性应该具有已知的上界函数。在这种情况下,可以设计一种具有切换机制的滑模算法来实现指数稳定的性能。但是,这种滑模控制方法存在抖振现象,很难在实际系统中得到应用。所以,在该章中,将牺牲滑模控制的部分性能,把它修改为两种鲁棒控制器,分别为高频率反馈鲁棒控制和高增益反馈鲁棒控制。然后从实际应用的角度出发,对于鲁棒控制系统的饱和问题进行了简单讨论。最后,概要介绍近年来将鲁棒控制与自适应控制相结合的两类控制方法,即自适应鲁棒控制与鲁棒自适应控制。

第7章主要讨论学习控制,重点对重复学习控制进行介绍。具体内容包括重复学习控制的意义和前提条件,重复学习控制算法及其性能分析,带有饱和环节的重复学习控制策略,以及周期未知的重复学习控制算法设计等。

第8章主要讨论针对机器人系统,如何选择合适的控制算法来实现具体的控制目标。具体而言,该章首先对机器人对象的动态特性进行分析,在此基础上,针对机器人参数未知的情况,设计一种标准的自适应控制器来实现机器人末端位置与姿态的渐近收敛。为了提高系统的实时性,介绍如何对这种自适应控制系统进行改进,实现基于目标轨迹(DCAL)的机器人自适应控制。最后,针对只包含位移传感器的机器人对象,设计一种带有非线性观测器的输出反馈控制系统,使机器手臂能够渐近地稳定到目标位置与姿态。

第9章主要讨论对于具有欠驱动特性的桥式吊车,如何通过基于能量的分析方法来构造非线性控制器,以实现台车的准确定位与负载的微摆操作。首先建立吊车系统的数学模型,并对其具有的性质进行分析。在此基础上,考虑到桥式吊车欠驱动的特点,构造一种基于能量分析的非线性控制系统,并提供实验结果来验证系统的控制性能。此外,考虑到吊车运行过程中,受到空气阻力、风力、摩擦力等多种干扰的影响,最后设计一种吊车系统的抗干扰算法,以提高系统的控制精度。

第10章介绍对于开环不稳定的磁悬浮系统,如何设计非线性控制器来实现期望的性能。首先对磁悬浮系统的分类及其意义进行简单介绍,然后针对其中的磁轴承系统,利用反步法设计一种非线性控制器,实现磁轴承零稳态功率损失操作。对于磁悬浮列车系统,介绍一种包含饱和环节的重复学习控制算法,在具有未知周期干扰的情况下,使磁悬浮列车这类单向控制系统实现渐近稳定,并通过实验结果验证系统的良好性能。

习题

1. 请说明非线性系统与线性系统的本质区别。
2. 请举出5种常见的非线性特性。

3. 试比较相平面分析法、描述函数法以及李雅普诺夫分析方法的优缺点及其适用范围。

4. 已知某非线性系统的动态特性如下

$$\dot{x}=-x+x^3$$

试求出系统的所有平衡点并简略分析其稳定性。

5. 对于如下的非线性系统

$$\dot{x}=-x+x^2$$

请用 MATLAB 仿真其在初始条件分别为 $x_0=0.5$ 和 $x_0=2$ 时的响应曲线。

6. 对于如下动态系统

$$\dot{x}=(x-\sin x)u$$

设计非线性控制器为

$$u=-x(x-\sin x)$$

试用 MATLAB 仿真闭环系统在初始条件 $x_0=1$ 下的响应特性。

参考文献

1. 高为炳. 非线性控制系统导论[M]. 北京：科学出版社，1988.
2. 胡跃明. 非线性控制系统理论与应用[M]，北京：国防工业出版社，2002.
3. 冯纯伯，等. 非线性控制系统分析与设计[M]. 2 版. 北京：电子工业出版社，1998.
4. 王丰尧. 滑模变结构控制[M]. 北京：机械工业出版社，1998.
5. 戴先中. 自动化科学与技术科学的内容、地位与体系[M]. 北京：高等教育出版社，2003.
6. 国家自然科学基金委员会. 自动化科学与技术[M]. 北京：科学出版社，1995.
7. Slotine J and Li W. Applied Nonlinear Control[M]. Englewood Clis，New Jersey：Prentice Hall，1991.
8. Krstic M，Kanellakopoulos I，Kokotovi P. Nonlinear and Adaptive Control Design[M]. New York：John Wiley Sons，1995.
9. Dawson D，Hu J，Burg T. Nonlinear Control of Electric Machinery[M]. New York：Marcel Dekker，1998.
10. Dixon W，Dawson D，Behal A，et al. Nonlinear Control of Engineering Systems：A Lyapunov-Based Approach[M]. Boston：Birkhauser，2003.
11. Queiroz M de，et al. Lyapunov-Based Control of Mechanical Systems[M]. Boston：Birkhauser，2000.
12. Khalil H K. Nonlinear Systems[M]. 3rd edition. New Jersey：Prentice-Hall，2002.
13. Marino R，Tomei P. Nonlinear Control Design：Geometric，Adaptive and Robust[M]. London：Prentice-Hall，1995.
14. Alberto Isidori. Nonlinear Control Systems Ⅱ[M]. London：Springer，1999.

第2章 数学预备知识

2.1 范数及其性质

在几何学中，通常用长度来描述线段的长短。对于向量空间 $\mathbf{R}^n$ 中的任意一点 $\boldsymbol{x}=[x_1 \quad x_2 \quad \cdots \quad x_n]\in\mathbf{R}^n$，显然存在唯一的向量与之相对应。对于该向量，可以参照几何学中长度的概念，定义范数来作为向量 $\boldsymbol{x}$ 的一种度量[1-2]，并用它来描述该向量的整体大小。

定义 2.1(范数) 对于向量空间 $\mathbf{R}^n$ 中任意一点 $\boldsymbol{x}\in\mathbf{R}^n$，如果存在映射 $\rho(\boldsymbol{x}):\mathbf{R}^n\to\mathbf{R}^+$ 满足如下条件：

(1) 正定性，即 $\rho(\boldsymbol{x})\geqslant 0$，且 $\rho(\boldsymbol{x})=0$ 当且仅当 $\boldsymbol{x}=\mathbf{0}$ 时成立，其中，$\mathbf{0}\in\mathbf{R}^n$ 表示该向量空间中的零向量；

(2) 齐次性，即对任意实数 $\alpha\in\mathbf{R}$，有 $\rho(\alpha\boldsymbol{x})=|\alpha|\rho(\boldsymbol{x})$；

(3) 三角不等式，即对任意 $\boldsymbol{y}\in\mathbf{R}^n$，有 $\rho(\boldsymbol{x}+\boldsymbol{y})\leqslant\rho(\boldsymbol{x})+\rho(\boldsymbol{y})$。

则将映射 $\rho(\boldsymbol{x})$称为 $\boldsymbol{x}$ 的范数，一般简记为 $\|\boldsymbol{x}\|$。

例 2.1 在一维实数空间上，试判断绝对值函数$|x|$和平方函数 x^2 是否为该空间上的范数。

解 对于一维实数空间而言，容易验证$|x|$满足定义 2.1 中的正定性、齐次性、三角不等式 3 个条件，因此它是该空间上的范数；反之，x^2 尽管满足正定性的要求，但是由于齐次性与三角不等式不成立，因此，它不是该空间上的范数。 ■

显然，对于向量空间 $\mathbf{R}^n$ 而言，它可以定义无穷多种范数。事实上，如果映射 $\rho(\boldsymbol{x})$是该空间上的一种范数，不难证明，对于映射 $k\rho(\boldsymbol{x})$而言，其中 $k\in\mathbf{R}^+$ 为正实数，它同时满足正定性、齐次性与三角不等式条件，因此该映射 $k\rho(\boldsymbol{x})$定义了空间 $\mathbf{R}^n$ 上的另外一种范数。既然对于同一个向量空间，存在有无穷多种不同的范数，那么这些范数之间到底存在什么关系呢？当我们分析该空间中某个向量的属性时，采用不同的范数是否会得到不同的结论？实际上，在有限维复空间 $\mathbf{C}^n$ 中，所有不同的范数之间是等价的。

定理 2.1(范数等价性定理) n 维复空间 $\mathbf{C}^n$ 中的两种范数 $\|\cdot\|_m$ 和 $\|\cdot\|_k$ 之间具有以下等价关系

$$\alpha \|\boldsymbol{x}\|_m \leqslant \|\boldsymbol{x}\|_k \leqslant \beta \|\boldsymbol{x}\|_m, \quad \forall \boldsymbol{x} \in \mathbf{C}^n$$

其中，$\alpha,\beta \in \mathbf{R}^+$ 代表正实数。

证明　对于该定理的证明，请参见本章参考文献[2]。

上述范数等价性定理给我们分析信号的性质带来了极大的方便。例如，在设计和分析控制系统时，通常需要讨论信号是否有界并要分析其收敛性。根据等价性定理容易看出，一旦对于某种特定的范数，证明了信号是有界或者收敛的，那么对于其他任意一种范数，结论同样成立。因此，在设计和分析控制系统时，只需要选择最为方便的一种范数来进行讨论即可。在控制系统中，经常使用的主要有 2-范数 $\|\cdot\|_2$ 和∞-范数 $\|\cdot\|_\infty$ 两种，下面给出其具体定义。

定义 2.2(2-范数)　对于定义在时间域$[0,\infty)$上的函数 $f(t)\in\mathbf{R}$，其 2-范数定义为

$$\|f\|_2 = \sqrt{\int_0^\infty f^2(\tau)\mathrm{d}\tau}$$

如果 $\|f\|_2<\infty$，则称函数 $f(t)$是平方可积的，或者 $f(t)$属于 L_2 空间，即 $f(t)\in L_2$。

定义 2.3(∞-范数)　对于定义在时间域$[0,\infty)$上的函数 $f(t)\in\mathbf{R}$，其∞-范数定义为

$$\|f\|_\infty = \sup_t |f(t)|$$

如果 $\|f\|_\infty<\infty$，则称函数 $f(t)$是有界的，或者 $f(t)$属于 L_∞ 空间，即 $f(t)\in L_\infty$。

例 2.2　对于如下函数

$$f(t)=\frac{1}{t+1}, \quad t\in[0,\infty)$$

可以计算得到其 2-范数为

$$\|f\|_2 = \sqrt{\int_0^\infty \frac{1}{(\tau+1)^2}\mathrm{d}\tau} = 1$$

因此，$f(t)\in L_2$。由于函数 $f(t)$是单调递减的，它的∞-范数为

$$\|f\|_\infty = 1$$

所以，$f(t)\in L_\infty$。 ■

定义 2.4(k-范数)　对于定义在时间域$[0,\infty)$上的函数 $f(t)\in\mathbf{R}$，其 k-范数定义为

$$\|f\|_k = \sqrt[k]{\int_0^\infty f^k(\tau)\mathrm{d}\tau}$$

考虑到范数的等价性特性，我们在分析与设计控制系统时，通常采用具有明确的物理意义的两种范数，即 2-范数 $\|\cdot\|_2$ 和∞-范数 $\|\cdot\|_\infty$。

在分析控制系统的性能时，除了向量的范数之外，还经常需要利用线性映射或者矩阵的范数。在数学上，通常根据与其维数相对应的向量的范数来定义线性映射或者矩阵的范数，并将这种范数称为诱导范数。

定义 2.5(线性映射或矩阵的诱导范数)　对于线性映射 $\boldsymbol{A}:\mathbf{R}^n\to\mathbf{R}^n$，其诱导范数定义为

$$\| \boldsymbol{A} \| = \sup_{\| \boldsymbol{x} \| \neq 0} \left(\frac{\| \boldsymbol{A}\boldsymbol{x} \|}{\| \boldsymbol{x} \|} \right)$$

或者等价地定义为

$$\| \boldsymbol{A} \| = \sup_{\| \boldsymbol{x} \| = 1} \| \boldsymbol{A}\boldsymbol{x} \|$$

2.2 函数的连续性

在设计控制系统时,通常要求控制器以及闭环系统中的状态变量都是连续变化的,为此,需要对信号的连续性以及判别准则给出严格的数学描述。

定义 2.6(连续性) 若对于任意正数 $\varepsilon \in \mathbf{R}^+$,存在与之相对应的正数 $\delta = \delta(\varepsilon, t_0) \in \mathbf{R}^+$,使得当 $|t - t_0| \leqslant \delta$ 时,有

$$| f(t) - f(t_0) | \leqslant \varepsilon$$

则称函数 $f(t)$ 在点 t_0 连续。若函数 $f(t)$ 在区间 I 上任意一点都连续,则称 $f(t)$ 为区间 I 上的连续函数。

定义 2.7(一致连续性) 对于定义在区间 I 上的函数 $f(t)$,若对于任意正数 $\varepsilon \in \mathbf{R}^+$,存在正数 $\delta = \delta(\varepsilon) \in \mathbf{R}^+$,使得当 $t_1, t_2 \in I$ 且 $|t_1 - t_2| \leqslant \delta$ 时,有

$$| f(t_1) - f(t_2) | \leqslant \varepsilon \tag{2.1}$$

则称函数 $f(t)$ 在区间 I 上一致连续。

根据上述定义可以看出,函数在区间上连续与一致连续在概念上具有非常重要的区别。函数 $f(t)$ 在区间 I 上连续是指对于区间上任意一点 $t \in I$ 都满足连续性的定义,即对于任意正数 $\varepsilon \in \mathbf{R}^+$,总可以找到相应的正数 $\delta(\varepsilon, t) \in \mathbf{R}^+$,只要 $\bar{t} \in I$ 且 $|t - \bar{t}| \leqslant \delta$,就有 $|f(t) - f(\bar{t})| \leqslant \varepsilon$。需要指出的是,一般来说,正数 δ 既依赖于 ε,又与当前所讨论的点 t 有关。因此,对于区间 I 上不同的点,就分别存在不同的 δ 与之相对应。进一步地,如果能找到一个公共的 δ,使之对于区间 I 上所有的点都满足连续性的要求(在这种情况下,正数 δ 只依赖于 ε,而与区间 I 上具体点的选择无关),这时我们说函数 $f(t)$ 在区间 I 上是一致连续的。因此,一致连续反映了函数在区间上的整体性质,而区间上的连续则表明了函数在该区间上逐点的局部性质[3-4]。如果一个函数在区间上是一致连续的,则它必定在该区间上连续;反之则不一定成立。

例 2.3 证明函数 $f(t) = \dfrac{1}{t}, t > 0$ 在定义域上连续但非一致连续。

证明 连续性分析:对于定义域上任意一点 $t_1 > 0$,对于 $\forall \varepsilon \in \mathbf{R}^+$,取 $\delta = \min\left\{\dfrac{\varepsilon t_1^2}{2}, \dfrac{t_1}{2}\right\} > 0$,则对于 $\forall t > 0$ 且 $|t - t_1| < \delta$,有 $t > \dfrac{t_1}{2}$,因此

$$\left| \frac{1}{t_1} - \frac{1}{t} \right| = \frac{| t - t_1 |}{| t t_1 |} \leqslant \frac{2\delta}{t_1^2} \leqslant \varepsilon$$

所以,函数 $f(t)$ 在区间 $(0, \infty)$ 上连续。

一致连续性分析:为了证明 $f(t)$ 在区间 $(0, \infty)$ 上不是一致连续的,需要找到某个确定的正数 ε_0,并证明对于任意 $\delta \in \mathbf{R}^+$,原定义中的式(2.1)不成立。为此,取正

数 $\varepsilon_0=1$，则对任意的正数 δ，选择 $t_1=\min\{\delta,1\}$ 和 $t_2=\frac{t_1}{2}$，则有

$$|t_1-t_2|=\frac{t_1}{2}\leqslant\frac{\delta}{2}<\delta$$

但是

$$\left|\frac{1}{t_1}-\frac{1}{t_2}\right|=\frac{1}{t_1}>1$$

所以，函数 $f(t)$ 在区间 $(0,\infty)$ 上不是一致连续的。■

对于闭区间上的连续函数而言，在闭区间上的点点连续等价于该区间上的一致连续，即存在如下的一致连续性定理。

定理 2.2(一致连续性定理)　若函数 $f(\cdot)$ 在闭区间 $[a,b]$ 上连续，则它在该区间上一致连续。该定理通常也称为康托尔定理(Cantor 定理)。

证明　一致连续性定理是实数完备性理论体系中的六大定理之一，可以通过其他 5 个定理来进行论证，具体证明过程见本章参考文献[3-4]。

应用定义来判断函数的一致连续性需要进行较为复杂的分析，因此直接利用它来分析信号的连续性具有一定的困难。在本书中，当讨论控制系统中信号的连续性时，我们更多地采用以下的一致连续性判别定理来进行分析。

定理 2.3(一致连续性判别定理)　若函数 $f(t)$ 在区间 I 上可导且其导函数 $f'(t)$ 有界，则该函数在区间 I 上一致连续。

证明　由于 $f'(t)$ 在区间 I 上有界，不妨设

$$|f'(t)|\leqslant\alpha,\quad \forall t\in I \tag{2.2}$$

其中，$\alpha\in\mathbf{R}^+$ 为正的常数。对于 $\forall\varepsilon\in\mathbf{R}^+$，取 $\delta=\frac{\varepsilon}{\alpha}$，则对于任意 $t_1,t_2\in I$ 且 $|t_1-t_2|\leqslant\delta$，运用拉格朗日中值定理可以得到

$$|f(t_1)-f(t_2)|=|f'(\xi)||t_1-t_2|$$

其中，$\xi\in(t_1,t_2)\subseteq I$。利用式(2.2)将上式放缩后得到

$$|f(t_1)-f(t_2)|\leqslant\alpha|t_1-t_2|\leqslant\alpha\delta=\varepsilon$$

所以，函数 $f(t)$ 在区间 I 上一致连续。

定义 2.8(分段连续)　若函数 $f(t)$ 在区间 $[a,b]$ 上仅有有限个可去间断点和跳跃间断点(注意，函数在这些间断点上的左右极限都存在)，则称函数 $f(t)$ 在 $[a,b]$ 上分段连续。

2.3　函数的正定性分析

李雅普诺夫方法通过分析系统的能量来判断系统的稳定性，为此，需要预先构造一个类似于能量表达式的非负函数并分析其随时间变化的规律。为了保证系统的稳定性，通常要求该函数在时间轴上单调递减，因此要求它关于时间的导数为非正函数。为了对此进行判别，需要研究函数的正定性。本节将讨论函数正定性的定

义和常见的判别方法。

定义 2.9(正定函数) 对于定义在 n 维向量空间上的任意函数 $V(\boldsymbol{x}):\mathbf{R}^n \to \mathbf{R}$，如果满足如下条件

(1) $V(\boldsymbol{x}) \geqslant 0$；

(2) 当且仅当 $\boldsymbol{x}=0$ 时，$V(\boldsymbol{x})=0$ 成立；

则称函数 $V(\boldsymbol{x})$ 为正定函数。如果上述条件只在某个包含零点的域 $\boldsymbol{x}\in B_{\mathbf{R}} \subseteq \mathbf{R}^n$ 时成立，则称函数 $V(\boldsymbol{x})$ 为域 $B_{\mathbf{R}}$ 上的局部正定函数。

定义 2.10(半正定函数) 如果函数 $V(\boldsymbol{x}):\mathbf{R}^n \to \mathbf{R}$ 满足如下条件

(1) $V(\boldsymbol{x}) \geqslant 0$；

(2) 存在非零向量 $\boldsymbol{x}_0 \neq 0$，使得 $V(\boldsymbol{x}_0)=0$；

则称函数 $V(\boldsymbol{x})$ 为半正定函数。如果上述条件只在某个包含零点的域 $\boldsymbol{x}\in B_{\mathbf{R}} \subseteq \mathbf{R}^n$ 时成立，则称函数 $V(\boldsymbol{x})$ 为域 $B_{\mathbf{R}}$ 上的局部半正定函数。

定义 2.11(负定函数) 如果 $-V(\boldsymbol{x})$ 为正定函数，则称函数 $V(\boldsymbol{x})$ 为负定函数。如果 $-V(\boldsymbol{x})$ 为域 $B_{\mathbf{R}}$ 上的局部正定函数，则称函数 $V(\boldsymbol{x})$ 为域 $B_{\mathbf{R}}$ 上的局部负定函数。

定义 2.12(半负定函数) 如果 $-V(\boldsymbol{x})$ 为半正定函数，则称函数 $V(\boldsymbol{x})$ 为半负定函数。如果 $-V(\boldsymbol{x})$ 为域 $B_{\mathbf{R}}$ 上的局部半正定函数，则称函数 $V(\boldsymbol{x})$ 为域 $B_{\mathbf{R}}$ 上的局部半负定函数。

在设计与分析控制系统时，通常需要判别二次型函数，以及与之相对应的对称矩阵的正定性，以下给出方阵的正定性定义及其常用的判别准则。

定义 2.13(对称方阵的正定性) 如果二次型函数 $f(\boldsymbol{x})=\boldsymbol{x}^{\mathrm{T}}\boldsymbol{A}\boldsymbol{x}$ 是正定函数，且方阵 $\boldsymbol{A}$ 对称，则称 $\boldsymbol{A}$ 为正定对称矩阵。

定理 2.4 实系数对称方阵 $\boldsymbol{A}$ 正定的充分必要条件是其特征值都大于零。

定理 2.5 实系数对称方阵 $\boldsymbol{A}$ 正定的充分必要条件是其顺序主子式都大于零。

定理 2.4 和定理 2.5 的具体证明请参考线性代数或者矩阵论的教材[1]。

定理 2.6 实系数对称方阵 $\boldsymbol{A}$ 正定的充分必要条件是存在可逆方阵 $\boldsymbol{Q}$，使得 $\boldsymbol{A}=\boldsymbol{Q}^{\mathrm{T}}\boldsymbol{Q}$。

证明 充分性：对于任意向量 $\boldsymbol{x}\in\mathbf{R}^n$，由方阵 $\boldsymbol{A}$ 可以得到如下的二次型函数

$$f(\boldsymbol{x})=\boldsymbol{x}^{\mathrm{T}}\boldsymbol{A}\boldsymbol{x}$$

将 $\boldsymbol{A}=\boldsymbol{Q}^{\mathrm{T}}\boldsymbol{Q}$ 代入上式并整理后得到

$$f(\boldsymbol{x})=(\boldsymbol{Q}\boldsymbol{x})^{\mathrm{T}}\boldsymbol{Q}\boldsymbol{x} \geqslant 0$$

显然，对于以上不等式，当且仅当 $\boldsymbol{Q}\boldsymbol{x}=\boldsymbol{0}$ 时，等号成立。另一方面，由于 $\boldsymbol{Q}$ 为可逆方阵，因此 $\boldsymbol{Q}\boldsymbol{x}=\boldsymbol{0}$ 存在唯一解：$\boldsymbol{x}=\boldsymbol{0}$。综上所述，当且仅当 $\boldsymbol{x}=\boldsymbol{0}$ 时，$f(\boldsymbol{x})=0$。所以 $\boldsymbol{A}$ 为正定矩阵。

必要性：从略，留给读者自行练习。

例 2.4 对于如下函数，请判别其正定性。

(1) 函数 $V_1(x_1,x_2)=x_1^2+x_2^2+x_1x_2$；

(2) 函数 $V_2(x_1,x_2,x_3)=x_1^2+x_2^2$；

(3) 函数 $V_3(x_1,x_2)=1-\cos x_1+x_2^2$;

(4) 函数 $V_4(x_1,x_2,x_3)=10x_1^2+4x_2^2+x_3^2+2x_1x_2-4x_1x_3-2x_2x_3$。

解 对于各个函数正定性的分析如下。

(1) 经过配方可以将 $V_1(\cdot)$ 改写为

$$V_1(x_1,x_2)=\left(x_1+\frac{1}{2}x_2\right)^2+\frac{3}{4}x_2^2\geqslant 0$$

只有当 $[x_1 \quad x_2]=[0 \quad 0]$ 时,才有 $V_1(x_1,x_2)=0$,因此,$V_1(x_1,x_2)$ 是正定函数。

(2) 显然 $V_2(\cdot)\geqslant 0$,而且 $V_2(0,0,x_3)=0$,对于任意 $x_3\in\mathbf{R}$ 均成立,所以 $V_2(x_1,x_2,x_3)$ 是半正定函数。

(3) 显然,$V_3(\cdot)\geqslant 0$,且 $V_3(2k\pi,0)=0$,其中 k 为整数。因此,如果从全局性质考虑,$V_3(x_1,x_2)$ 是半正定函数。但是,如果考虑区间 $(-2\pi,2\pi)\times\mathbf{R}$,则 $V_3(x_1,x_2)$ 为该区间上的局部正定函数。

(4) 将函数 $V_4(x_1,x_2,x_3)$ 改写成如下二次型形式

$$V_4(\boldsymbol{x})=\boldsymbol{x}^{\mathrm{T}}\boldsymbol{P}\boldsymbol{x},\quad \boldsymbol{x}=[x_1 \quad x_2 \quad x_3]^{\mathrm{T}}$$

其中,对称方阵 $\boldsymbol{P}$ 的具体形式如下

$$\boldsymbol{P}=\begin{bmatrix}10 & 1 & -2\\ 1 & 4 & -1\\ -2 & -1 & 1\end{bmatrix}$$

经过计算可以得知,矩阵 $\boldsymbol{P}$ 的所有顺序主子式都为正,因此,$\boldsymbol{P}$ 为正定矩阵,函数 $V_4(x_1,x_2,x_3)$ 是正定函数。■

定义 2.14(K 类函数) 对于定义在非负实数域上的函数 $f(x)$,如果它是连续和严格递增的,且 $f(0)=0$,则称函数 $f(x)$ 为 K 类函数。

定义 2.15(KR 类函数) 对于定义在非负实数域上的 K 类函数 $f(x)$,如果当自变量 $x\to\infty$ 时,$f(x)\to\infty$,则称函数 $f(x)$ 为 KR 类函数。

例 2.5 试判别下列函数是否为 K 类函数和 KR 类函数。

(1) 定义在非负实数域上的函数 $\arctan x$;

(2) 定义在非负实数域上的函数 $f(x)=2x+\sin x$。

解 对于各个函数的分析如下。

(1) 由于 $\arctan 0=0$,且 $\arctan' x=\dfrac{1}{1+x^2}>0$,因此函数 $\arctan x$ 单调递增,$\arctan x$ 为 K 类函数;但是由于 $\arctan x<\dfrac{\pi}{2}$,因此它不是 KR 类函数。

(2) 显然,$f(0)=0$,且 $f'(x)=2+\cos x>0$,$f(x)$ 单调递增,因此它是 K 类函数;进一步容易看出,当 $x\to\infty$ 时,$f(x)\to\infty$,所以 $f(x)$ 是 KR 类函数。■

2.4 信号分析基本定理

本节将介绍非线性系统设计与分析中经常用到的几个基本定理,例如芭芭拉定理及其推论等[5-6],为以后学习和分析自适应控制等方法奠定理论基础。

定理 2.7(指数衰减定理) 如果函数 $V(t):\mathbf{R}^+\to\mathbf{R}^+\geqslant 0$,且满足如下不等式

$$\dot{V}(t)\leqslant -\gamma V(t) \tag{2.3}$$

其中,$\gamma\in\mathbf{R}^+$ 是一个正的常数,那么 $V(t)$ 以指数方式收敛于零,即

$$V(t)\leqslant V(0)\mathrm{e}^{-\gamma t}$$

证明 定义辅助信号为

$$g(t)=\dot{V}(t)+\gamma V(t)$$

对上述微分方程求解得

$$V(t)=V(0)\mathrm{e}^{-\gamma t}+\int_0^t \mathrm{e}^{-\gamma(t-\tau)}g(\tau)\mathrm{d}\tau \tag{2.4}$$

由不等式(2.3)容易得知 $g(t)\leqslant 0$,因此

$$\int_0^t \mathrm{e}^{-\gamma(t-\tau)}g(\tau)\mathrm{d}\tau\leqslant 0$$

所以式(2.4)可以进行如下放缩

$$V(t)\leqslant V(0)\mathrm{e}^{-\gamma t}$$

定理 2.8(有界性定理) 如果函数 $V(t):\mathbf{R}^+\to\mathbf{R}^+\geqslant 0$,且满足如下不等式

$$\dot{V}(t)\leqslant -\gamma V(t)+\varepsilon \tag{2.5}$$

其中,$\gamma,\varepsilon\in\mathbf{R}^+$ 代表正的常数,那么 $V(t)$ 满足以下不等式

$$V(t)\leqslant V(0)\mathrm{e}^{-\gamma t}+\frac{\varepsilon}{\gamma}(1-\mathrm{e}^{-\gamma t})$$

证明 定义辅助信号为

$$g(t)=\dot{V}(t)+\gamma V(t)-\varepsilon$$

对上述微分方程求解得

$$V(t)=V(0)\mathrm{e}^{-\gamma t}+\frac{\varepsilon}{\gamma}(1-\mathrm{e}^{-\gamma t})+\int_0^t \mathrm{e}^{-\gamma(t-\tau)}g(\tau)\mathrm{d}\tau \tag{2.6}$$

由不等式(2.5)容易得知 $g(t)\leqslant 0$,因此

$$\int_0^t \mathrm{e}^{-\gamma(t-\tau)}g(\tau)\mathrm{d}\tau\leqslant 0$$

所以式(2.6)可以进行如下放缩

$$V(t)\leqslant V(0)\mathrm{e}^{-\gamma t}+\frac{\varepsilon}{\gamma}(1-\mathrm{e}^{-\gamma t})$$

定理 2.9(正定矩阵的上下界) 实数方阵 $\mathbf{A}\in\mathbf{R}^{n\times n}$ 正定对称,则对于任意 $\boldsymbol{x}\in\mathbf{R}^n$,有

$$\lambda_{\min}(\mathbf{A})\boldsymbol{x}^{\mathrm{T}}\boldsymbol{x}\leqslant \boldsymbol{x}^{\mathrm{T}}\mathbf{A}\boldsymbol{x}\leqslant \lambda_{\max}(\mathbf{A})\boldsymbol{x}^{\mathrm{T}}\boldsymbol{x}$$

其中,$\lambda_{\min}(\mathbf{A})>0$ 和 $\lambda_{\max}(\mathbf{A})>0$ 分别表示方阵 $\mathbf{A}$ 的最小与最大特征值。

证明 请参考矩阵论方面的专著和教材[7-8]。

定理 2.10(非线性衰减定理) 对于如下函数

$$N_{\mathrm{d}}(x,y)=\Omega(x)xy-k_{\mathrm{n}}\Omega^2(x)x^2 \tag{2.7}$$

其中，k_n 为正的常数，$\Omega(x)$为任意与 y 无关的函数，则 $N_d(x,y)$存在上界函数

$$N_d(x,y) \leqslant \frac{y^2}{k_n}$$

证明　对函数 $N_d(x,y)$的右边进行配方可以得到

$$N_d(x,y) = -\left(\sqrt{k_n}\Omega(x)x - \frac{y}{2\sqrt{k_n}}\right)^2 + \frac{y^2}{4k_n}$$

所以

$$N_d(x,y) \leqslant \frac{y^2}{4k_n} \leqslant \frac{y^2}{k_n}$$

芭芭拉定理是非线性控制等领域用于分析信号收敛性最重要的定理之一，它具有不同的形式和推论，下面介绍常见的芭芭拉定理及其推论，对于该定理的具体证明，感兴趣的读者请参考非线性控制领域的专著[6,9]。

定理 2.11(芭芭拉定理)　对于函数 $f(t):\mathbf{R}^+\to\mathbf{R}$，如果 $f(t)\in L_2\cap L_\infty$，且其导数 $\dot{f}(t)\in L_\infty$，则有

$$\lim_{t\to\infty} f(t) = 0$$

定理 2.12(积分形式的芭芭拉定理)　如果函数 $f(t):\mathbf{R}^+\to\mathbf{R}$ 一致连续，并且下列无穷积分有界

$$\lim_{t\to\infty}\int_0^t |f(\tau)|\,\mathrm{d}\tau < \infty$$

则有

$$\lim_{t\to\infty} |f(t)| = 0$$

定理 2.13(扩展的芭芭拉定理)　如果函数 $f(t):\mathbf{R}^+\to\mathbf{R}$ 有极限

$$\lim_{t\to\infty} f(t) = c$$

其中，$c\in\mathbf{R}$ 表示常数，并且它关于时间的导数可以表达成如下形式

$$\dot{f}(t) = g_1(t) + g_2(t)$$

其中，$g_1(t)$一致连续，而

$$\lim_{t\to\infty} g_2(t) = 0$$

则有

$$\lim_{t\to\infty} g_1(t) = 0, \quad \lim_{t\to\infty}\dot{f}(t) = 0$$

在定理 2.12 和定理 2.13 中，考虑到函数的一致连续性比较难判断，因此在实际应用时，通常根据一致连续的判别性定理，以导数 $\dot{f}(t)\in L_\infty$ 来取代 $f(t)$的一致连续性要求。

定理 2.14(芭芭拉定理推论)　如果函数 $V(t):\mathbf{R}^+\to\mathbf{R}^+\geqslant 0$，且其导数 $\dot{V}(t)\leqslant -f(t)$，其中 $f(t):\mathbf{R}^+\to\mathbf{R}^+\geqslant 0$，且函数 $f(t)$一致连续(或者其导数 $\dot{f}(t)\in L_\infty$)，则有

$$\lim_{t\to\infty} f(t) = 0$$

证明 显然,函数$V(t)$单调递减,因此$0\leqslant V(t)\leqslant V(0)$。对于函数$f(t)$,其无穷积分

$$\lim_{t\to\infty}\int_0^t |f(\tau)| \mathrm{d}\tau \leqslant \lim_{t\to\infty}\int_0^t (-\dot{V}(\tau))\mathrm{d}\tau = V(0)-V(\infty)\leqslant V(0)$$

$\int_0^t |f(\tau)| \mathrm{d}\tau$单调递增且有上界,根据柯西定理可知,极限$\lim_{t\to\infty}\int_0^t |f(\tau)| \mathrm{d}\tau$存在且有界。对函数$f(t)$应用积分形式的芭芭拉定理,并且考虑到$f(t)\geqslant 0$,可以得到

$$\lim_{t\to\infty} f(t)=0$$

例 2.6 试证明对于如下动态系统

$$\dot{e}=(\dot{x}_{\mathrm{d}}+ax^3+b\sin t)-u \tag{2.8}$$

其中,$a,b\in\mathbf{R}^+$代表系统中的未知参数,控制输入

$$u=(\dot{x}_{\mathrm{d}}+\hat{a}x^3+\hat{b}\sin t)+ke \tag{2.9}$$

和参数估计更新律

$$\dot{\hat{a}}=\gamma_1 ex^3,\quad \dot{\hat{b}}=\gamma_2 e\sin t \tag{2.10}$$

其中,$k,\gamma_1,\gamma_2\in\mathbf{R}^+$分别是控制增益和参数更新增益,可以实现如下的控制目标

$$\lim_{t\to\infty} e(t)=0$$

证明 将控制律式(2.9)代入系统式(2.8)并进行整理后得到

$$\dot{e}=\tilde{a}x^3+\tilde{b}\sin t-ke \tag{2.11}$$

其中,$\tilde{a}=a-\hat{a}$,$\tilde{b}=b-\hat{b}$表示参数估计误差。考虑到系统参数a,b为常数,因此

$$\dot{\tilde{a}}=-\dot{\hat{a}},\quad \dot{\tilde{b}}=-\dot{\hat{b}}$$

进一步,定义如下正定函数

$$V=\frac{1}{2}e^2+\frac{1}{\gamma_1}\tilde{a}^2+\frac{1}{\gamma_2}\tilde{b}^2\geqslant 0$$

对它求时间的导数并代入闭环动态方程式(2.11)以及参数更新律式(2.10)进行化简后得到

$$\dot{V}=e\dot{e}-\frac{1}{\gamma_1}\tilde{a}\dot{\hat{a}}-\frac{1}{\gamma_2}\tilde{b}\dot{\hat{b}}=-ke^2$$

因此,正定函数$V(t)$单调递减,因此$V(t)\in L_\infty$,在此基础上,可以证明$\tilde{a},\tilde{b},u,e\in L_\infty$。基于以上事实,定义函数$f(t)=ke^2$,经过计算可以得到

$$\dot{f}(t)=2ke\dot{e}\in L_\infty$$

根据上述分析,可以运用芭芭拉定理推论证明

$$\lim_{t\to\infty} f(t)=0 \Rightarrow \lim_{t\to\infty} e(t)=0$$

■

例 2.7 对于例2.6中的误差信号,试运用芭芭拉定理的有关推论证明如下结论

$$\lim_{t\to\infty}\dot{e}(t)=0$$

证明 根据系统的闭环动态方程式(2.11)直接得到

$$\dot{e}(t)=g_1(t)+g_2(t)$$

其中，函数 $g_1(t)$，$g_2(t)$ 分别定义如下

$$g_1(t) = \tilde{a}x^3 + \tilde{b}\sin t, \quad g_2(t) = -ke$$

由例 2.6 的结论可知：$\lim\limits_{t \to \infty} g_2(t) = 0$，而 $g_1(t)$ 的导数可以计算如下

$$\dot{g}_1(t) = -\dot{\hat{a}}x^3 + 3\tilde{a}x^2\dot{x} - \dot{\hat{b}}\sin t + \tilde{b}\cos t \in L_\infty$$

因此，$g_1(t)$ 一致连续。根据上述条件，可以利用定理 2.13（扩展的芭芭拉定理）得到

$$\lim_{t \to \infty} \dot{e}(t) = 0$$

以及

$$\lim_{t \to \infty} \tilde{a}x^3 + \tilde{b}\sin t = 0$$

■

例 2.8　试说明下列命题是否正确。

(1) 如果可导函数 $f(t)$ 有极限 $\lim\limits_{t \to \infty} f(t) = c$，其中，$c \in \mathbf{R}$ 表示常数，则 $\lim\limits_{t \to \infty} \dot{f}(t) = 0$。

(2) 如果可导函数 $f(t)$ 满足 $\lim\limits_{t \to \infty} \dot{f}(t) = 0$，则 $f(t)$ 有极限。

解　对于这两个命题，分别分析如下。

(1) 命题不正确。对于如下函数

$$f(t) = \frac{\sin t^2}{t}$$

则有 $\lim\limits_{t \to \infty} f(t) = 0$，对上式关于时间进行求导可以得到

$$\dot{f}(t) = 2\cos t^2 - \frac{\sin t^2}{t^2}$$

由于上式中第一项无极限，而第二项极限为零，因此 $\dot{f}(t)$ 无极限。

(2) 命题不正确。对于如下函数

$$f(t) = \ln(t + 1)$$

其关于时间的导数可以计算如下

$$\dot{f}(t) = \frac{1}{t + 1}$$

因此 $\lim\limits_{t \to \infty} \dot{f}(t) = 0$，但是函数 $f(t)$ 显然无极限。

■

当函数 $f(t)$ 有极限时，可以利用以下的扩展芭芭拉定理的推论来判断其导数 $\dot{f}(t)$ 的收敛性。

定理 2.15（扩展芭芭拉定理的推论）　如果函数 $f(t): \mathbf{R}^+ \to \mathbf{R}$ 有极限

$$\lim_{t \to \infty} f(t) = c$$

其中，$c \in \mathbf{R}$ 表示常数，并且它关于时间的导数 $\dot{f}(t)$ 一致连续，或者 $f(t)$ 关于时间的二阶导数 $\ddot{f}(t)$ 有界，即 $\ddot{f}(t) \in L_\infty$，则有

$$\lim_{t \to \infty} \dot{f}(t) = 0$$

证明　将 $\dot{f}(t)$ 改写成如下形式

$$\dot{f}(t)=g_1(t)+g_2(t)$$

其中

$$g_1(t)=\dot{f}(t),\quad g_2(t)=0$$

因此,$f(t)$满足扩展的芭芭拉定理的所有条件,所以

$$\lim_{t\to\infty}\dot{f}(t)=0$$

在非线性控制系统设计与分析时,在跟踪位移误差收敛于零时,通常可以利用这个定理来证明跟踪速度误差收敛于零。

2.5 微分几何基本知识

自20世纪80年代以来,基于微分几何的非线性控制方法取得了很大的进展,逐步发展成为非线性控制领域一个重要的研究方向。第4章将具体探讨这种非线性控制方法,为此本节将对微分几何的基本知识进行简单介绍。由于微分几何具有非常抽象的理论体系,为了便于学习,本节仅仅从计算与应用的角度出发来介绍有关定义和结论,并且只对与非线性控制直接相关的基本概念和方法进行介绍,对于一些重要定理,只给出其基本结论,而不进行严格的数学证明。关于微分几何方面的详细介绍,请参考该领域的有关专著[10-12]。

2.5.1 微分流形及切空间

定义2.16(同胚映射) 对于拓扑空间$\boldsymbol{X}$到$\boldsymbol{Y}$上的一一映射$\boldsymbol{f}:\boldsymbol{X}\to\boldsymbol{Y}$,如果它本身及其逆映射$\boldsymbol{f}^{-1}$都是连续的,则称$\boldsymbol{f}$为同胚映射。

定义2.17(微分同胚映射) 对于$\boldsymbol{X}$到$\boldsymbol{Y}$上的同胚映射$\boldsymbol{f}:\boldsymbol{X}\to\boldsymbol{Y}$,如果$\boldsymbol{f}$本身及其逆映射$\boldsymbol{f}^{-1}$都是光滑的,则将$\boldsymbol{f}$称为微分同胚映射。如果在集合$\boldsymbol{X}$和$\boldsymbol{Y}$之间存在一个微分同胚映射,则称集合$\boldsymbol{X}$和$\boldsymbol{Y}$是微分同胚的。

微分同胚概念在非线性系统分析中具有非常重要的作用,它是线性系统中线性变换概念的进一步推广。在第4章中将介绍:对于某些非线性系统,经过适当的微分同胚映射,可以将其转化为简单的线性系统,从而可以沿用成熟的线性系统设计方法来进行处理。

定义2.18(微分流形) 对于可分空间M,如果对于$\forall\,\boldsymbol{p}\in M$,都存在邻域$U(\boldsymbol{p})\subseteq M$与$n$维欧氏空间$\mathbf{R}^n$的一个开集$V\subseteq\mathbf{R}^n$微分同胚,则将$M$称为$n$维微分流形。

例2.9 对于微分流形$\boldsymbol{X}$,以$C^{\infty}(\boldsymbol{X})$表示定义在$\boldsymbol{X}$上所有光滑实值函数的集合。试证明$C^{\infty}(\boldsymbol{X})$是一个向量空间。

解 显然,对于定义在$\boldsymbol{X}$上的任意光滑实值函数$\boldsymbol{f}_1,\boldsymbol{f}_2,\boldsymbol{f}_3\in C^{\infty}(\boldsymbol{X})$,它们满足交换律与结合律。定义$\boldsymbol{X}$上的零函数$\boldsymbol{f}_z(\boldsymbol{p})$如下

$$\boldsymbol{f}_z(\boldsymbol{p})=\boldsymbol{0},\quad \forall\,\boldsymbol{p}\in\boldsymbol{X}$$

显然,$\boldsymbol{f}_z(\boldsymbol{p})\in C^{\infty}(\boldsymbol{X})$,且对于$\forall\,\boldsymbol{f}\in C^{\infty}(\boldsymbol{X})$,满足如下性质

$$f(p)+f_z(p)=f(p), \forall p \in X$$

对于其他条件,可以逐条进行验证,因此 $C^{\infty}(X)$ 构成一个向量空间。 ■

定义 2.19(切向量与切空间) 对于微分流形 $\boldsymbol{X}$,对于任意一点 $\boldsymbol{p}\in\boldsymbol{X}$,如果映射 $\boldsymbol{L}:C^{\infty}(\boldsymbol{X})\to\mathbf{R}$ 满足如下条件

(1)(线性):对于 $\forall a,b\in\mathbf{R}$ 和 $\forall \boldsymbol{f},\boldsymbol{g}\in C^{\infty}(\boldsymbol{X})$,$\boldsymbol{L}(a\boldsymbol{f}+b\boldsymbol{g})=a\boldsymbol{L}(\boldsymbol{f})+b\boldsymbol{L}(\boldsymbol{g})$;

(2)(莱布尼茨法则):对于 $\forall \boldsymbol{f},\boldsymbol{g}\in C^{\infty}(\boldsymbol{X})$,$[\boldsymbol{L}(\boldsymbol{fg})](\boldsymbol{p})=\boldsymbol{f}(\boldsymbol{p})\boldsymbol{L}(\boldsymbol{g})+\boldsymbol{g}(\boldsymbol{p})\boldsymbol{L}(\boldsymbol{f})$;

则将映射 $\boldsymbol{L}$ 称为微分流形 $\boldsymbol{X}$ 在点 $\boldsymbol{p}$ 处的切向量。微分流形 $\boldsymbol{X}$ 在点 $\boldsymbol{p}$ 处的切向量全体记为 $T_p\boldsymbol{X}$。对于 $T_p\boldsymbol{X}$ 的元素 $L_1,L_2\in T_p\boldsymbol{X}$,定义如下向量加法和数乘运算:

加法运算:对于 $\forall \boldsymbol{f}\in C^{\infty}(\boldsymbol{X})$,$(\boldsymbol{L}_1+\boldsymbol{L}_2)(\boldsymbol{f})=\boldsymbol{L}_1(\boldsymbol{f})+\boldsymbol{L}_2(\boldsymbol{f})$;

数乘运算:对于 $\forall a\in\mathbf{R}$,$\forall \boldsymbol{f}\in C^{\infty}(\boldsymbol{X})$,$(a\boldsymbol{L}_1)(\boldsymbol{f})=a\boldsymbol{L}_1(\boldsymbol{f})$

由上述向量运算的定义不难证明:$T_p\boldsymbol{X}$ 的元素在普通向量加法和数乘运算下构成线性空间。通常将 $T_p\boldsymbol{X}$ 称为 $\boldsymbol{p}$ 点的切空间。

2.5.2 李导数与李括号运算

定义 2.20(向量场) 对于 n 维微分流形 $\boldsymbol{X}$,其向量场定义为一个映射 $\boldsymbol{f}$,它将 $\boldsymbol{X}$ 上的任意一点映射成该点上的一个切向量。即对于 $\forall \boldsymbol{p}\in\boldsymbol{X}$,$\boldsymbol{f}(\boldsymbol{p})\in T_p\boldsymbol{X}$。一般地,如果向量场具有关于其自变量的任意阶偏导数,则称其为光滑向量场。

对于 n 维流形 $\boldsymbol{X}$ 上的一组坐标系$(x_1, x_2, \cdots, x_n)$,对应的光滑向量场 $\boldsymbol{f}$ 可以描述如下

$$\boldsymbol{f}(\boldsymbol{p})=\sum_{i=1}^{n}f_i(\boldsymbol{p})\frac{\partial}{\partial x_i}, \quad \forall \boldsymbol{p}\in\boldsymbol{X}$$

其中,$f_i(\boldsymbol{p})$是定义在流形 $\boldsymbol{X}$ 上的光滑函数,即 $f_i(\boldsymbol{p})\in C^{\infty}(\boldsymbol{X})$。此时,可以将向量场 $\boldsymbol{f}$ 记为 $\boldsymbol{f}(\cdot)=[f_1(\cdot) \quad f_2(\cdot) \quad \cdots \quad f_n(\cdot)]^{\mathrm{T}}$。根据定义 2.20 可以证明:在普通的向量加法和数乘运算下,$\boldsymbol{X}$ 上的全体光滑向量场构成 $\mathbf{R}$ 上的线性空间,通常将其记为 $V^{\infty}(\boldsymbol{X})$。在该线性空间上,还可以定义乘法运算,使其结果仍然是 $\boldsymbol{X}$ 上的光滑向量场。基于以上分析,可以在光滑向量场中引入李导数和李括号的运算,这两种运算对于后续各章中设计和分析非线性系统具有非常重要的意义。

定义 2.21(李导数) 对于定义在 n 维微分流形 $\boldsymbol{X}$ 上的光滑函数 $h:\boldsymbol{X}\to\mathbf{R}$,以及光滑向量场 $\boldsymbol{f}:\boldsymbol{X}\to T_p\boldsymbol{X}$,定义 h 关于向量场 $\boldsymbol{f}$ 的李导数 $L_fh:\boldsymbol{X}\to\mathbf{R}$ 为

$$L_fh(\boldsymbol{p})=\boldsymbol{f}(h)(\boldsymbol{p})=\sum_{i=1}^{n}f_i(\boldsymbol{p})\frac{\partial h}{\partial x_i}(\boldsymbol{p}), \quad \forall \boldsymbol{p}\in\boldsymbol{X}$$

从物理意义上而言,李导数 L_fh 定义了 h 沿向量场 $\boldsymbol{f}$ 的方向导数。

为了便于数学计算,我们通常采用梯度和雅可比矩阵来计算李导数。对于定义在 n 维流形 $\boldsymbol{X}$ 上的光滑函数 $h:\boldsymbol{X}\to\mathbf{R}$,当 $\boldsymbol{X}$ 上的坐标系为$(x_1, x_2, \cdots, x_n)$时,其梯度∇h 定义如下

$$\nabla h=\begin{bmatrix}\frac{\partial h}{\partial x_1} & \frac{\partial h}{\partial x_2} & \cdots & \frac{\partial h}{\partial x_n}\end{bmatrix}$$

类似地,对于 $\boldsymbol{X}$ 上的光滑向量场 $\boldsymbol{f}(\cdot)=[f_1(\cdot)\quad f_2(\cdot)\quad\cdots\quad f_n(\cdot)]^{\mathrm{T}}$,其雅可比矩阵 $\nabla\boldsymbol{f}$ 定义为如下的 $n\times n$ 阶矩阵

$$\nabla\boldsymbol{f}=\begin{bmatrix}\dfrac{\partial f_1}{\partial x_1} & \dfrac{\partial f_1}{\partial x_2} & \cdots & \dfrac{\partial f_1}{\partial x_n}\\ \dfrac{\partial f_2}{\partial x_1} & \dfrac{\partial f_2}{\partial x_2} & \cdots & \dfrac{\partial f_2}{\partial x_n}\\ \vdots & \vdots & \ddots & \vdots\\ \dfrac{\partial f_n}{\partial x_1} & \dfrac{\partial f_n}{\partial x_2} & \cdots & \dfrac{\partial f_n}{\partial x_n}\end{bmatrix}$$

根据上述定义,容易得知

$$L_f h=\nabla h\cdot\boldsymbol{f}$$

此外,为了避免过于抽象的数学定义,以下借助雅可比矩阵来定义李括号运算。

定义 2.22(李括号) 对于两个光滑向量场 $\boldsymbol{f},\boldsymbol{g}\in C^{\infty}$,定义一个称为李括号 $[\boldsymbol{f},\boldsymbol{g}]$ 的新向量场如下

$$[\boldsymbol{f},\boldsymbol{g}]=\nabla\boldsymbol{g}\cdot\boldsymbol{f}-\nabla\boldsymbol{f}\cdot\boldsymbol{g}$$

其中,$\nabla\boldsymbol{f}$ 和 $\nabla\boldsymbol{g}$ 分别表示向量场 $\boldsymbol{f}$ 和 $\boldsymbol{g}$ 的雅可比矩阵。通常,将李括号 $[\boldsymbol{f},\boldsymbol{g}]$ 简记为 $ad_f\boldsymbol{g}$。显然,向量场 $\boldsymbol{g}$ 可对同一个向量场 $\boldsymbol{f}$ 反复进行李括号运算,这可以通过如下递推形式进行描述

$$\begin{cases}ad_f^0\boldsymbol{g}=\boldsymbol{g}\\ ad_f^i\boldsymbol{g}=[\boldsymbol{f},ad_f^{i-1}\boldsymbol{g}],\quad i=1,2,\cdots\end{cases}$$

李括号运算是非线性系统几何分析方法中一种非常重要的数学工具。根据定义容易证明这种运算具有以下性质[13-14]:

(1) 双线性:对于任意光滑向量场 $\boldsymbol{f}_1,\boldsymbol{f}_2,\boldsymbol{g}_1,\boldsymbol{g}_2$,以及任意实数 $a,b\in\mathbf{R}$,如下双线性关系式成立

$$\begin{cases}[a\boldsymbol{f}_1+b\boldsymbol{f}_2,\boldsymbol{g}_1]=a[\boldsymbol{f}_1,\boldsymbol{g}_1]+b[\boldsymbol{f}_2,\boldsymbol{g}_1]\\ [\boldsymbol{f}_1,a\boldsymbol{g}_1+b\boldsymbol{g}_2]=a[\boldsymbol{f}_1,\boldsymbol{g}_1]+b[\boldsymbol{f}_1,\boldsymbol{g}_2]\end{cases}$$

(2) 斜对称性:对于任意光滑向量场 $\boldsymbol{f},\boldsymbol{g}$,满足

$$[\boldsymbol{f},\boldsymbol{g}]=-[\boldsymbol{g},\boldsymbol{f}]$$

(3) 雅可比等式:对于向量场 $\boldsymbol{f},\boldsymbol{g},\boldsymbol{p}$,如下的雅可比等式成立

$$[\boldsymbol{f},[\boldsymbol{g},\boldsymbol{p}]]+[\boldsymbol{g},[\boldsymbol{p},\boldsymbol{f}]]+[\boldsymbol{p},[\boldsymbol{f},\boldsymbol{g}]]=0$$

以上性质可以利用李括号运算的定义来完成,具体证明留给读者进行练习。

例 2.10 对于如下的动态系统

$$\dot{\boldsymbol{x}}=\boldsymbol{f}(\boldsymbol{x})$$

试计算光滑函数 $V(\boldsymbol{x})$ 关于时间的导函数。

解 对于函数 $V(\boldsymbol{x})$ 关于时间求导并进行整理后得到

$$\dot{V}(\boldsymbol{x})=\frac{\partial V}{\partial \boldsymbol{x}}\dot{\boldsymbol{x}}=\frac{\partial V}{\partial \boldsymbol{x}}\boldsymbol{f}(\boldsymbol{x})$$

因此,根据李导数的定义可以得到

$$\dot{V}(\boldsymbol{x})=L_f V(\boldsymbol{x})$$

■

例 2.11　对于如下所定义的二维向量场 $\boldsymbol{f}$ 和 $\boldsymbol{g}$,试分别计算其李括号 $ad_f\boldsymbol{g}$ 和 $ad_f^2\boldsymbol{g}$。

$$\boldsymbol{f}(\boldsymbol{x})=\begin{bmatrix}2x_1\\x_1^2+3x_2\end{bmatrix},\quad \boldsymbol{g}(\boldsymbol{x})=\begin{bmatrix}x_2\\2x_1^3+x_2\end{bmatrix}$$

解　利用 $\boldsymbol{f}$ 和 $\boldsymbol{g}$ 的表达式,可以计算出它们的雅可比矩阵如下

$$\nabla\boldsymbol{f}=\begin{bmatrix}2 & 0\\2x_1 & 3\end{bmatrix},\quad \nabla\boldsymbol{g}=\begin{bmatrix}0 & 1\\6x_1^2 & 1\end{bmatrix}$$

因此,根据李括号运算的定义,可以计算得到

$$\begin{aligned}ad_f\boldsymbol{g}&=\begin{bmatrix}0 & 1\\6x_1^2 & 1\end{bmatrix}\begin{bmatrix}2x_1\\x_1^2+3x_2\end{bmatrix}-\begin{bmatrix}2 & 0\\2x_1 & 3\end{bmatrix}\begin{bmatrix}x_2\\2x_1^3+x_2\end{bmatrix}\\&=\begin{bmatrix}x_1^2+3x_2\\12x_1^3+x_1^2+3x_2\end{bmatrix}-\begin{bmatrix}2x_2\\2x_1x_2+6x_1^3+3x_2\end{bmatrix}=\begin{bmatrix}x_1^2+x_2\\6x_1^3+x_1^2-2x_1x_2\end{bmatrix}\end{aligned}$$

根据上式,可以计算得到向量场 $ad_f\boldsymbol{g}$ 的雅可比矩阵为

$$\nabla(ad_f\boldsymbol{g})=\begin{bmatrix}2x_1 & 1\\18x_1^2+2x_1-2x_2 & -2x_1\end{bmatrix}$$

利用上式的结果,以及定义式 $ad_f^2\boldsymbol{g}=[\boldsymbol{f},ad_f\boldsymbol{g}]$,可以计算出 $ad_f^2\boldsymbol{g}$。具体计算请读者自行练习。

■

2.5.3　伏柔贝尼斯定理

伏柔贝尼斯定理是应用微分几何方法来实现非线性系统反馈线性化的数学基础,它具体给出了一类具有特殊结构的偏微分方程可解的充分必要条件。为了介绍伏柔贝尼斯定理,需要预先讨论向量场的完全可积概念,以及向量场的对合分布概念。

定义 2.23(向量场的完全可积性)　对于定义在 $\mathbf{R}^n$ 上的一组线性无关向量场 $\{\boldsymbol{f}_1,\boldsymbol{f}_2,\cdots,\boldsymbol{f}_m\}$,当且仅当存在 $n-m$ 个标量方程 $h_1(\boldsymbol{x}),h_2(\boldsymbol{x}),\cdots,h_{n-m}(\boldsymbol{x})$满足系统的偏微分方程

$$\nabla h_i\boldsymbol{f}_j=0,\quad i=1,2,\cdots,n-m;\ j=1,2,\cdots,m$$

并且梯度∇h_i 都线性无关时,我们称原向量场为完全可积的。

定义 2.24(分布)　对于一组光滑向量场$\{\boldsymbol{f}_1,\boldsymbol{f}_2,\cdots,\boldsymbol{f}_m\}$,定义其分布 $\Delta(\boldsymbol{x})$为它们通过线性组合形成的子空间,即

$$\Delta(\boldsymbol{x})=\mathrm{span}\{\boldsymbol{f}_1,\boldsymbol{f}_2,\cdots,\boldsymbol{f}_m\}$$

将分布 $\Delta(\boldsymbol{x})$在 $\boldsymbol{x}$ 点处的秩记为$m(\boldsymbol{x})$,当 $m(\boldsymbol{x})$在 $\boldsymbol{x}$ 的一个邻域内为常数时,则称 $\boldsymbol{x}$

为该分布的正则点,否则称其为奇异点。如果一个分布在所有点上都是正则的,则称该分布是正则的。

定义 2.25(对合分布) 对于分布 $\Delta(\boldsymbol{x})$ 中的任意两个向量场 $\boldsymbol{\tau}_1,\boldsymbol{\tau}_1\in\Delta(\boldsymbol{x})$,如果其李括号运算满足如下的封闭性要求

$$[\boldsymbol{\tau}_1,\boldsymbol{\tau}_1]\in\Delta(\boldsymbol{x})$$

则称 $\Delta(\boldsymbol{x})$ 为对合分布。

由上述定义可知:为了判断光滑向量场 $\{\boldsymbol{f}_1,\boldsymbol{f}_2,\cdots,\boldsymbol{f}_m\}$ 构成的分布 $\Delta(\boldsymbol{x})$ 是否具有对合的特性,只需要验证以下等式是否成立

$$\operatorname{rank}(\Delta(\boldsymbol{x}))=\operatorname{rank}(\boldsymbol{f}_1,\boldsymbol{f}_2,\cdots,\boldsymbol{f}_m,[\boldsymbol{f}_i,\boldsymbol{f}_i]),\quad \forall i,j=1,2,\cdots,m$$

定理 2.16[伏柔贝尼斯定理(Frobenius Theorem)] 一个正则分布完全可积的充分必要条件是它是对合的。

证明 略,请参见微分几何方面的专著[10-12]。

伏柔贝尼斯定理可以将复杂的偏微分方程可解性问题转换为分布或者向量函数集合的对合性判断问题,而后者的判断可以通过计算向量场的李括号来完成。所以,伏柔贝尼斯定理为判断偏微分方程解的存在性给出了非常重要的结论[9,15]。值得指出的是,即使在利用该定理判断出解存在的情况下,要计算出原来方程的解仍然是非常困难的。实际上,伏柔贝尼斯定理充分性方面的证明是构造性的,它具体表明了如何将偏微分方程的求解问题转化为一组常微分方程的求解。

例 2.12 试判断以下分布是否是完全可积的。

$$\{\boldsymbol{f}_1,\boldsymbol{f}_2\}=\left\{\begin{bmatrix}2x_3\\-1\\0\end{bmatrix},\quad\begin{bmatrix}-x_1\\-2x_2\\x_3\end{bmatrix}\right\}$$

解 为了判断分布的对合性,需要计算 $[\boldsymbol{f}_1,\boldsymbol{f}_2]$。根据 $\boldsymbol{f}_1,\boldsymbol{f}_2$ 的表达式,计算得到其雅可比矩阵如下

$$\nabla\boldsymbol{f}_1=\begin{bmatrix}0&0&2\\0&0&0\\0&0&0\end{bmatrix},\quad \nabla\boldsymbol{f}_2=\begin{bmatrix}-1&0&0\\0&-2&0\\0&0&1\end{bmatrix}$$

因此,可以计算出它们的李括号运算为

$$[\boldsymbol{f}_1,\boldsymbol{f}_2]=\begin{bmatrix}-1&0&0\\0&-2&0\\0&0&1\end{bmatrix}\begin{bmatrix}2x_3\\-1\\0\end{bmatrix}-\begin{bmatrix}0&0&2\\0&0&0\\0&0&0\end{bmatrix}\begin{bmatrix}-x_1\\-2x_2\\x_3\end{bmatrix}$$

$$=\begin{bmatrix}-2x_3\\2\\0\end{bmatrix}-\begin{bmatrix}2x_3\\0\\0\end{bmatrix}=\begin{bmatrix}-4x_3\\2\\0\end{bmatrix}$$

即 $[\boldsymbol{f}_1,\boldsymbol{f}_2]=-2\boldsymbol{f}_1$,所以该分布 $\{\boldsymbol{f}_1,\boldsymbol{f}_2\}$ 为对合分布。由伏柔贝尼斯定理可知,该分布是完全可积的。

■

习题

1. 对于定理 2.1 所示的范数等价性定理，请给出严格的数学证明。

2. 请证明定理 2.4、定理 2.5 以及定理 2.6 的必要性条件。

3. 试证明对于定义在闭区间$[\alpha,\beta]$上所有连续函数构成的向量空间 $C[\alpha,\beta]$，对于任意向量 $\boldsymbol{f}(x)\in C[\alpha,\beta]$，映射 $\rho(\boldsymbol{f})$是定义在该空间的范数

$$\rho(\boldsymbol{f})=\sqrt{\int_\alpha^\beta \boldsymbol{f}^2(x)\mathrm{d}x}$$

4. 已知 $\boldsymbol{f}(t)$为定义在 $\mathbf{R}$ 上的函数，试证明如下不等式

$$\left\|\int_0^t \boldsymbol{f}(s)\mathrm{d}s\right\|_\infty \leqslant \int_0^t \|\boldsymbol{f}(s)\|_\infty \mathrm{d}s$$

5. 函数 $f(x)$为定义在 $\mathbf{R}$ 上的函数，已知它在 $x=0$ 处连续，且对任意 $x,y\in\mathbf{R}$，满足

$$f(x+y)=f(x)+f(y)$$

试证明 $f(x)$在 $\mathbf{R}$ 上连续。

6. 试说明下列函数在区间$(-1,1)$上是否连续和一致连续。

(1) $f(x)=\sin\dfrac{1}{x^2}$

(2) $f(x)=\dfrac{\sin x}{x^2+x}$

(3) $f(x)=\tan x\cdot|x|$

7. 试判断以下函数的正定性。

(1) $V(x_1,x_1)=(x_1+x_2)^2$

(2) $V(x_1,x_2)=2\cos^2\left(x_1-\dfrac{\pi}{2}\right)+10\sin^2 x_2+\sin^2(x_1+x_2)$

(3) $V(x_1,x_2)=5x_1^2+10x_2^2+12x_1x_2$

(4) $V(x_1,x_2)=(ax_1+x_2)^2+(x_1-bx_2)^2$，其中，$a,b$ 为任意常数。

(5) $V(x_1,x_2,x_3)=x_1^2+3x_2^2+6x_3^2+2x_1x_2+3x_1x_3+5x_2x_3$

(6) $V(\boldsymbol{x})=\boldsymbol{x}^{\mathrm{T}}\boldsymbol{P}\boldsymbol{x}$，其中，$\boldsymbol{x}\in\mathbf{R}^3$，$\boldsymbol{P}=\begin{bmatrix}1 & 1.7 & 3\\ 0.3 & 4 & 2.6\\ 1 & 1.4 & 7\end{bmatrix}$

8. 试证明定理 2.9 所示的结论。

9. 试证明定义 2.19 中 $T_p\boldsymbol{X}$ 的元素在普通向量加法和数乘运算下构成线性空间。

10. 试证明李括号运算的基本性质。

参考文献

1. 同济大学应用数学系.线性代数[M].4版.北京：高等教育出版社,2003.
2. 刘炳初.泛函分析[M].3版.北京：科学出版社,2004.
3. 华东师范大学数学系.数学分析[M].3版.北京：高等教育出版社,2004.
4. 刘铁夫.高等数学[M].北京：科学出版社,2005.
5. Queiroz M de,etc. Laypunov-Based Control of Mechanical Systems[M]. Boston：Birkhauser,2000.
6. 廖晓昕.稳定性的理论、方法和应用[M].武汉：华中科技大学出版社,1999.
7. 黄有度,狄成恩,朱士信.矩阵论及其应用[M].合肥：中国科学技术大学出版社,1995.
8. 周继东.矩阵论[M].北京：清华大学出版社,2004.
9. Alberto Isidori. Nonlinear Control Systems Ⅱ[M]. London：Springer,1999.
10. 陈省身,陈维桓.微分几何讲义[M].2版.北京：北京大学出版社,2003.
11. 丘成桐,孙理察.微分几何讲义[M].北京：高等教育出版社,2004.
12. 陈维桓.微分几何初步[M].北京：北京大学出版社,1990.
13. 胡跃明.非线性控制系统理论与应用[M].北京：国防工业出版社,2002.
14. 冯纯伯,等.非线性控制系统分析与设计[M].2版.北京：电子工业出版社,1998.
15. Slotine J, Li W. Applied Nonlinear Control[M]. Englewood Clis, New Jersey：Prentice Hall,1991.

第3章 李雅普诺夫稳定性理论

3.1 引言

在控制系统中，通常用稳定性来描述系统能否长时间运行。通俗地说，系统稳定是指其状态不会随时间无限增长，或者系统中的各个状态都会有各自的上界。稳定性是对于系统的一种固有性质的描述，它与外界激励信号的形式及其大小无关。显然，稳定是系统能够长时间正常工作的前提。对于一个控制系统而言，只有在这个前提得到保证以后，讨论进一步的性能指标，例如，控制的精度、响应的快速性、对于各种干扰的鲁棒性等才有意义。

系统的稳定性通常有两种定义方式，即系统状态的稳定性和关于平衡点的稳定性[1]。对于线性系统而言，由于它具有叠加性等良好性质，所有稳定性都是针对全局意义而言的，并且所有稳定的线性系统都具有指数收敛的特性。因此，对于线性系统而言，上述两种稳定性是完全等价的。但是，对于非线性系统而言，系统状态的稳定性和关于平衡点的稳定性却具有完全不同的含义。在李雅普诺夫分析中，着重讨论的是平衡点的稳定性，即主要分析当系统在外作用下，轻微偏离平衡点以后，是否具有回复到平衡点的能力[2-3]。当系统偏离平衡点以后，如果它能自动回复到平衡点，则它关于该平衡点是稳定的；反之则为不稳定的平衡点。一般而言，系统偏离平衡点以后，回复的速度越快，趋势越明显，则系统在该平衡点的稳定性越好。

对于如下的系统

$$\dot{x}=f(x) \tag{3.1}$$

其平衡点可以通过求解代数方程得到

$$f(x)=0$$

假设 $x=x_s$ 是系统的一个平衡点，则有

$$f(x_s)=0$$

如果定义如下的平移变换

$$y\overset{\text{def}}{=}x-x_s \tag{3.2}$$

将其代入式(3.1),并经过整理后可以得到

$$\dot{y}=\dot{x}=f(x)=f(y+x_s)$$

显然,对于这个系统而言,其平衡点为 $y_s=0$。因此,通过平移变换式(3.2)可以把原来关于 $x(t)$ 在 x_s 的平衡点转换到系统 $y(t)$ 中在原点的平衡点 $y_s=0$。对于任意一个系统,如果它存在非零的平衡点,则可以采用同样的线性变换方法,把该平衡点转换到原点。因此,在以下的讨论中,只分析位于原点的平衡点的特性,而对于其他的非零平衡点,可以采用上述方法将它转换到原点以后,再进行讨论。

稳定性问题是自动控制系统分析的一个基本问题,同时也是进行系统设计时必须考虑的核心问题。随着控制理论的不断发展,人们首先提出了适用于线性系统的稳定性分析方法,如针对连续系统的劳斯判据和赫尔维茨判据,以及根轨迹方法,适用于线性离散系统的朱利判据等。但是,对于非线性系统而言,由于其不满足叠加性原理,动态特性非常复杂,因此能够对非线性系统进行稳定性分析的数学工具较少,其中,李雅普诺夫方法是由俄国科学家李雅普诺夫(Lyapunov)在19世纪末提出的一种方法,它可以适用于线性、非线性、定常、时变等各类系统[4,5]。迄今为止,这种方法仍然是非线性系统设计与稳定性分析的重要理论工具。此外,它也是当前自适应控制等方法的理论基础,因此在非线性控制领域具有非常重要的地位[6,7]。

3.2 稳定性定义

定义 3.1(李雅普诺夫意义下的稳定性) 对任意时刻 t_0 和任意正常数 $\varepsilon\in\mathbf{R}^+$,如果存在正数 $\delta(\varepsilon,t_0)\in\mathbf{R}^+$ 满足如下条件:当初始条件 $\|\boldsymbol{x}(t_0)\|<\delta$ 时,系统的状态 $\|\boldsymbol{x}(t)\|<\varepsilon,\forall t\geqslant t_0$,在这种情况下,称系统的平衡点 $\boldsymbol{x}_s=\mathbf{0}$ 是稳定的;进一步地,如果 δ 的选择不依赖于 t_0,即 $\delta=\delta(\varepsilon)$,则称平衡点 $\boldsymbol{x}_s=\mathbf{0}$ 是一致稳定的。

需要指出的是,李雅普诺夫意义下的稳定性是用来描述系统在平衡点附近的稳定性,它不同于平常意义下系统状态的有界性。事实上,对于某些系统而言,尽管它的状态总是有界的,但它并不是李雅普诺夫稳定的。

定义 3.2(渐近稳定性) 如果系统的平衡点 $\boldsymbol{x}_s=\mathbf{0}$ 是稳定的,且对任意时刻 t_0,存在正常数 $\delta(t_0)\in\mathbf{R}^+$,当初始条件 $\|\boldsymbol{x}(t_0)\|<\delta$ 时,系统的状态收敛于零,即

$$\lim_{t\to\infty}\|\boldsymbol{x}(t)\|=0$$

则称平衡点 $\boldsymbol{x}_s=\mathbf{0}$ 是渐近稳定的。

渐近稳定相对于李雅普诺夫意义下的稳定性而言,是一个更强的结论,它表明平衡点是系统的一个吸引子。需要指出的是,上述定义仅仅探讨了系统在平衡点附近区域的收敛特性,因此它是一个局部的结论。而且,尽管系统的状态收敛于零,但是对于其收敛速度并没有给出任何限制,因此无法分析系统的暂态特性。为了进一步描述这些特性,针对性能更为优越的系统,分别有如下全局渐近稳定和指数稳定的定义[8]。

定义 3.3(全局渐近稳定性)　如果系统的平衡点 $\boldsymbol{x}_s=\boldsymbol{0}$ 是稳定的，且对于任意初始条件 $\boldsymbol{x}(t_0)$，系统的状态 $\boldsymbol{x}(t)$ 收敛于零：$\lim\limits_{t\to\infty}\|\boldsymbol{x}(t)\|=0$，则称平衡点 $\boldsymbol{x}_s=\boldsymbol{0}$ 是全局渐近稳定的。

定义 3.4(指数稳定性)　对于一个系统而言，如果存在正的常数 $\alpha,\lambda\in\mathbf{R}^+$，当初始状态位于以原点为中心的球域范围之内，即 $\boldsymbol{x}(t_0)\in B_r(0,r)$ 时，系统的状态 $\boldsymbol{x}(t)$ 具有如下包络线

$$\|\boldsymbol{x}(t)\|\leqslant\alpha\|\boldsymbol{x}(t_0)\|\mathrm{e}^{-\lambda(t-t_0)}\tag{3.3}$$

则称平衡点 $\boldsymbol{x}_s=\boldsymbol{0}$ 是指数稳定的。进一步地，如果对于任意初始条件 $\boldsymbol{x}(t_0)$，式(3.3)成立，则称平衡点 $\boldsymbol{x}_s=\boldsymbol{0}$ 是全局指数稳定的。

例 3.1　试判断如图 3.1～图 3.3 所示系统的稳定性。

(1) 对于任意初始条件，系统将在以初始状态为半径，原点为圆心的圆周上运动(见图 3.1)。

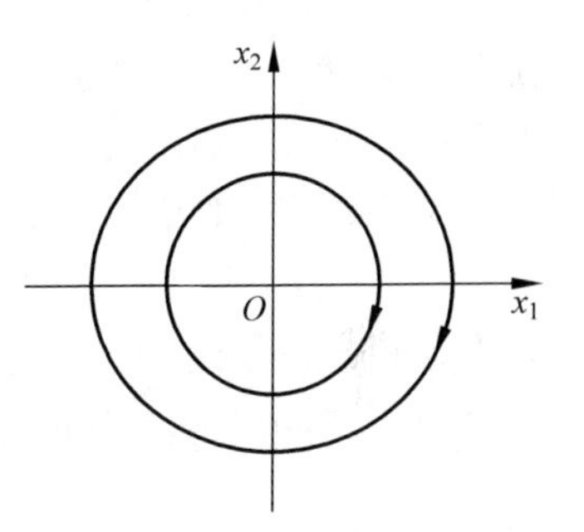

图 3.1　稳定系统

解　显然只要取 $\delta=\varepsilon$，则根据定义可以证明该系统在李雅普诺夫意义下是一致稳定的，但是由于系统状态并不会趋向于原点，因此，它不是渐近稳定的。

(2) 当初始状态在单位圆内时，系统状态单调递减，且逐渐衰减到零；而当初始条件位于单位圆外时，系统状态将最终趋向于无穷大(见图 3.2)。

解　显然，系统状态满足稳定性定义，并且由于在单位圆内，状态逐渐衰减到零，因此系统在原点附近是局部渐近稳定的。

(3) 对于任意初始状态，系统都将在某一时刻先回到单位圆上，在单位圆上转动半个圆周后，然后再逐渐衰减到零(见图 3.3)。

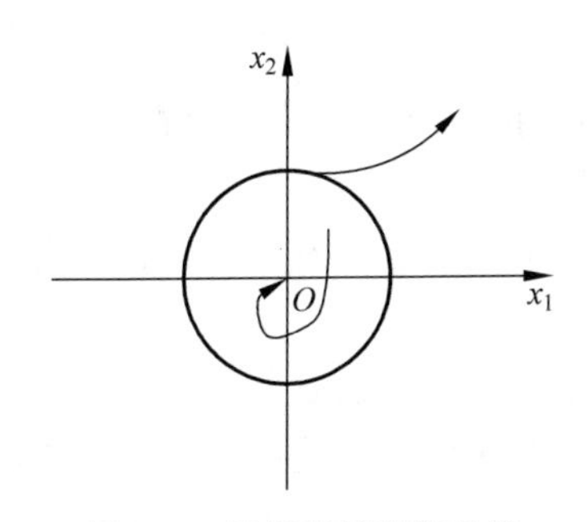

图 3.2　局部渐近稳定系统

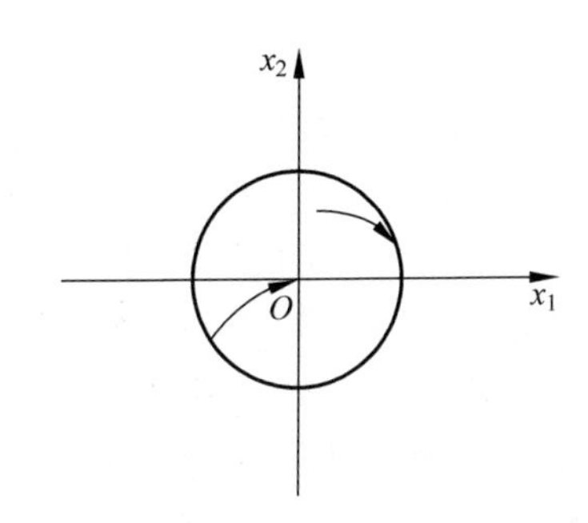

图 3.3　不稳定系统

解　这个系统看似渐近稳定的。但是按照稳定性定义 3.1，可以看出，系统不是李雅普诺夫意义下稳定的。事实上，对于 $\varepsilon=0.5$，由于系统状态总是会在单位圆上运行一段时间，因此找不到相对应的 δ，使之满足稳定性定义的要求。因此，就李雅普诺夫意义下的稳定性而言，该系统是不稳定的。■

3.3 李雅普诺夫间接法

李雅普诺夫间接法是通过分析系统状态方程解的特性来判断其稳定性的方法，它通常也被称为李雅普诺夫第一方法，或者李雅普诺夫线性化方法。对于线性系统而言，李氏稳定的充要条件是系统矩阵 $\boldsymbol{A}$ 的全部特征值位于复平面左半部[9-10]。而对于非线性系统，为了判断其在平衡点上的稳定性，先要将其在平衡点附近进行线性化，即将系统的动态特性利用泰勒级数展开，并仅仅保留其中的一次项，从而将原来的非线性系统转化为一个线性系统。根据李雅普诺夫第一方法，对于原非线性系统在该平衡点附近的稳定性，可以通过分析所得到的线性系统的特征值来进行判断[11]。显然，由于这种方法是建立在线性近似的基础之上的，因此它只能得到关于平衡点附近的局部性质。

对于如下的非线性多维自治系统

$$\dot{\boldsymbol{x}}=\boldsymbol{f}(\boldsymbol{x}) \tag{3.4}$$

其中，$\boldsymbol{x}\in\mathbf{R}^n$ 表示系统的状态，$\boldsymbol{x}_s=\mathbf{0}$ 是系统的平衡点。假设非线性函数 $\boldsymbol{f}(\boldsymbol{x})$ 是连续可微的，利用泰勒级数展开将该系统线性化后得到

$$\dot{\boldsymbol{x}}=\boldsymbol{A}\boldsymbol{x} \tag{3.5}$$

其中，$\boldsymbol{A}\in\mathbf{R}^{n\times n}$ 表示如下所定义的雅可比矩阵

$$\boldsymbol{A}=\left(\frac{\mathrm{d}\boldsymbol{f}}{\mathrm{d}\boldsymbol{x}}\right)_{\boldsymbol{x}_s=\mathbf{0}}$$

上述线性系统(3.5)通常称为原非线性系统(3.4)在平衡点处的线性近似。

李雅普诺夫早在1892年就得到了线性系统(3.5)和原来的非线性系统(3.4)在稳定性方面的相互关系，其主要结论如定理3.1所述。

定理3.1(李雅普诺夫线性化方法) 对于非线性系统(3.4)和它的线性近似系统(3.5)，它们之间的稳定性存在如下关系：

(1) 如果线性系统(3.5)严格稳定，即系统矩阵 $\boldsymbol{A}$ 的所有特征值都位于左半平面，则原非线性系统(3.4)关于该平衡点是局部渐近稳定的；

(2) 如果线性系统(3.5)不稳定，即系统矩阵 $\boldsymbol{A}$ 具有位于右半平面的特征值，则原非线性系统(3.4)关于该平衡点是不稳定的；

(3) 如果线性系统(3.5)临界稳定，即系统矩阵 $\boldsymbol{A}$ 没有位于右半平面的特征值，但是至少有一对特征值位于虚轴上，则无法判断原非线性系统(3.4)关于该平衡点的稳定性。

考虑到篇幅的原因，本书对于该定理不做严格的数学证明。值得指出的是，当仅仅在平衡点附近分析系统的稳定性时，上述线性化近似显然具有较高的准确性。因此，对于前两种情况而言，由于系统具有非常清楚的性质(即特征值分别位于稳定和不稳定区域的内部)，因此只要对主要的线性项进行分析就可以得到原来非线性系统的性质了。但是对于最后一种情况，由于系统处于稳定和不稳定的边界上，此

时单纯利用线性项无法确定原非线性系统的稳定性，因此必须同时利用所忽略掉的高次项才能判断系统的稳定性。

例 3.2 对于如下的非线性系统

$$\begin{cases} \dot{x}_1 = ax_1 + cx_1x_2 + x_1^3 \\ \dot{x}_2 = x_1^2 + bx_2 - dx_1^2x_2^2 \end{cases}$$

其中，$a,b,c,d \in \mathbf{R}$ 为常数。试利用李雅普诺夫间接法分析系统在原点附近的稳定性。

解 对该系统关于原点进行线性化后得到

$$\dot{\boldsymbol{x}} = \mathbf{A}\boldsymbol{x}$$

其中，$\boldsymbol{x} = [x_1 \quad x_2]^{\mathrm{T}}$，系统矩阵为

$$\mathbf{A} = \begin{bmatrix} a & 0 \\ 0 & b \end{bmatrix}$$

因此，当 $a<0$ 且 $b<0$ 时，非线性系统在原点附近是渐近稳定的；

当 $a>0$ 或 $b>0$ 时，非线性系统在原点附近是不稳定的；

当 $ab=0$ 时，无法判断原非线性系统的稳定性。 ■

3.4 李雅普诺夫直接法

1892 年，李雅普诺夫在其博士学位论文《运动稳定性的一般问题》中，提出了用于分析非线性系统稳定性的李雅普诺夫函数法，现在一般称为直接法。他通过构造一个类似于系统能量的函数(通常称之为李雅普诺夫候选函数)，并分析其随时间变化的性质来判断系统的稳定性。迄今为止，李雅普诺夫直接法仍然是用来分析非线性系统大范围稳定性的一种重要工具[12-13]，它主要包括如下局部稳定性和全局稳定性两个判断定理。值得指出的是，这些定理描述的都是关于系统稳定性的充分条件，而不是充要条件。因此，它们只能用来判断系统的稳定性，而不能用来判别系统是否一定不稳定。

定理 3.2(局部稳定性定理) 设 $\boldsymbol{x}=\mathbf{0}$ 是系统的平衡点，如果对于球域 B_{R_0}，存在一个标量函数 $V(\boldsymbol{x}):\mathbf{R}^n \rightarrow \mathbf{R}^+$ 满足如下条件：

(1) 函数 $V(\boldsymbol{x})$ 在球域 B_{R_0} 上是正定的，即 $V(\boldsymbol{x}) \geqslant 0$，且 $V(\boldsymbol{x})=0$ 当且仅当 $\boldsymbol{x}=\mathbf{0}$ 时成立；

(2) 函数 $V(\boldsymbol{x})$ 关于时间的导函数 $\dot{V}(\boldsymbol{x})$ 在球域 B_{R_0} 上是负半定的；

则平衡点 $\boldsymbol{x}=\mathbf{0}$ 是局部稳定的。进一步地，如果函数 $\dot{V}(\boldsymbol{x})$ 在球域 B_{R_0} 上是负定的，则平衡点 $\boldsymbol{x}=\mathbf{0}$ 是局部渐近稳定的。其中，满足条件(1)的函数通常称为李雅普诺夫候选函数，而同时满足条件(1)和(2)的函数则称为李雅普诺夫函数。

定理 3.3(全局稳定性定理) 设 $\boldsymbol{x}=\mathbf{0}$ 是系统的平衡点，如果存在一个标量函数 $V(\boldsymbol{x}):\mathbf{R}^n \rightarrow \mathbf{R}^+$ 满足如下条件：

(1) 函数 $V(\boldsymbol{x})$ 是正定的，即 $V(\boldsymbol{x}) \geqslant 0$，且 $V(\boldsymbol{x})=0$ 当且仅当 $\boldsymbol{x}=\mathbf{0}$ 时成立；

(2) 函数 $V(\boldsymbol{x})$ 关于时间的导函数 $\dot{V}(\boldsymbol{x})$ 是负半定的；

(3) 当 $\|\boldsymbol{x}\|\to\infty$ 时，$V(\boldsymbol{x})\to\infty$；

则平衡点 $\boldsymbol{x}=\boldsymbol{0}$ 是全局稳定的。进一步地，如果函数 $\dot{V}(\boldsymbol{x})$ 是负定的，则平衡点 $\boldsymbol{x}=\boldsymbol{0}$ 是全局渐近稳定的。需要指出的是，在上述定理中，条件(3)是必不可少的，它主要用来保证函数 $V(\boldsymbol{x})$ 能够充满全状态空间，这个条件通常也称为径向无界条件。

如前所述，李雅普诺夫稳定性定理是一个充分非必要条件。因此，如果找不到同时满足条件(1)和(2)的函数 $V(\boldsymbol{x})$，并不表明系统一定是不稳定的。实际上，上述稳定性定理只能用来说明系统的稳定性。要想证明系统的不稳定性，尚需借助其他的判别定理。

例 3.3　对于以下系统

$$\ddot{\theta}+\dot{\theta}+\sin\theta=0$$

试判断系统的稳定性。

解　由于这是一个二阶系统，它包含两个状态变量 θ 和 $\dot{\theta}$。为了便于分析，定义系统的状态为

$$\boldsymbol{x}=\begin{bmatrix}x_1 & x_2\end{bmatrix}^{\mathrm{T}}=\begin{bmatrix}\theta & \dot{\theta}\end{bmatrix}^{\mathrm{T}}$$

则该系统可以改写如下

$$\begin{cases}\dot{x}_1=x_2\\ \dot{x}_2=-\sin x_1-x_2\end{cases}$$

按照通常的选择，选取李雅普诺夫候选函数为

$$V(\boldsymbol{x})=\frac{1}{2}x_1^2+\frac{1}{2}x_2^2$$

其关于时间的导数计算如下

$$\dot{V}(\boldsymbol{x})=x_1\dot{x}_1+x_2\dot{x}_2=x_1x_2-x_2\sin x_1-x_2^2$$

显然，函数 $\dot{V}(\boldsymbol{x})$ 是不定函数，无法根据该李雅普诺夫候选函数来判断系统的稳定性，因此必须选择另外不同的函数来进行尝试。

选择如下的李雅普诺夫候选函数

$$V_2(\boldsymbol{x})=1-\cos x_1+\frac{1}{2}x_2^2$$

显然，该函数在集合 $\Omega=(-2\pi,2\pi)\times\mathbf{R}$ 上是正定的。对上式进行求导并整理后可以得到导函数 $\dot{V}_2(\boldsymbol{x})$ 如下

$$\dot{V}_2(\boldsymbol{x})=x_2\sin x_1+x_2\dot{x}_2=-x_2^2$$

显然，函数 $\dot{V}_2(\boldsymbol{x})$ 在集合 Ω 上是负半定的。根据稳定性定理可知，系统的平衡点 $(\theta=0,\dot{\theta}=0)$ 在李雅普诺夫意义下是局部稳定的。

进一步地，如果我们再选择另外一个候选函数

$$V_3(\boldsymbol{x})=1-\cos x_1+\frac{1}{2}\boldsymbol{x}^{\mathrm{T}}\boldsymbol{P}\boldsymbol{x}$$

其中，$\boldsymbol{P}=\begin{bmatrix}0.9 & 0.9\\ 0.9 & 1\end{bmatrix}$为正定对称矩阵，因此函数$V_3(\boldsymbol{x})$是正定的。$V_3(\boldsymbol{x})$关于时间的导数可以计算如下

$$\dot{V}_3(\boldsymbol{x})=-0.9x_1\sin x_1-0.1x_2^2$$

在集合$\Omega_2=(-\pi,\pi)\times\mathbf{R}$上，$\dot{V}_3(\boldsymbol{x})$是负定的，所以，系统的平衡点$(\theta=0,\dot{\theta}=0)$是局部渐近稳定的。 ■

从以上例子可以看出，在运用李雅普诺夫方法分析系统的稳定性时，最关键的步骤是选取一个合适的李雅普诺夫候选函数。对于不同的候选函数，可能会得到不一样的结论。这也从另一个方面说明李雅普诺夫方法是一种非常保守的方法，采用该方法并不能保证分析得到系统关于平衡点最强的稳定性结论。例如，在上述例子中，如果选择函数$V_2(\boldsymbol{x})$进行分析，则只能得到该系统在平衡点局部稳定的结论。但是，如果选择候选函数为$V_3(\boldsymbol{x})$，则可以证明系统的平衡点是局部渐近稳定的。遗憾的是，对于李雅普诺夫候选函数，虽然研究人员针对不同的系统提出了各种适应性不同的构造方法，但是在目前尚没有找到一种具有普遍性意义的候选函数。事实上，对于任意一个非线性系统，如何构造一个合适的候选函数来进行分析，是李雅普诺夫方法的关键，同时也是运用这种方法来分析系统特性时遇到的最大困难之一[14]。

例3.4　对于标量系统：$\dot{x}+f(x)=0$，其中，$f(x)$为连续函数，且当$x\neq 0$时，$xf(x)>0$，试判断系统在平衡点附近的稳定性。

解　由$f(x)$的性质，容易得到

$$\begin{cases}f(x)>0, & \text{当 } x>0 \text{ 时}\\ f(x)<0, & \text{当 } x<0 \text{ 时}\end{cases}$$

由于$f(x)$是连续函数，因此由上式可知$f(0)=0$，所以原点是该系统的唯一平衡点。为了分析平衡点的稳定性，选取李雅普诺夫候选函数为

$$V(x)=\frac{1}{2}x^2$$

显然，当$|x|\to\infty$时，$V(x)\to\infty$。$V(x)$关于时间的导数可以计算得到

$$\dot{V}(x)=x\dot{x}=-xf(x)$$

根据对于$f(x)$的分析可知，$\dot{V}(x)$是负定的，所以平衡点$x=0$是全局渐近稳定的。 ■

例3.5　对于下列摩擦系统

$$\dot{v}+2av|v|+bv=c$$

其中，$a,b,c>0$为系统常数，试求系统的平衡点并分析其稳定性。

解　为了得到系统的平衡点，需要求解如下代数方程

$$2av|v|+bv=c$$

情形1：当 $v\geqslant 0$ 时，方程可以改写为

$$2av^2+bv-c=0 \tag{3.6}$$

根据一元二次方程的求根公式可以得到

$$v_1=\frac{-b+\sqrt{b^2+8ac}}{4a}>0,\quad v_2=\frac{-b-\sqrt{b^2+8ac}}{4a}<0$$

显然，v_2 不满足 $v\geqslant 0$ 的前提条件，应舍弃，而 $v_1>0$ 则是系统的一个平衡点，它满足如下约束

$$2av_1^2+bv_1-c=0$$

情形2：当 $v<0$ 时，方程可以改写为

$$2av^2-bv+c=0$$

求解上述方程可以得到

$$v_3=\frac{b+\sqrt{b^2-8ac}}{4a}>0,\quad v_4=\frac{b-\sqrt{b^2-8ac}}{4a}>0$$

显然，v_3，v_4 均不满足 $v<0$ 的前提条件，都应舍弃。由上述分析可知，$v_1=\frac{-b+\sqrt{b^2+8ac}}{4a}$是系统的唯一平衡点。

为了分析系统在该平衡点的稳定性，引入平移变换

$$y=v-v_1$$

则原系统可以转化为关于 y 的系统

$$\dot{y}=\dot{v}=-2av\mid v\mid-bv+c=-2a(y+v_1)\mid y+v_1\mid-b(y+v_1)+c$$

经过数学计算后，可以利用约束式(3.6)将上式改写为

$$\dot{y}=\begin{cases}-y[2a(y+2v_1)+b], & \text{当 } y\geqslant -v_1 \text{ 时}\\ 2a(y+v_1)^2-b(y+v_1)+c, & \text{当 } y<-v_1<0 \text{ 时}\end{cases} \tag{3.7}$$

根据上述动态方程，不难看出系统的唯一平衡点为 $y_s=0$。为了分析平衡点的稳定性，选取李雅普诺夫候选函数为

$$V(y)=\frac{1}{2}y^2$$

显然，当 $|y|\to\infty$ 时，$V(y)\to\infty$。$V(y)$关于时间的导数可以通过下式计算得到

$$\dot{V}(y)=y\dot{y}$$

将式(3.7)代入后可以得到

$$\dot{V}(y)=\begin{cases}-y^2[2a(y+2v_1)+b], & \text{当 } y\geqslant -v_1 \text{ 时}\\ y[2a(y+v_1)^2-b(y+v_1)+c], & \text{当 } y<-v_1<0 \text{ 时}\end{cases}$$

由上式可知 $\dot{V}(y)$是负定的，因此系统 y 关于原点全局渐近稳定，而原系统关于平衡点 $v=v_1$ 全局渐近稳定。

■

3.5 李雅普诺夫候选函数的选择方法

如前所述，选择一个合适的李雅普诺夫候选函数是采用该方法进行稳定性分析的关键步骤。遗憾的是，对于一般的非线性系统，迄今尚未找到能够构造出合适的李雅普诺夫候选函数的确定方法。实际上，对于一个稳定的系统而言，尽管理论上存在无穷多个李雅普诺夫函数，但是如何找到其中的一个函数则是进行稳定性分析的一个难题。现在一般都是基于经验来寻找李雅普诺夫候选函数，下面介绍一些比较常见的构造方法。

3.5.1 基于能量分析的构造方法

李雅普诺夫方法起源于从系统的能量出发来分析系统的稳定性。因此，对于机械系统而言，选择其动能与势能之和作为系统的李雅普诺夫候选函数是一个非常自然的选择。

例 3.6　对于如下的一阶吊车系统

$$\boldsymbol{M}(\boldsymbol{q})\ddot{\boldsymbol{q}}+\boldsymbol{V}_{\mathrm{m}}(\boldsymbol{q},\dot{\boldsymbol{q}})\dot{\boldsymbol{q}}+\boldsymbol{G}(\boldsymbol{q})=\boldsymbol{u} \tag{3.8}$$

其中，$\boldsymbol{q}(t)\in\mathbf{R}^2$ 表示系统的状态：$\boldsymbol{q}=[x(t)\quad\theta(t)]^{\mathrm{T}}$，$\boldsymbol{M}(\boldsymbol{q})\in\mathbf{R}^{2\times2}$，$\boldsymbol{V}_{\mathrm{m}}(\boldsymbol{q},\dot{\boldsymbol{q}})\in\mathbf{R}^{2\times2}$ 分别代表惯性矩阵和柯氏力矩阵

$$\boldsymbol{M}=\begin{bmatrix}m_{\mathrm{c}}+m_{\mathrm{p}} & -m_{\mathrm{p}}l\cos\theta\\ -m_{\mathrm{p}}l\cos\theta & m_{\mathrm{p}}l^2\end{bmatrix},\quad \boldsymbol{V}_{\mathrm{m}}=\begin{bmatrix}0 & m_{\mathrm{p}}l\sin(\theta\dot{\theta})\\ 0 & 0\end{bmatrix}$$

而 $\boldsymbol{G}(\boldsymbol{q})\in\mathbf{R}^2$，$\boldsymbol{u}(t)\in\mathbf{R}^2$ 则分别表示代表重力向量和控制向量

$$\boldsymbol{G}(\boldsymbol{q})=[0\quad m_{\mathrm{p}}gl\sin\theta]^{\mathrm{T}},\quad \boldsymbol{u}(t)=[F\quad 0]^{\mathrm{T}}$$

当分析系统的稳定性时，构造如下基于能量的李雅普诺夫函数

$$V=\frac{1}{2}k_{\mathrm{E}}E^2+\frac{1}{2}k_{\mathrm{v}}\dot{x}^2+\frac{1}{2}k_{\mathrm{p}}e^2$$

其中，$e(t)$代表台车的定位误差：$e(t)=x-x_{\mathrm{d}}$，$k_{\mathrm{E}},k_{\mathrm{v}},k_{\mathrm{p}}\in\mathbf{R}^+$ 是控制增益，而系统能量 $E(\boldsymbol{q},\dot{\boldsymbol{q}})$定义如下

$$E(\boldsymbol{q},\dot{\boldsymbol{q}})=\frac{1}{2}\dot{\boldsymbol{q}}^{\mathrm{T}}M(\boldsymbol{q})\dot{\boldsymbol{q}}+m_{\mathrm{p}}gl(1-\cos\theta)\geqslant 0$$ ■

根据上述李雅普诺夫函数，可以完成控制器的设计和稳定性的证明，详细情况请参见本章参考文献[15-16] 以及本书的第 9 章。

3.5.2 基于控制目标的构造方法

如前所述，李雅普诺夫方法除了可以分析系统的稳定性之外，它还可以同时进行控制系统设计。即对于给定的性能指标，根据李雅普诺夫分析所得到的要求来设计合适的控制策略，使系统达到相应的目标。

例 3.7 对于如下的非线性系统,试设计控制器使系统状态达到设定值 x_{d}

$$\dot{x}=\ln(x^2+1)-x^3+u$$

解 根据控制目标,构造李雅普诺夫函数如下

$$V=\frac{1}{2}e^2$$

其中,$e(t)$代表控制误差:$e(t)=x(t)-x_{\mathrm{d}}$。对上述函数进行求导并整理后得到

$$\dot{V}=e[\ln(x^2+1)-x^3+u]$$

为了使$\dot{V}(t)$为负定函数,设计控制器为

$$u=-\ln(x^2+1)+x^3-ke$$

其中,$k\in\mathbf{R}^+$为控制增益,则有

$$\dot{V}=-ke^2$$

所以,系统状态 $x(t)$以指数方式收敛于设定值 x_{d}。 ■

3.5.3 经验与试探相结合的构造方法

李雅普诺夫方法是现代多种非线性控制策略的理论支柱,对于这些不同的控制方法,如自适应控制、自学习控制等,都需要采用各自不同的李雅普诺夫候选函数来进行系统设计与分析。因此,当采用这些控制方法时,必须根据经验来选择李雅普诺夫候选函数中与它们相对应的标准项,然后在进一步分析的基础上通过试探来完成系统设计与分析。

需要指出的是,在进行非线性系统设计与分析时,通常是综合采用上述各个方法来进行相应的处理。在此基础上,进行多次试探和修改,最终得到合适的李雅普诺夫候选函数来完成系统设计与分析。

例 3.8 对于二阶系统 $\ddot{x}+b(\dot{x})+c(x)=0$,其中,当 $\dot{x}\neq 0$ 时,$\dot{x}b(\dot{x})>0$;当 $x\neq 0$ 时,$xc(x)>0$,试求解系统的平衡点,并分析平衡点的稳定性。

解 系统的状态为 $\boldsymbol{x}=(x,\dot{x})$。采用和例 3.4 类似的方法可以分析得到

$$\begin{cases}b(\dot{x})>0, & \text{当}\,\dot{x}>0\,\text{时}\\ b(0)=0 & \\ b(\dot{x})<0, & \text{当}\,\dot{x}<0\,\text{时}\end{cases},\quad \begin{cases}c(x)>0, & \text{当}\,x>0\,\text{时}\\ c(0)=0 & \\ c(x)<0, & \text{当}\,x<0\,\text{时}\end{cases}$$

根据以上结果容易得到$(x_{\mathrm{s}},\dot{x}_{\mathrm{s}})=(0,0)$是系统的唯一平衡点。

为了分析平衡点的稳定性,选取常规的李雅普诺夫候选函数为

$$V(x,\dot{x})=\frac{1}{2}x^2+\frac{1}{2}\dot{x}^2$$

则其导函数可以计算得到

$$\dot{V}(x,\dot{x})=x\dot{x}+\dot{x}\ddot{x}=x\dot{x}-\dot{x}b(\dot{x})-\dot{x}c(x)$$

遗憾的是,$\dot{V}(x,\dot{x})$是不定函数,因此无法利用所定义的李雅普诺夫候选函数 $V(\cdot)$

来判断系统的稳定性。仔细分析 $V(\cdot)$ 及 $\dot{V}(\cdot)$ 的表达式可以发现，$V(\cdot)$ 中的第二项 $\frac{1}{2}\dot{x}^2$ 可以在 $\dot{V}(\cdot)$ 的表达式中贡献一个非正项 $-\dot{x}b(\dot{x})$，而其第一项则没有起到任何作用。因此，保持第二项不变，假设第一项为待定非负函数 $g(x):\mathbf{R}\to\mathbf{R}^+$，则修改后的李雅普诺夫候选函数为

$$V(\cdot)=g(x)+\frac{1}{2}\dot{x}^2$$

对上式求关于时间的导数可得

$$\dot{V}(\cdot)=\frac{\mathrm{d}g}{\mathrm{d}x}\dot{x}+\dot{x}\ddot{x}=-\dot{x}b(\dot{x})+\dot{x}\left(\frac{\mathrm{d}g}{\mathrm{d}x}-c(x)\right)$$

显然，如果能选择函数 $g(x)$，使得

$$\frac{\mathrm{d}g}{\mathrm{d}x}-c(x)=0 \tag{3.9}$$

则 $\dot{V}(\cdot)$ 可以转换为负半定函数 $\dot{V}(\cdot)=-\dot{x}b(\dot{x})$。对式(3.9)两边关于 x 积分可得

$$g(x)=\int_0^x c(y)\mathrm{d}y$$

进一步地，利用积分中值定理可以证明

$$g(x)=c(\xi)x,\quad \xi\in(0,x)\quad 或\quad \xi\in(x,0)$$

根据 $c(x)$ 的性质，从上式可以看出 $g(x)$ 是正定函数。根据以上分析，对于原系统，选择如下的候选函数

$$V_1(x)=\int_0^x c(y)\mathrm{d}y+\frac{1}{2}\dot{x}^2$$

则 $\dot{V}_1(x,\dot{x})$ 可以计算如下

$$\dot{V}_1(x,\dot{x})=c(x)\dot{x}+\dot{x}\ddot{x}=-\dot{x}b(\dot{x})$$

因此，$\dot{V}_1(x,\dot{x})$ 为负半定函数。进一步分析可以证明：当 $\|\boldsymbol{x}\|\to\infty$ 时，$V(\boldsymbol{x})\to\infty$，因此平衡点 $(x_s,\dot{x}_s)=(0,0)$ 是全局稳定的。 ■

3.6　拉塞尔不变性原理

在利用李雅普诺夫定理进行稳定性分析时，为了得到渐近稳定的特性，李雅普诺夫候选函数的导函数 $\dot{V}(\boldsymbol{x})$ 必须是负定的，这是一个比较苛刻的条件。在很多情况下，只能得到 $\dot{V}(\boldsymbol{x})$ 负半定的结论。这时候，根据李雅普诺夫定理，只能得到系统在李雅普诺夫意义下稳定的结论。在某些情况下，可以利用下面介绍的拉塞尔不变性原理对系统进一步分析，并最终得到渐近稳定的结论。

定义 3.5(不变集)　对于定义在集合 Ω 上的动态系统，如果存在集合 $\Lambda\subseteq\Omega$，对于任意初始状态 $\boldsymbol{x}(t_0)\in\Lambda$，有 $\boldsymbol{x}(t)\in\Lambda$，$\forall t\geqslant t_0$，则集合 Λ 称为该动态系统的不变集。

例 3.9 试证明对于如下的非线性系统

$$\begin{cases}\dot{x}_1 = x_2(x_1^2 + x_2^2 - 10) \\ \dot{x}_2 = x_1^2(x_1^2 + x_2^2 - 10)\end{cases} \tag{3.10}$$

圆周$\{(x_1, x_2) \mid x_1^2 + x_2^2 = 10\}$是它的一个不变集。

证明 定义函数

$$f(x_1, x_2) = x_1^2 + x_2^2 - 10$$

对其关于时间求导后得到

$$\frac{\mathrm{d}}{\mathrm{d}t} f(x_1, x_2) = 2x_1\dot{x}_1 + 2x_2\dot{x}_2$$

代入系统的动态方程式(3.10)并进行整理后得到

$$\frac{\mathrm{d}}{\mathrm{d}t} f(x_1, x_2) = (2x_1x_2 + 2x_2x_1^2)(x_1^2 + x_2^2 - 10)$$

从上式可知,当系统位于圆周$\{(x_1, x_2) \mid x_1^2 + x_2^2 = 10\}$上时,$f(x_1, x_2)$关于时间的导数为零,因此系统在无其他外力作用的情况下,将保持在该圆周上,所以它是系统的一个不变集。实际上,这个不变集定义了系统式(3.10)的一个极限环。 ■

定理 3.4(局部不变性原理) 对于定义在 $\mathbf{R}^n$ 上的动态系统 $\dot{\boldsymbol{x}} = \boldsymbol{f}(\boldsymbol{x})$,其中,$\boldsymbol{f}(\boldsymbol{x})$为连续函数,设 $V(\boldsymbol{x}): \mathbf{R}^n \to \mathbf{R}$ 是一阶光滑函数,且满足如下条件:

(1) 存在正常数 $c \in \mathbf{R}^+$,使集合 $\Omega_c = \{\boldsymbol{x} \in \mathbf{R}^n : V(\boldsymbol{x}) \leqslant c\}$有界;

(2) 对于任意 $\boldsymbol{x} \in \Omega_c$,有 $\dot{V}(\boldsymbol{x}) \leqslant 0$;

定义集合 $S = \{\boldsymbol{x} \in \Omega_c : \dot{V}(\boldsymbol{x}) = 0\}$,$M$ 是 S 中的最大不变集,则对于 $\forall \boldsymbol{x}_0 \in \Omega_c$,当 $t \to \infty$时,$\boldsymbol{x}(t)$趋于不变集 M。

定理 3.5(全局不变性原理) 对于定义在 $\mathbf{R}^n$ 上的动态系统 $\dot{\boldsymbol{x}} = \boldsymbol{f}(\boldsymbol{x})$,其中,$\boldsymbol{f}(\boldsymbol{x})$为连续函数,设 $V(\boldsymbol{x}): \mathbf{R}^n \to \mathbf{R}$ 是一阶光滑函数,且满足如下条件:

(1) 当 $\|\boldsymbol{x}\| \to \infty$时,$V(\boldsymbol{x}) \to \infty$;

(2) 对于任意 $\boldsymbol{x} \in \mathbf{R}^n$,$\dot{V}(\boldsymbol{x}) \leqslant 0$;

定义集合 $S = \{\boldsymbol{x} \in \mathbf{R}^n : \dot{V}(\boldsymbol{x}) = 0\}$,$M$ 是 S 中的最大不变集,则对于 $\forall \boldsymbol{x}_0 \in \mathbf{R}^n$,当 $t \to \infty$时,$\boldsymbol{x}(t)$趋于不变集 M。

对于定理 3.4 和定理 3.5,本书不进行证明。需要指出的是,定理中的最大不变集 M 实际上就是由系统动态方程及约束条件 $\dot{V}(\boldsymbol{x}) = 0$ 所确定的集合。换言之,最大不变集 M 可以通过求解如下约束得到

$$\begin{cases}\dot{\boldsymbol{x}} = \boldsymbol{f}(\boldsymbol{x}) \\ \dot{V}(\boldsymbol{x}) = 0\end{cases}$$

对于局部不变性原理而言,其解还必须满足 $\boldsymbol{x} \in \Omega_c$ 的约束。特别地,如果集合 M 中只包含原点 $\boldsymbol{x} = \boldsymbol{0}$,则平衡点 $\boldsymbol{x} = \boldsymbol{0}$ 是渐近稳定的。

例 3.10 试利用拉塞尔不变性原理进一步分析例 3.8 中平衡点的稳定性。

解　由例 3.8 中的分析得到

$$\dot{V}_1(x)=-\dot{x}b(\dot{x})\leqslant 0$$

等号当且仅当 $\dot{x}=0$ 时成立。因此,为了求解系统的最大不变集,需要联立下列方程

$$\begin{cases}\dot{x}=0\\ \ddot{x}+b(\dot{x})+c(x)=0\end{cases}$$

在上式中,根据第一个方程得到 $b(\dot{x})=0,\ddot{x}=0$,把上述事实代入第二个方程可以得到 $x=0$。因此最大不变集 M 中只包含平衡点 $\boldsymbol{x}=(0,0)$,该平衡点是渐近稳定的。■

习题

1. 试描述李雅普诺夫直接法和间接法的适用条件和主要区别。

2. 请比较分析李雅普诺夫意义下的稳定性、渐近稳定以及指数稳定 3 种稳定性的定义,并具体阐述其联系和主要区别。

3. 请指出李雅普诺夫分析方法的主要优点和不足之处。

4. 试运用李雅普诺夫线性化方法分析下列非线性系统关于平衡点附近的局部稳定性:

$$\begin{cases}\dot{x}_1=-x_1+x_2+x_1(x_1^2+x_2^2)\\ \dot{x}_2=-x_1-x_2+x_2(x_1^2+x_2^2)\end{cases}$$

5. 对于如下的非线性系统,试计算系统的平衡点并利用李雅普诺夫方法分析其稳定性。

系统 1:

$$\begin{cases}\dot{x}_1=-x_1(x_1^2+x_2^2)-x_2\\ \dot{x}_2=x_1-x_2(x_1^2+x_2^2)\end{cases}$$

系统 2:$\dot{x}=-kx^3+\sin^5 x$

系统 3:$\begin{cases}\dot{x}_1=-x_1+x_2^3\\ \dot{x}_2=-x_1x_2^2\end{cases}$

系统 4:

$$\begin{cases}\dot{x}_1=\dfrac{-6x_1}{(1+x_1^2)^2}+2x_2\\ \dot{x}_2=\dfrac{-2(x_1+x_2)}{(1+x_1^2)^2}\end{cases}$$

6. 已知某系统的动态特性如下

$$\dot{x}=-kx+\sin^3 x+x\cos^2 x$$

其中,$k>2$ 为常数。试证明:

(1) 原点为该系统的唯一平衡点;

(2) 该平衡点是全局指数稳定的。

7. 对于以下的非线性系统

$$\begin{cases}\dot{x}_1=-a[\sin^2 x_2+1]x_1^3+bx_1x_2^2\\ \dot{x}_2=-cx_2-dx_1^2x_2\end{cases}$$

其中,$a,b,c,d\in\mathbf{R}^+$表示正常数。试计算系统的平衡点并分析其稳定性。

8. 对于以下关于两种生物个体群的Volterra方程

$$\frac{\mathrm{d}x_1}{\mathrm{d}t}=ax_1+bx_1x_2$$

$$\frac{\mathrm{d}x_2}{\mathrm{d}t}=cx_2+dx_1x_2$$

式中,$a,b,c,d\in\mathbf{R}$为非零实数。试求出该系统的所有平衡点并讨论它在这些平衡点上的稳定性。

9. 已知某机械系统的闭环动态特性如下

$$\begin{cases}\ddot{x}=-k_1x-k_2\dot{x}-\dot{\theta}\\ \ddot{\theta}=\dot{x}-A\sin\theta\end{cases}$$

其中,$k_1,k_2,A\in\mathbf{R}^+$均为正的常数。试应用李雅普诺夫方法并结合拉塞尔不变性原理证明:$\lim\limits_{t\to\infty}(x\quad \dot{x}\quad \theta\quad \dot{\theta})=(0\quad 0\quad 0\quad 0)$。

参考文献

1. 廖晓昕.稳定性的理论、方法和应用[M].武汉:华中理工大学出版社,2002.
2. Khalik H K. Nonlinear Systems[M]. Prentice Hall,1996.
3. Krstic M,et al. Nonlinear and Adaptive Control Design[M]. New York: John Wiley Sons,1995.
4. 曾癸铨.李雅普诺夫直接法在自动控制中的应用[M].上海:上海科学技术出版社,1985.
5. 齐晓慧."李雅普诺夫稳定性理论"的教学研究[J].电力系统及其自动化学报,2005,17(3):91-94.
6. 胡跃明.非线性控制系统理论与应用[M].北京:国防工业出版社,2002.
7. 冯纯伯,费树岷.非线性控制系统分析与设计[M].2版.北京:电子工业出版社,1998.
8. Slotine J,Li W. Applied Nonlinear Control[M]. Englewood Clis,New Jersey: Prentice Hall,1991.
9. 罗抟翼,程桂芬,付家才.控制工程与信号处理[M].北京:化学工业出版社,2004.
10. 王枞.控制系统理论及应用[M].北京:北京邮电大学出版社,2005.
11. 胡寿松.自动控制原理[M].4版.北京:科学出版社,2001.
12. 赖旭芝,黄灿.体操机器人控制的李雅普诺夫方法[J].计算机技术与自动化,2004,23(2):4-7.
13. 叶华文,戴冠中,王红.控制李雅普诺夫函数的镇定应用[J].自动化学报,2004,30(3):430-435.
14. 何东武.李雅普诺夫稳定性理论中V函数的构造[J].辽宁师范大学学报(自然科学版),2001,24(3):266-271.
15. Fang Y,Zergeroglu E,Dixon W E,et al. Nonlinear Coupling Control Laws for an Overhead Crane System[J]. *Proc. of the IEEE Conference on Control Applications*,2001,639-644.
16. 方勇纯,Darren Dawson,王鸿鹏.欠驱动吊车非线性控制系统设计及实验[J].中南大学学报(自然科学版),2005,36(1):151-155.

第4章 基于精确模型的控制系统设计

4.1 引言

为了使被控对象能实现预期的性能,通常需要设计相应的控制算法来对它进行优化与控制。显然,对系统的特性越了解,则控制算法设计越简单,而得到的系统也越容易实现期望的性能指标。在自动控制领域中,通常采用各种数学模型,如传递函数、状态空间、微分方程等数学工具来描述系统的动态特性。为了得到系统的数学模型,通常采用机理建模与实验数据分析两种方法,前者是一种理论方法,它主要对系统进行精确分析,找到它所服从的物理、化学等定律,并将它们进行综合,化简后得到相应的数学公式来描述系统的性质,并最终将其表示为相应的数学表述;后者则是一种更为常见的实验方法,它通过对于要建模的对象进行大量的数据采集,并对这些数据进行充分分析和处理,在此基础上建立系统的数学描述。不管采用什么方法,得到的系统模型越能精确地描述系统的动态行为,则根据它来设计控制器越方便,而得到的闭环系统性能指标也更为优越。

在理想情况下,如果模型在工作范围内能准确描述系统的动态行为,此时可以借助模型知识来设计控制器。但是,对于实际系统而言,由于建立的数学模型难以完全描述系统的动态行为,因此这种基于精确模型(exact model knowledge)的设计方法在实际应用中具有很大的局限性。尽管如此,由于这种设计方法理论体系完整,并且它可以为具有不确定行为的控制系统设计提供一种参考,因此,研究这种设计方法仍然具有非常重要的意义。

在本章中,将首先对基于微分几何工具的精确线性化方法展开讨论,这是非线性控制系统理论研究中最富有代表性的成果之一[1]。这种方法较多地涉及微分几何方面的数学背景,为了便于理解,本章将重点对于单输入单输出系统的精确线性化方法进行分析。此外,本章还将对其他两种常见的设计方法,即反向递推设计方法(backstepping)和线性滤波降阶设计方法进行介绍。值得指出的是,这两种方法不但可以应用于模型精确已知的控制对象,对于随后几章所介绍的自适应控制、滑模控制而言,这些方法仍然适用。

4.2 反馈线性化的设计思路

反馈线性化是非线性控制中一种基本的设计方法,通常也将它称为精确线性化方法。其主要思想是在控制器设计过程中通过坐标变换以及非线性状态反馈等方法来补偿系统的非线性特性,从而将原来的非线性系统转化为简单的线性系统[2,3],在此基础上,可以采用各种常见的线性控制方法来完成控制器的设计,最终实现期望的性能指标。与通常基于泰勒级数展开的近似线性化方法不同的是,反馈线性化是建立在系统状态变换与非线性反馈基础之上的一种精确方法,因此,它通常在大范围内都是有效的,而不是仅仅局限于工作点附近。

作为一种基本方法,反馈线性化得到了自动控制领域的广泛关注,并且在一些实际系统中,如直升机控制、工业机器人等对象中得到了具体应用[4-11]。尤为可喜的是,这种基于微分几何的精确线性化方法在近年来取得了很大的进展,在非线性系统的能控性、能观性、标准型转化等方面获得了大量成果。但是对这种方法进行全面的理论介绍需要涉及大量微分几何以及微分拓扑方面的数学背景,如李群和李代数、微分同胚等概念。为了便于学习,本章仅仅对于单输入单输出系统(SISO 系统)的反馈线性化方法进行讨论,对于多输入多输出系统而言,其研究的基本思路和所采用的数学工具,以及得到的主要结论都和 SISO 系统非常类似,因此,在本章中对此没有进行介绍。关于非线性系统反馈线性化的完整理论,感兴趣的读者可以参阅本章参考文献[12]。

在本章中,我们假设系统的特性可以完全由其模型来描述,在此基础上,通过反馈线性化方法设计控制器以实现期望的控制目标。为此,我们先通过一个简单例子对反馈线性化的基本设计思想进行介绍。考虑如下的非线性系统

$$\dot{\boldsymbol{x}} = \boldsymbol{f}(\boldsymbol{x}) + \boldsymbol{B}\boldsymbol{u} \tag{4.1}$$

其中,$\boldsymbol{x} \in \mathbf{R}^n$ 是系统的状态,$\boldsymbol{f}(\boldsymbol{x})$ 表示 $\mathbf{R}^n$ 上的光滑向量场,$\boldsymbol{u} \in \mathbf{R}^n$ 代表系统的输入,而输入矩阵 $\boldsymbol{B} \in \mathbf{R}^{n\times n}$ 则为已知的常数,可逆方阵。对于通常的轨迹跟踪问题,需要设计合适的控制输入 $\boldsymbol{u}$ 使得系统状态跟踪给定的轨迹 $\boldsymbol{x}_{\mathrm{d}} \in \mathbf{R}^n$,其中 $\boldsymbol{x}_{\mathrm{d}}$,$\dot{\boldsymbol{x}}_{\mathrm{d}} \in L_\infty^n$。

为了方便控制系统的设计与分析,定义跟踪误差 $\boldsymbol{e} \in \mathbf{R}^n$ 如下

$$\boldsymbol{e} = \boldsymbol{x}_{\mathrm{d}} - \boldsymbol{x}$$

则系统的开环误差动态特性可以计算如下

$$\dot{\boldsymbol{e}} = \dot{\boldsymbol{x}}_{\mathrm{d}} - \boldsymbol{f}(\boldsymbol{x}) - \boldsymbol{B}\boldsymbol{u}$$

根据上述误差系统以及随后的稳定性分析,设计如下的控制算法来补偿系统的非线性特性

$$\boldsymbol{u} = \boldsymbol{B}^{-1}[\dot{\boldsymbol{x}}_{\mathrm{d}} - \boldsymbol{f}(\boldsymbol{x}) + k\boldsymbol{e}]$$

其中,$\boldsymbol{B}^{-1} \in \mathbf{R}^{n\times n}$ 代表 $\boldsymbol{B}$ 的逆矩阵,而 $k \in \mathbf{R}^+$ 则为正的控制增益。将上述非线性控制器代入误差开环动态特性并进行整理后得到

$$\dot{\boldsymbol{e}} = -k\boldsymbol{e}$$

为了分析系统的稳定性，选择李雅普诺夫候选函数为

$$V = \frac{1}{2}\boldsymbol{e}^{\mathrm{T}}\boldsymbol{e} \tag{4.2}$$

则有

$$\dot{V} = \boldsymbol{e}^{\mathrm{T}}\dot{\boldsymbol{e}} = -k\boldsymbol{e}^{\mathrm{T}}\boldsymbol{e} = -2kV$$

求解上述微分方程可以得到

$$V(t) = V(t_0)\mathrm{e}^{-2k(t-t_0)}$$

将函数 $V(t)$ 的定义式(4.2)代入上式可以证明系统的跟踪误差具有如下动态行为

$$\|\boldsymbol{e}(t)\| = \|\boldsymbol{e}(t_0)\|\mathrm{e}^{-k(t-t_0)}$$

即跟踪误差指数衰减到零。

例 4.1　对于如下系统

$$\dot{x} = ax^2 + \frac{u}{b + c\sin^2 t}$$

其中，$a,b,c \in \mathbf{R}^+$ 表示已知的系统参数，均为正的常数，试设计控制器 $u(t)$ 使得系统状态 $x(t)$ 指数衰减到零。

解　根据系统的动态特性，可以设计反馈线性化控制器为

$$u = (b + c\sin^2 t)(-ax^2 - kx)$$

其中，$k \in \mathbf{R}^+$ 表示反馈增益。将上述控制器代入系统动态方程得到

$$\dot{x} = -kx$$

求解上述微分方程得

$$x(t) = x(t_0)\mathrm{e}^{-k(t-t_0)}$$

即系统状态 $x(t)$ 以指数方式趋于零。■

4.3　单输入单输出系统的精确线性化

对于例 4.1 所示的简单非线性系统，通过状态反馈有效地补偿了控制对象中的非线性特性。对于更为一般的非线性系统，能否通过同样的方法将其转化为线性系统呢？本节将讨论单输入单输出非线性系统的精确线性化问题。对于这类系统，当其满足一定的条件时，可以通过适当的坐标变换，使其状态或者输入输出响应实现精确线性化[13]。

4.3.1　SISO 系统的输入输出线性化

考虑如下 SISO 非线性系统的输入输出线性化问题

$$\begin{cases} \dot{\boldsymbol{x}} = \boldsymbol{f}(\boldsymbol{x}) + \boldsymbol{g}(\boldsymbol{x})u \\ y = h(\boldsymbol{x}) \end{cases} \tag{4.3}$$

其中,$u(t),y(t)\in\mathbf{R}$ 分别表示系统的输入和输出信号,$\boldsymbol{x}\in\mathbf{R}^n$ 是系统的状态,$\boldsymbol{f}(\boldsymbol{x})$,$\boldsymbol{g}(\boldsymbol{x})$为 n 维光滑向量场,而 $h(\boldsymbol{x})$则是光滑函数。为了便于以下的分析,假定系统状态在开集 $\boldsymbol{Q}\subseteq\mathbf{R}^n$ 上运动。

为了使系统式(4.3)实现输入输出线性化,需要对其进行坐标变换和相应的数学处理,最终将其转化为一个输入与输出之间具有线性关系的新系统。对于系统式(4.3),为了在输入信号 $u(t)$和输出信号 $y(t)$之间建立直接联系,对 $y(t)$关于时间求导,然后代入 $\dot{\boldsymbol{x}}(t)$的动态特性,并利用李导数进行整理后得到

$$\dot{y}=\frac{\partial h}{\partial \boldsymbol{x}}[\boldsymbol{f}(\boldsymbol{x})+\boldsymbol{g}(\boldsymbol{x})u]=L_f h(\boldsymbol{x})+L_g h(\boldsymbol{x})u \tag{4.4}$$

根据上述方程可以得知,如果对于 $\boldsymbol{x}=\boldsymbol{x}_0$,满足 $L_g h(\boldsymbol{x}_0)\neq 0$,则根据函数和向量场的光滑性可知:存在 $\boldsymbol{x}_0$ 的邻域 $\boldsymbol{U}$,对于任意 $\boldsymbol{x}\in\boldsymbol{U}$,$|L_g h(\boldsymbol{x})|>a$,其中,$a\in\mathbf{R}^+$ 为正的常数。因此,在 $\boldsymbol{U}$ 中,可以定义如下的非奇异输入变换

$$u=\frac{1}{L_g h(\boldsymbol{x})}[-L_f h(\boldsymbol{x})+v]$$

其中,$v(t)\in\mathbf{R}$ 表示新的输入量。显然,通过上述变换以后,在系统的输出信号 $y(t)$和新的输入量 $v(t)$之间建立了如下的线性关系

$$\dot{y}(t)=v(t)$$

即实现了系统的输入输出线性化。

另一方面,如果在 $\boldsymbol{x}_0$ 附近,$L_g h(\boldsymbol{x})=0$,则对式(4.4)关于时间求导后得到

$$\ddot{y}=\frac{\partial L_f h(\boldsymbol{x})}{\partial \boldsymbol{x}}\boldsymbol{f}(\boldsymbol{x})+\frac{\partial L_f h(\boldsymbol{x})}{\partial \boldsymbol{x}}\boldsymbol{g}(\boldsymbol{x})u=L_f^2 h(\boldsymbol{x})+L_g L_f h(\boldsymbol{x})u$$

如果对于 $\boldsymbol{x}=\boldsymbol{x}_0$,$L_g L_f h(\boldsymbol{x}_0)\neq 0$ 成立,则在 $\boldsymbol{x}_0$ 的某个邻域中,满足 $|L_g L_f h(x)|>a$,其中,$a\in\mathbf{R}^+$ 为正的常数。在该邻域中,通过如下的非奇异输入变换

$$u=\frac{1}{L_g L_f h(\boldsymbol{x})}[-L_f^2 h(\boldsymbol{x})+v]$$

可以使输出信号 $y(t)$和新的控制量 $v(t)$之间建立如下的二阶线性关系

$$\ddot{y}(t)=v(t)$$

类似地,如果在 $\boldsymbol{x}_0$ 附近,$L_g L_f h(\boldsymbol{x})=0$,则继续对系统的输出特性进行求导,直到

$$y^{(r)}=L_f^r h(\boldsymbol{x})+L_g L_f^{r-1}h(\boldsymbol{x})u$$

并且对于 $\boldsymbol{x}=\boldsymbol{x}_0$,$L_g L_f^{r-1}h(\boldsymbol{x}_0)\neq 0$。此时,可以在 $\boldsymbol{x}_0$ 的某个邻域中,引入如下的非线性输入变换

$$u=\frac{1}{L_g L_f^{r-1}h(\boldsymbol{x})}[-L_f^r h(\boldsymbol{x})+v]$$

最终使原系统的输出 $y(t)$和新的控制量 $v(t)$之间满足 r 阶线性微分方程

$$y^{(r)}(t)=v(t)$$

显然,在上述过程中,阶数 r 决定了系统反馈线性化时输入变换的具体形式以及最终所获得的线性系统的阶数,因此它具有非常重要的意义。

定义 4.1(相对阶) 对于 SISO 系统(见式(4.3)),对于 $\boldsymbol{x}_0\in\boldsymbol{Q}$,如果存在 $\boldsymbol{x}_0$ 的

邻域 $\boldsymbol{U}$ 和正整数 r，使得

(1) 对于 $\forall \boldsymbol{x}\in\boldsymbol{U}, 0\leqslant i<r-1, L_gL_f^ih(\boldsymbol{x})=0$；

(2) $L_gL_h^{r-1}(\boldsymbol{x}_0)\neq 0$；

则称系统在 $\boldsymbol{x}_0$ 点具有相对阶 r。

值得指出的是，系统并不一定在任意点上都具有相对阶。对于某些非线性系统而言，其相对阶在一些点上可能没有定义。例如，当 $L_gL_f^{r-1}h(\boldsymbol{x}_0)=0$，且对于其他任意靠近 $\boldsymbol{x}_0$ 的点 $\boldsymbol{x}$，$L_gL_f^{r-1}h(\boldsymbol{x})\neq 0$ 时，相对阶在 $\boldsymbol{x}_0$ 点便没有定义。

例 4.2　试分析如下系统在原点的相对阶

$$\begin{cases}\ddot{x}=a\dot{x}+bx^2+u\\ y=3x^3\end{cases}$$

其中，$a,b\in\mathbf{R}$ 为系统的参数。

解　对于 $y(t)$ 关于时间计算其二阶导数，并代入 $\ddot{x}(t)$ 的动态特性整理后得到

$$\dot{y}=9x^2\dot{x}$$

$$\ddot{y}=18x\dot{x}^2+9x^2\ddot{x}=18x\dot{x}^2+9ax^2\dot{x}+9bx^4+9x^2u$$

由于在原点上，$9x^2=0$，而对于其他 $\forall x\in\mathbf{R}$，$9x^2\neq 0$，因此该系统在原点的相对阶没有定义。■

值得指出的是，对于例 4.2，如果系统的输出变量 $y(t)$ 为 $x(t)$ 的线性函数

$$y=cx+d$$

其中，$c,d\in\mathbf{R}$ 为常数，且 $c\neq 0$，则对 $y(t)$ 计算其前二阶导数并进行化简后得到

$$\dot{y}=c\dot{x}$$

$$\ddot{y}=c\ddot{x}=(ac\dot{x}+bcx^2)+cu$$

显然，系统的相对阶为 2。

4.3.2　SISO 非线性系统的标准型变换

对于 SISO 系统，如果它在 $\boldsymbol{x}_0$ 的相对阶 $r\leqslant n$，则经过状态变换以后，可以将其转化为一类具有特殊形式的系统，通常将其称为标准型。在本节中，只讨论系统的变换过程以及获得的标准型，而对于其理论证明，请读者参阅有关专著[12-14]。为了分析坐标变换的可逆性，需要对变换的奇异性以及光滑性等性质进行讨论。为此，我们不加证明地给出以下的引理。

引理 4.1　对于向量 $\boldsymbol{x}\in\mathbf{R}^n$，设 $\boldsymbol{\Phi}(\boldsymbol{x})$ 为 $\mathbf{R}^n$ 上的光滑向量场，当该向量场在 $\boldsymbol{x}_0$ 点的雅可比矩阵 $\nabla\boldsymbol{\Phi}(\boldsymbol{x}_0)$ 非奇异时，$\boldsymbol{\Phi}(\boldsymbol{x})$ 在 $\boldsymbol{x}_0$ 的邻域上定义了一个微分同胚映射。

引理 4.1 为判断坐标变换的可逆性带来了很大的方便。对于各种非线性坐标变换，利用上述引理，只需要计算其雅可比矩阵的行列式就可以判断它是否为非奇异变换。

定理 4.1（SISO 系统的坐标变换）　对于式(4.3)所表示的 SISO 非线性系统，如果其在 $\boldsymbol{x}_0$ 点的相对阶 $r\leqslant n$，则通过如下的非奇异坐标变换

$$z = \boldsymbol{\Phi}(\boldsymbol{x}) = [\boldsymbol{\xi}(\boldsymbol{x})^{\mathrm{T}} \quad \boldsymbol{\eta}^{\mathrm{T}}]^{\mathrm{T}} \tag{4.5}$$

其中,

$$\boldsymbol{\xi}(\boldsymbol{x}) = [\xi_1\ \xi_2\ \cdots\ \xi_r]^{\mathrm{T}} = [h(\boldsymbol{x}) \quad L_f h(\boldsymbol{x}) \quad \cdots \quad L_f^{r-1} h(\boldsymbol{x})]^{\mathrm{T}}, \quad \boldsymbol{\eta} = [\eta_1\ \eta_2\ \cdots\ \eta_{n-r}]^{\mathrm{T}}$$

可以将原来的 SISO 系统转换为如下的标准系统

$$\begin{cases} \dot{\xi}_1 = \xi_2 \\ \vdots \\ \dot{\xi}_{r-1} = \xi_r \\ \dot{\xi}_r = L_f^r h(\boldsymbol{x}) + L_g L_f^{r-1} h(\boldsymbol{x}) u \\ \dot{\boldsymbol{\eta}} = \boldsymbol{p}(\boldsymbol{\eta}, \boldsymbol{\xi}) \\ y = \xi_1 \end{cases} \tag{4.6}$$

其中,变量$\boldsymbol{\eta} \in \mathbf{R}^{n-r}$ 可以通过求解如下的约束获得

$$L_g \boldsymbol{\eta}(\boldsymbol{x}) = 0$$

证明 略。感兴趣的读者请查阅有关专著[12-14]。

式(4.6)称为 SISO 系统的标准型,它包括两部分状态,其中,前一部分状态$\boldsymbol{\xi} \in \mathbf{R}^r$ 为一个可控可观测的线性系统。因此,通过坐标变换式(4.5),使原来的非线性 SISO 系统实现了部分线性化。

例 4.3 试将以下非线性系统转化为标准型。

$$\begin{cases} \dot{\boldsymbol{x}} = \boldsymbol{f}(\boldsymbol{x}) + \boldsymbol{g}(\boldsymbol{x}) u \\ y = h(\boldsymbol{x}) = x_3 \end{cases}$$

其中

$$\boldsymbol{f}(\boldsymbol{x}) = [-x_1 \quad x_1 x_2 \quad x_2]^{\mathrm{T}}, \quad \boldsymbol{g}(\boldsymbol{x}) = [\mathrm{e}^{x_2} \quad 1 \quad 0]^{\mathrm{T}}$$

解 对于该系统,先确定系统的相对阶,为此,计算相应的李导数如下

$$\nabla h = [0 \quad 0 \quad 1]$$

$$L_g h(\boldsymbol{x}) = [0 \quad 0 \quad 1] \begin{bmatrix} \mathrm{e}^{x_2} \\ 1 \\ 0 \end{bmatrix} = 0; \quad L_f h(\boldsymbol{x}) = [0 \quad 0 \quad 1] \begin{bmatrix} -x_1 \\ x_1 x_2 \\ x_2 \end{bmatrix} = x_2$$

$$L_g L_f h(\boldsymbol{x}) = [0 \quad 1 \quad 0] \begin{bmatrix} \mathrm{e}^{x_2} \\ 1 \\ 0 \end{bmatrix} = 1; \quad L_f^2 h(\boldsymbol{x}) = [0 \quad 1 \quad 0] \begin{bmatrix} -x_1 \\ x_1 x_2 \\ x_2 \end{bmatrix} = x_1 x_2$$

由于 $L_g h(\boldsymbol{x}) = 0, L_g L_f h(\boldsymbol{x}) \neq 0$,所以系统的相对阶 $r=2$。

为了将原来的非线性系统转化为标准型,首先定义如下的变换

$$\xi_1 = x_3, \quad \xi_2 = x_2$$

对于第三个变量,需要求解如下的约束

$$L_g \eta(\boldsymbol{x}) = \frac{\partial \eta}{\partial x_1} \mathrm{e}^{x_2} + \frac{\partial \eta}{\partial x_2} = 0$$

对于上述偏微分方程，函数

$$\eta = 1 + x_1 - e^{x_2}$$

是它的一个解。因此，对于原来的非线性系统，需要的坐标变换如下

$$\boldsymbol{z} = \boldsymbol{\Phi}(\boldsymbol{x}) = [x_3 \quad x_2 \quad 1 + x_1 - e^{x_2}]^{\mathrm{T}} \tag{4.7}$$

该变换的雅可比矩阵可以计算如下

$$\nabla\boldsymbol{\Phi} = \begin{bmatrix} 0 & 0 & 1 \\ 0 & 1 & 0 \\ 1 & -e^{x_2} & 0 \end{bmatrix}$$

对于 $\forall \boldsymbol{x} \in \mathbf{R}^3$，该矩阵的行列式为 $\det(\nabla\boldsymbol{\Phi}) = -1$，因此，上述坐标变换是非奇异的，式(4.7)定义了一个全局坐标变换，其逆变换为

$$\begin{cases} x_1 = -1 + z_3 + e^{z_2} \\ x_2 = z_2 \\ x_3 = z_1 \end{cases}$$

对于式(4.7)所定义的变换，对其关于时间求导并进行整理后得到

$$\begin{cases} \dot{z}_1 = \dot{x}_3 = z_2 \\ \dot{z}_2 = \dot{x}_2 = (-1 + z_3 + e^{z_2})z_2 + u \\ \dot{z}_3 = \dot{x}_1 - e^{x_2}\dot{x}_2 = (1 - z_3 - e^{z_2})(1 + z_2 e^{z_2}) \end{cases}$$

显然，上述动态方程和式(4.6)所示的标准型在结构上完全一致。■

4.3.3　SISO 非线性系统的状态反馈线性化

如前所述，当系统的相对阶 $r = n$ 时，通过式(4.5)的变换可以使式(4.3)描述的 SISO 非线性系统转化为如下的标准型

$$\begin{cases} \dot{\xi}_1 = \xi_2 \\ \vdots \\ \dot{\xi}_{n-1} = \xi_n \\ \dot{\xi}_n = L_f^n h(\boldsymbol{x}) + L_g L_f^{n-1} h(\boldsymbol{x}) u \\ y = \xi_1 \end{cases}$$

对于以上系统，由于 $L_g L_f^{n-1} h(\boldsymbol{x}) \neq 0$，因此可以选择系统的控制输入为

$$u = \frac{v - L_f^n h(\boldsymbol{x})}{L_g L_f^{n-1} h(\boldsymbol{x})}$$

其中，$v \in \mathbf{R}$ 为新的控制信号。将该控制器代入变换后的系统后得到

$$\begin{cases} \dot{\xi}_1 = \xi_2 \\ \vdots \\ \dot{\xi}_{n-1} = \xi_n \\ \dot{\xi}_n = v \\ y = \xi_1 \end{cases}$$

显然，上式表示了一个由 n 个积分器串联而成的线性系统，其特性可以由以下的状

态空间描述

$$\dot{\boldsymbol{\xi}} = \boldsymbol{A}\boldsymbol{\xi} + \boldsymbol{B}v$$

其中,系统矩阵 $\boldsymbol{A} \in \mathbf{R}^{n\times n}$,输入向量 $\boldsymbol{B} \in \mathbf{R}^n$ 分别定义如下

$$\boldsymbol{A} = \begin{bmatrix} 0 & 1 & \cdots & 0 \\ \vdots & \vdots & \ddots & \vdots \\ 0 & 0 & \cdots & 1 \\ 0 & 0 & \cdots & 0 \end{bmatrix}, \quad \boldsymbol{B} = \begin{bmatrix} 0 \\ 0 \\ 0 \\ 1 \end{bmatrix}$$

进一步,对于该线性系统,设计状态反馈控制器为

$$v = \boldsymbol{K}\boldsymbol{\xi}$$

其中,$\boldsymbol{K} \in \mathbf{R}^{1\times n}$ 为控制增益向量。显然,由于该线性系统是可控的,因此通过选择合适的向量 $\boldsymbol{K}$ 可以将系统的极点配置到指定的位置,从而使原系统实现期望的动态特性。

以上通过状态和输入变换较好地解决了结构如式(4.3)所示,且相对阶 $r=n$ 的非线性系统的控制问题。值得指出的是,该系统之所以可以通过上述变换转化为可控的线性系统,主要原因是系统的输出函数所对应的相对阶正好为 n。那么,对于其他不同的输出函数,或者当原来的系统中没有定义输出信号时,能否找到一个合适的输出量 $y=h(\boldsymbol{x})$,使系统具有相对阶 n,从而可以通过上述变换转化为可控的线性系统呢?

综上所述,可以将状态反馈线性化问题进行精确的数学描述:对于如下的非线性系统

$$\dot{\boldsymbol{x}} = \boldsymbol{f}(\boldsymbol{x}) + \boldsymbol{g}(\boldsymbol{x})u \tag{4.8}$$

能否找到合适的反馈控制

$$u = \alpha(\boldsymbol{x}) + \beta(\boldsymbol{x})v$$

其中,$\alpha(\boldsymbol{x})$,$\beta(\boldsymbol{x})$通常为光滑函数,以及坐标变换 $\boldsymbol{z}=\boldsymbol{\Phi}(\boldsymbol{x})$,将非线性系统转化为如下的可控线性系统

$$\dot{\boldsymbol{\xi}} = \boldsymbol{A}\boldsymbol{\xi} + \boldsymbol{B}v$$

其中,系统矩阵 $\boldsymbol{A} \in \mathbf{R}^{n\times n}$ 和输入向量 $\boldsymbol{B} \in \mathbf{R}^n$ 满足如下的可控性条件

$$\operatorname{rank}([\boldsymbol{B} \quad \boldsymbol{A}\boldsymbol{B} \quad \cdots \quad \boldsymbol{A}^{n-1}\boldsymbol{B}]) = n$$

这个问题通常称为单输入形式的状态精确线性化问题。根据以上分析可知:该问题可解的一个充分条件是可以找到合适的输出量 $y=h(\boldsymbol{x})$,使系统具有相对阶 n。进一步分析可以证明这个条件同时也是问题可解的必要条件。

引理 4.2　对于系统(4.8),其状态精确线性化问题有解的充分必要条件是:存在合适的输出函数 $y=h(\boldsymbol{x})$,使得如下的系统

$$\begin{cases} \dot{\boldsymbol{x}} = \boldsymbol{f}(\boldsymbol{x}) + \boldsymbol{g}(\boldsymbol{x})u \\ y = h(\boldsymbol{x}) \end{cases}$$

在 $\boldsymbol{x}_0$ 点的相对阶为 n。

证明　略。

上述引理表明：状态精确线性化可以转化为寻找合适的输出函数 $y=h(\boldsymbol{x})$的问题。为了实现原系统式(4.8)的状态精确线性化，需要找到函数 $y=h(\boldsymbol{x})$，使得存在 $\boldsymbol{x}_0$ 的邻域 $\boldsymbol{U}$，对于 $\forall \boldsymbol{x}\in\boldsymbol{U}, 0\leqslant i<n-1, L_g L_f^i h(\boldsymbol{x})=0$ 且 $L_g L_f^{n-1} h(\boldsymbol{x}_0)\neq 0$。根据上述条件，为了获得函数 $h(\boldsymbol{x})$，需要求解一组偏微分方程。幸运的是，应用伏柔贝尼斯定理，可以将上述条件进行简化，从而获得如下的定理。

定理 4.2(状态精确线性化定理)　对于系统式(4.8)，它在 $\boldsymbol{x}_0$ 点附近可以精确线性化的充分必要条件为

(1) 矩阵$[\boldsymbol{g}(\boldsymbol{x}_0)\quad ad_f\boldsymbol{g}(\boldsymbol{x}_0)\quad \cdots\quad ad_f^{n-1}\boldsymbol{g}(\boldsymbol{x}_0)]$的秩为 n；

(2) 分布 $D=\mathrm{span}\{\boldsymbol{g}\quad ad_f\boldsymbol{g}\quad \cdots\quad ad_f^{n-2}\boldsymbol{g}\}$在 $\boldsymbol{x}_0$ 的一个邻域内是对合分布。即对于任意$\boldsymbol{\tau}_1,\boldsymbol{\tau}_2\in D$，其李括号运算$[\boldsymbol{\tau}_1,\boldsymbol{\tau}_2]\in D$。

证明　略，请读者自行练习。

在定理 4.2 中，条件(1)表明系统式(4.8)是能控的，而条件(2)则保证了偏微分方程组 $L_g L_f^i h(\boldsymbol{x})=0, i=0,1,\cdots,n-2$ 存在连续可微的解。至此，我们已经获得了状态精确线性化问题的主要结论，对于实际应用，可以遵循以下步骤来完成系统式(4.8)的精确线性化。

(1) 根据 $\boldsymbol{f}(\boldsymbol{x})$和 $\boldsymbol{g}(\boldsymbol{x})$，计算向量场 $\boldsymbol{g}(\boldsymbol{x}), ad_f\boldsymbol{g}(\boldsymbol{x}),\cdots, ad_f^{n-1}\boldsymbol{g}(\boldsymbol{x})$，并判断定理 4.2 的条件是否满足，即系统能否进行精确线性化；

(2) 如果系统可以精确线性化，求解以下的偏微分方程

$$\frac{\partial h}{\partial \boldsymbol{x}}[\boldsymbol{g}(\boldsymbol{x})\quad ad_f\boldsymbol{g}(\boldsymbol{x})\quad \cdots\quad ad_f^{n-2}\boldsymbol{g}(\boldsymbol{x})]=0$$

以获得输出函数 $y=h(\boldsymbol{x})$；

(3) 利用非线性变换

$$\boldsymbol{z}=\boldsymbol{\Phi}(\boldsymbol{x})=[h(\boldsymbol{x})\quad L_f h(\boldsymbol{x})\quad L_f^2 h(\boldsymbol{x})\quad \cdots\quad L_f^{n-1}h(\boldsymbol{x})]^{\mathrm{T}}$$

以及输入变换

$$u=\frac{v-L_f^n h(\boldsymbol{x})}{L_g L_f^{n-1} h(\boldsymbol{x})}$$

将原系统式(4.8)转化为可控的线性系统。

例 4.4　试求解如下 SISO 非线性系统在原点的状态精确线性化问题

$$\dot{\boldsymbol{x}}=\boldsymbol{f}(\boldsymbol{x})+\boldsymbol{g}(\boldsymbol{x})u$$

其中，$\boldsymbol{x}=[x_1\quad x_2\quad x_3]^{\mathrm{T}}\in\mathbf{R}^3$ 为系统的状态，而向量场 $\boldsymbol{f}(\boldsymbol{x})$和 $\boldsymbol{g}(\boldsymbol{x})$分别定义如下

$$\boldsymbol{f}(\boldsymbol{x})=\begin{bmatrix} x_3(1+x_2)\\ x_1\\ x_2(1+x_1)\end{bmatrix},\quad \boldsymbol{g}(\boldsymbol{x})=\begin{bmatrix}0\\ 1+x_2\\ -x_3\end{bmatrix}$$

解　为了判断该系统能否实现状态精确线性化，先计算如下的向量场

$$ad_f\boldsymbol{g}(\boldsymbol{x})=\begin{bmatrix}0&0&0\\0&1&0\\0&0&-1\end{bmatrix}\begin{bmatrix}x_3(1+x_2)\\x_1\\x_2(1+x_1)\end{bmatrix}-\begin{bmatrix}0&x_3&1+x_2\\1&0&0\\x_2&1+x_1&0\end{bmatrix}\begin{bmatrix}0\\1+x_2\\-x_3\end{bmatrix}$$

$$=\begin{bmatrix}0\\x_1\\-(1+x_1)(1+2x_2)\end{bmatrix}$$

$$ad_f^2\boldsymbol{g}(\boldsymbol{x})=\begin{bmatrix}0&0&0\\1&0&0\\-1-2x_2&-2-2x_1&0\end{bmatrix}\begin{bmatrix}x_3(1+x_2)\\x_1\\x_2(1+x_1)\end{bmatrix}-$$

$$\begin{bmatrix}0&x_3&1+x_2\\1&0&0\\x_2&1+x_1&0\end{bmatrix}\begin{bmatrix}0\\x_1\\-(1+x_1)(1+2x_2)\end{bmatrix}$$

$$=\begin{bmatrix}(1+x_1)(1+x_2)(1+2x_2)-x_1x_3\\x_3(1+x_2)\\-x_3(1+x_2)(1+2x_2)-3x_1(1+x_1)\end{bmatrix}$$

对于原点 $\boldsymbol{x}_0=\boldsymbol{0}$,矩阵

$$[\boldsymbol{g}(\boldsymbol{x}_0)\quad ad_f\boldsymbol{g}(\boldsymbol{x}_0)\quad ad_f^2\boldsymbol{g}(\boldsymbol{x}_0)]=\begin{bmatrix}0&0&1\\1&0&0\\0&-1&0\end{bmatrix}$$

的秩为3,因此满足条件(1)。对于条件(2),需要判断以下分布

$$D=\operatorname{span}\left\{\begin{bmatrix}0\\1+x_2\\-x_3\end{bmatrix}\quad\begin{bmatrix}0\\x_1\\-(1+x_1)(1+2x_2)\end{bmatrix}\right\}$$

的对合性。为此,注意到

$$[\boldsymbol{g}(\boldsymbol{x}),ad_f\boldsymbol{g}(\boldsymbol{x})]=\begin{bmatrix}0&0&0\\1&0&0\\-(1+2x_2)&-2(1+x_1)&0\end{bmatrix}\begin{bmatrix}0\\1+x_2\\-x_3\end{bmatrix}-$$

$$\begin{bmatrix}0&0&0\\0&1&0\\0&0&-1\end{bmatrix}\begin{bmatrix}0\\x_1\\-(1+x_1)(1+2x_2)\end{bmatrix}$$

$$=\begin{bmatrix}0\\-x_1\\-(1+x_1)(3+4x_2)\end{bmatrix}\in D$$

因此,分布 D 为对合分布,满足条件(2)。

为了确定输出函数 $y=h(\boldsymbol{x})$,需要求解以下的偏微分方程

$$\frac{\partial h}{\partial \boldsymbol{x}}\begin{bmatrix}0 & 0\\ 1+x_2 & x_1\\ -x_3 & -(1+x_1)(1+2x_2)\end{bmatrix}=0$$

展开后得到

$$\begin{cases}(1+x_2)\dfrac{\partial h}{\partial x_2}-x_3\dfrac{\partial h}{\partial x_3}=0\\ x_1\dfrac{\partial h}{\partial x_2}-(1+x_1)(1+2x_2)\dfrac{\partial h}{\partial x_3}=0\end{cases}$$

显然,$h(\boldsymbol{x})=x_1$ 是上述微分方程组的一个解,因此可以选择系统的输出信号为 $y=x_1$。

为了实现状态精确线性化,计算如下的向量场

$$L_f h(\boldsymbol{x})=[1\quad 0\quad 0]\begin{bmatrix}x_3(1+x_2)\\ x_1\\ x_2(1+x_1)\end{bmatrix}=x_3(1+x_2)$$

$$L_f^2 h(\boldsymbol{x})=[0\quad x_3\quad 1+x_2]\begin{bmatrix}x_3(1+x_2)\\ x_1\\ x_2(1+x_1)\end{bmatrix}=x_1x_3+x_2(1+x_1)(1+x_2)$$

$$\begin{aligned}L_gL_f^2 h(\boldsymbol{x})&=[x_3+x_2(1+x_2)\quad (1+x_1)(1+2x_2)x_1]\begin{bmatrix}0\\ 1+x_2\\ -x_3\end{bmatrix}\\ &=(1+x_1)(1+x_2)(1+2x_2)-x_1x_3\end{aligned}$$

$$\begin{aligned}L_f^3 h(\boldsymbol{x})&=[x_3+x_2(1+x_2)\quad (1+x_1)(1+2x_2)\quad x_1]\begin{bmatrix}x_3(1+x_2)\\ x_1\\ x_2(1+x_1)\end{bmatrix}\\ &=[x_3+x_2(1+x_2)]x_3(1+x_2)+x_1(1+x_1)(1+3x_2)\end{aligned}$$

定义如下的非线性坐标变换

$$\boldsymbol{z}=\boldsymbol{\Phi}(\boldsymbol{x})=[x_1\quad x_3(1+x_2)\quad x_1x_3+x_2(1+x_1)(1+x_2)]^{\mathrm{T}}$$

该变换的雅可比矩阵如下

$$\nabla\boldsymbol{\Phi}=\begin{bmatrix}1 & 0 & 0\\ 0 & x_3 & 1+x_2\\ x_3+x_2(1+x_2) & (1+x_1)(1+2x_2) & x_1\end{bmatrix}$$

经过计算得到矩阵的行列式为 $\det(\nabla\boldsymbol{\Phi})=x_1x_3-(1+x_1)(1+x_2)(1+2x_2)$,在原点附近,$\det(\nabla\boldsymbol{\Phi})\neq 0$,因此上述非线性坐标变换为微分同胚映射。在此基础上,引入输入变换

$$u=\frac{v-L_f^3h(\boldsymbol{x})}{L_gL_f^2h(\boldsymbol{x})}$$

则可以将原来的非线性系统转化为如下的可控线性系统

$$\dot{z}=\begin{bmatrix}0 & 1 & 0\\0 & 0 & 1\\0 & 0 & 0\end{bmatrix}z+\begin{bmatrix}0\\0\\1\end{bmatrix}v$$

■

4.3.4 系统的零动态和最小相位系统

为了实现非线性系统式(4.8)的状态反馈线性化,需要寻找合适的输出函数,使得系统的相对阶为 n。对于线性系统而言,相对阶实质上是传递函数中极点数和零点数之差。为了将线性系统中零点的概念推广到非线性系统中,我们需要引入零动态的概念。

定义 4.2(零动态) 系统的零动态定义如下:选择合适的输入信号 $u(t)$,使系统的输出 $y(t)$保持为零,即 $y(t)\equiv 0$,此时系统内部的动态特性称为零动态。

零动态是线性系统零点概念在非线性系统中的推广,它是非线性系统的固有特性。零动态具体刻画了当系统的输出为零时,系统内部状态的运动情况。分析系统零动态的稳定性对于分析系统内部的动态特性具有非常重要的意义。对于镇定问题可以证明:系统零动态的局部渐近稳定性可以保证其内部动态特性的渐近稳定。

例 4.5 试分析以下系统零动态的稳定性

$$\begin{cases}\begin{bmatrix}\dot{x}_1=-ax_1+bx_2+u\\ \dot{x}_2=u\end{bmatrix}\\ y=x_1\end{cases}$$

其中,$a,b\in\mathbf{R}^+$ 为已知的正常数。

解 为了使系统的输出保持为零,选择系统的输入信号为

$$u(t)=-bx_2(t)$$

则 $y(t)=x_1(t)\equiv 0$,此时,系统的零动态特性为

$$\dot{x}_2=-bx_2$$

从上式容易看出,原系统的零动态是全局指数稳定的。 ■

在线性系统中,通常将具有稳定的零极点的系统称为最小相位系统。与之相类似,我们将具有渐近稳定的零动态的非线性系统称为渐近最小相位系统,这个概念在系统的稳定性方面具有非常重要的意义。

定义 4.3(最小相位系统) 如果一个非线性系统的零动态关于其平衡点是渐近稳定的,则将该非线性系统称为渐近最小相位系统。

4.4 反向递推设计方法

反向递推法(Backstepping)是由美国控制学教授 Kokotovic 在 1991 年提出的一种控制系统设计方法,它通常也称为反步法或者后推法。这种设计方法自问世以来,在非线性控制领域得到了广泛应用。其主要思想是把整个控制器的设计分解成

若干步来完成，在每一步设计中，选择一个虚拟的控制量来进行设计，并使之达到一定的设计目标，从而逐步修正控制算法，直至系统能实现调节或者跟踪控制[14]。这种控制方法既适用于线性系统，同时又可以用于解决具有严格反馈形式的非线性系统的控制问题[15-17]。

下面通过一个实际例子来说明反向递推法的设计过程。考虑如下形式的单输入单输出 n 维系统

$$\begin{cases}\dot{x}_1 = x_2 + f_1(x_1) \\ \dot{x}_2 = x_3 + f_2(x_1, x_2) \\ \vdots \\ \dot{x}_k = x_{k+1} + f_k(x_1, x_2, \cdots, x_k) \\ \vdots \\ \dot{x}_{n-1} = x_n + f_{n-1}(x_1, x_2, \cdots, x_{n-1}) \\ \dot{x}_n = f_n(x_1, x_2, \cdots, x_n) + u \end{cases} \tag{4.9}$$

$$y = x_1$$

其中，$\boldsymbol{x} = [x_1 \quad x_2 \quad \cdots \quad x_{n-1} \quad x_n]^{\mathrm{T}} \in \mathbf{R}^n$ 表示系统的 n 维状态向量，$u(t) \in \mathbf{R}$，$y(t) \in \mathbf{R}$ 分别代表系统的输入和输出信号，$f_i(\cdot)$：$\mathbf{R}^i \to \mathbf{R}$，$i = 1, 2, \cdots, n$ 为已知的非线性函数。系统的控制目标是轨迹跟踪，为此需要设计控制器 $u(t)$ 使输出 $y(t)$ 跟踪给定的轨迹 $y_{\mathrm{d}}(t)$，其中，y_{d} 及其 n 阶导数均为有界函数。

对于上述系统式(4.9)，在采用反步法设计控制器时，从第一个子系统开始，逐步往下设计，最终实现控制目标。在第 k 步中，通过选择合适的虚拟控制 $x_{k+1,\mathrm{d}}$ 使前面的各个状态达到期望值，其中，$x_{k+1,\mathrm{d}}$ 表示 x_{k+1} 的期望轨迹。为了使状态 x_{k+1} 能逼近 $x_{k+1,\mathrm{d}}$，在第 $k+1$ 步中，需要设计 $x_{k+2,\mathrm{d}}$ 使 x_{k+1} 渐近跟踪 $x_{k+1,\mathrm{d}}$。以此类推，直到在第 n 步设计真正的控制量 $u(t)$ 实现各个子系统的目标。下面对每一步的设计进行详细说明。

第一步　定义跟踪误差为

$$e_1 = y_{\mathrm{d}} - y = y_{\mathrm{d}} - x_1$$

对它求导并整理后得到

$$\dot{e}_1 = \dot{y}_{\mathrm{d}} - \dot{x}_1 = \dot{y}_{\mathrm{d}} - x_2 - f_1(x_1)$$

由于在这一步将把 $x_{2,\mathrm{d}}(t)$ 当作虚拟控制量，为此，把 $\dot{e}_1(t)$ 改写如下

$$\dot{e}_1 = \dot{y}_{\mathrm{d}} - x_{2,\mathrm{d}} + e_2 - f_1(x_1) = e_2 - \beta_1(\dot{y}_{\mathrm{d}}, x_1) - x_{2,\mathrm{d}}$$

其中，$x_{2,\mathrm{d}}(t)$ 表示虚拟控制量，$e_2(t)$ 是辅助误差信号

$$e_2 = x_{2,\mathrm{d}} - x_2 \tag{4.10}$$

函数 $\beta_1(\dot{y}_{\mathrm{d}}, x_1)$ 定义为

$$\beta_1(\dot{y}_{\mathrm{d}}, x_1) = f_1(x_1) - \dot{y}_{\mathrm{d}}$$

根据误差系统，设计虚拟控制量 $x_{2,\mathrm{d}}(t)$ 为

$$x_{2,\mathrm{d}} = -\beta_1(\dot{y}_{\mathrm{d}}, x_1) + k_1 e_1 \tag{4.11}$$

其中,$k_1 \in \mathbf{R}^+$是反馈增益,则$\dot{e}_1(t)$的闭环方程可以计算如下

$$\dot{e}_1 = e_2 - k_1 e_1$$

显然,对于上述线性方程,如果$e_2(t) \to 0$,则$e_1(t) \to 0$。特别地,选择李雅普诺夫候选函数为

$$V_1 = \frac{1}{2} e_1^2$$

经过计算可以得到

$$\dot{V}_1 = e_1 \dot{e}_1 = -k_1 e_1^2 + e_1 e_2 \tag{4.12}$$

第二步 根据$\dot{V}_1(t)$的表达式(4.12)可以得知,为了实现$\lim\limits_{t \to \infty} e_1(t) = 0$的控制目标,需要在这一步的设计中尽可能使$e_2(t) \to 0$。为此,对式(4.10)关于时间求导,并代入式(4.9)和式(4.11)进行整理后得到$\dot{e}_2(t)$的开环动态特性如下

$$\dot{e}_2 = \dot{x}_{2,\mathrm{d}} - \dot{x}_2 = \dot{x}_{2,\mathrm{d}} - x_3 - f_2(x_1, x_2) = e_3 - \beta_2(x_1, x_2, \dot{y}_\mathrm{d}, \ddot{y}_\mathrm{d}) - x_{3,\mathrm{d}}$$

其中,$x_{3,\mathrm{d}}(t)$为虚拟控制量,辅助误差信号$e_3(t)$定义为

$$e_3 = x_{3,\mathrm{d}} - x_3$$

而函数$\beta_2(x_1, x_2, \dot{y}_\mathrm{d}, \ddot{y}_\mathrm{d})$定义如下

$$\beta_2(x_1, x_2, \dot{y}_\mathrm{d}, \ddot{y}_\mathrm{d}) = f_2(x_1, x_2) - \dot{x}_{2,\mathrm{d}}$$

设计虚拟控制量为

$$x_{3,\mathrm{d}} = -\beta_2(x_1, x_2, \dot{y}_\mathrm{d}, \ddot{y}_\mathrm{d}) + k_2 e_2 + e_1$$

其中,$k_2 \in \mathbf{R}^+$是反馈增益,则有

$$\dot{e}_2 = -e_1 - k_2 e_2 + e_3$$

选择李雅普诺夫候选函数为

$$V_2 = V_1 + \frac{1}{2} e_2^2$$

经过计算可以得到

$$\dot{V}_2 = e_2 \dot{e}_2 + \dot{V}_1 = -k_1 e_1^2 - k_2 e_2^2 + e_2 e_3$$

$$\vdots$$

第 k 步 通过计算得到$\dot{e}_k(t)$的开环动态特性为

$$\dot{e}_k = e_{k+1} - \beta_k(x_1, x_2, \cdots, x_k, \dot{y}_\mathrm{d}, \ddot{y}_\mathrm{d}, \cdots, y_\mathrm{d}^{(k)}) - x_{k+1,\mathrm{d}}$$

设计虚拟控制量为

$$x_{k+1,\mathrm{d}} = -\beta_k(x_1, x_2, \cdots, x_k, \dot{y}_\mathrm{d}, \ddot{y}_\mathrm{d}, \cdots, y_\mathrm{d}^{(k)}) + k_k e_k + e_{k-1}$$

其中,$k_k \in \mathbf{R}^+$是反馈增益,则有

$$\dot{e}_k = -e_{k-1} - k_k e_k + e_{k+1}$$

选择李雅普诺夫候选函数为

$$V_k = V_{k-1} + \frac{1}{2} e_k^2 = \frac{1}{2}(e_1^2 + e_2^2 + \cdots + e_k^2)$$

经过计算可以得到

$$\dot{V}_k = e_k\dot{e}_k + \dot{V}_{k-1} = -k_1e_1^2 - k_2e_2^2 - \cdots - k_ke_k^2 + e_ke_{k+1}$$

$$\vdots$$

第 n 步　通过计算得到 $\dot{e}_n(t)$ 的开环动态特性为

$$\dot{e}_n = \dot{x}_{n,\mathrm{d}} - \dot{x}_n = -\beta_n(x_1, x_2, \cdots, x_n, \dot{y}_\mathrm{d}, \ddot{y}_\mathrm{d}, \cdots, y_\mathrm{d}^{(n)}) - u$$

根据上式，设计控制量 $u(t)$ 为

$$u = -\beta_n(x_1, x_2, \cdots, x_n, \dot{y}_\mathrm{d}, \ddot{y}_\mathrm{d}, \cdots, y_\mathrm{d}^{(n)}) + k_ne_n + e_{n-1}$$

其中，$k_n \in \mathbf{R}^+$ 是反馈增益，则有

$$\dot{e}_n = -e_{n-1} - k_ne_n$$

选择李雅普诺夫候选函数为

$$V_n = V_{n-1} + \frac{1}{2}e_n^2 = \frac{1}{2}(e_1^2 + e_2^2 + \cdots + e_n^2) \tag{4.13}$$

对上式关于时间求导，并经过整理后得到

$$\dot{V}_n = e_n\dot{e}_n + \dot{V}_{n-1} = -k_1e_1^2 - k_2e_2^2 - \cdots - k_ne_n^2 \tag{4.14}$$

根据 $V_n(t)$，$\dot{V}_n(t)$ 的表达式(4.13)和式(4.14)容易看出，所有误差信号 $e_1(t), e_2(t), \cdots, e_n(t)$ 都将以指数方式收敛于零。

以上描述的是跟踪问题，对于调节问题，可以采用完全类似的方法来进行设计，唯一不同的是，对于调节问题而言，设定值关于时间的任意阶导数 $y_\mathrm{d}^{(i)} = 0, i = 1, 2, \cdots, n$。

例 4.6　对于如下动态系统

$$\begin{cases} \dot{x} = ax^2 - (x^2 + 1)y \\ \dot{y} = bu + \sin x \end{cases}$$

其中，$[x \quad y]^\mathrm{T}$ 是系统的状态，$u(t) \in \mathbf{R}$ 是控制输入，$a, b \in \mathbf{R}^+$ 表示已知的系统参数，试设计控制器 $u(t)$ 使 $x(t)$ 以指数方式收敛于零。

解　将动态特性中第一个方程改写为

$$\dot{x} = ax^2 - (x^2 + 1)y_\mathrm{d} + (x^2 + 1)e_y$$

其中，辅助误差信号 $e_y(t)$ 定义为

$$e_y = y_\mathrm{d} - y$$

根据上述方程，设计虚拟控制量为

$$y_\mathrm{d} = \frac{ax^2 + kx}{x^2 + 1}$$

则有

$$\dot{x} = -kx + (x^2 + 1)e_y$$

对辅助误差信号 $e_y(t)$ 求导可得

$$\dot{e}_y = \dot{y}_\mathrm{d} - \dot{y} = \dot{y}_\mathrm{d}(x, y) - \sin x - bu \tag{4.15}$$

因此，设计控制器为

$$u=\frac{1}{b}[\dot{y}_{\mathrm{d}}(x,y)-\sin x+k_2e_y+x(x^2+1)]$$

将上述控制器代入开环误差方程式(4.15)并整理后得到

$$\dot{e}_y=-k_2e_y-x(x^2+1)$$

选择李雅普诺夫候选函数为

$$V=\frac{1}{2}x^2+\frac{1}{2}e_y^2$$

关于时间求导并化简后可得

$$\dot{V}=x\dot{x}+e_y\dot{e}_y=-kx^2-k_2e_y^2$$

所以,$x(t)$以指数方式收敛于零。 ■

反向递推法是一种逐步递推的设计方法,在每一步中,都会通过设计合适的虚拟控制量来实现前面一步所提出的局部控制目标。需要指出的是,为了应用该方法进行设计,系统的动态特性必须具有式(4.9)所示的结构。事实上,这种方法利用系统的结构特性递推地构造合适的李雅普诺夫函数,整个设计具有结构化、系统化的特点,因此非常便于实际应用[18-22]。此外,反向递推法还可以应用于自适应、鲁棒等控制策略中,以解决某些具有不确定性系统的跟踪或者调节问题[23-28]。

4.5 线性滤波降阶设计方法

在很多情况下,我们需要对高阶系统设计控制器,使闭环系统达到期望的性能指标。通常情况下,系统的阶次越高,设计越困难,控制器的结构也越复杂。在某些特定的情况下,可以采用线性滤波方法,即在控制系统设计时,引入滤波器变量来降低系统的阶次,从而达到简化设计的目标[29]。

定理4.3(线性滤波器性质) 对于如下所定义的线性滤波器

$$r(t)=\dot{e}(t)+\alpha e(t) \tag{4.16}$$

其中,$\alpha\in\mathbf{R}^+$表示正的增益,可以证明该滤波器具有以下性质:

(1) 如果$r(t)$指数收敛于零,则$\dot{e}(t)$,$e(t)$也指数收敛;

(2) 如果$r(t)$渐近收敛于零,则$\dot{e}(t)$,$e(t)$也渐近收敛;

(3) 如果信号$r(t)$有界,则$\dot{e}(t)$,$e(t)$也均为有界信号。

证明 对于式(4.16)所示的微分方程进行整理后得到

$$\dot{e}(t)=-\alpha e(t)+r(t)$$

显然,上式可以看作输入为$r(t)$,状态为$e(t)$的线性系统。对该线性系统进行求解后得到

$$e(t)=\mathrm{e}^{-\alpha(t-t_0)}e(t_0)+\int_{t_0}^{t}\mathrm{e}^{-\alpha(t-\tau)}r(\tau)\mathrm{d}\tau \tag{4.17}$$

上式中,$e(t_0)$表示系统的初始状态。由式(4.17)容易看出,在$e(t)$的表达式中,前面一项以指数方式趋于零,因此$e(t)$的收敛性完全由后面一项的性质决定。为了简化随后的分析,定义

$$B(t)=\int_{t_0}^{t}\mathrm{e}^{-\alpha(t-\tau)}r(\tau)\mathrm{d}\tau \tag{4.18}$$

当$r(t)$以指数方式收敛于零时，则存在正的常数$\lambda_1,\lambda_2\in\mathbf{R}^+$，使得如下不等式成立

$$|r(t)|\leqslant\lambda_1\mathrm{e}^{-\lambda_2 t} \tag{4.19}$$

将式(4.19)代入式(4.18)中，并进行放缩后得到

$$|B(t)|\leqslant\lambda_1\int_{t_0}^{t}\mathrm{e}^{-\alpha(t-\tau)}\mathrm{e}^{-\lambda_2\tau}\mathrm{d}\tau$$

如果$\lambda_2=\alpha$，则上式可以改写为

$$|B(t)|\leqslant\lambda_1(t-t_0)\mathrm{e}^{-\alpha t}$$

当$\lambda_2\neq\alpha$时，进一步整理后可以得到$|B(t)|$的上界如下

$$|B(t)|\leqslant\frac{\lambda_1}{\alpha-\lambda_2}[\mathrm{e}^{-\lambda_2 t}-\mathrm{e}^{(\alpha-\lambda_2)t_0}\mathrm{e}^{-\alpha t}]$$

根据以上分析可知，信号$B(t)$以指数形式收敛于零。综上所述，当$r(t)$指数收敛时，误差信号$e(t)$指数收敛于零，同时$\dot{e}(t)$也具有指数收敛的性质。

对于(2)和(3)两种情况的证明与之相类似，此处不再赘述，请读者自行证明相应的结果。

上述定理使我们在设计与分析高阶系统时，通过引入滤波器变量来使系统最终降阶为一阶系统，然后再对所得到的一阶系统进行设计与分析。显然，这种方法可以使我们在为高阶系统设计控制器时带来一定的便利。下面通过一个实际的例子进行具体说明。

例 4.7　对于如下的二阶系统

$$\ddot{x}=-\dot{x}^2\sin x+u$$

其中，系统状态$[x\quad\dot{x}]^{\mathrm{T}}$是可测变量，$u(t)\in\mathbf{R}$是控制输入，试设计控制器使系统状态$[x\quad\dot{x}]^{\mathrm{T}}$指数收敛于$[0\quad 0]^{\mathrm{T}}$。

解　定义如下所示的滤波器变量

$$r=\dot{x}+\alpha x$$

其中，$\alpha\in\mathbf{R}^+$表示正的增益，则原来关于$x(t)$的二阶系统经过计算可以转化为关于$r(t)$的一阶系统

$$\dot{r}=\ddot{x}+\alpha\dot{x}=-\dot{x}^2\sin x+\alpha\dot{x}+u$$

根据上述开环动态特性，设计控制器如下

$$u=\dot{x}^2\sin x-\alpha\dot{x}-kr$$

其中，$k\in\mathbf{R}^+$表示反馈增益。把控制器方程代入$\dot{r}(t)$得到

$$\dot{r}=-kr$$

因此，滤波器信号$r(t)$指数收敛于零，利用定理4.3的结论可知：系统状态$[x\quad\dot{x}]^{\mathrm{T}}$指数收敛于$[0\quad 0]^{\mathrm{T}}$。　■

例 4.8　对于下列三阶系统

$$x^{(3)}=f(x,\dot{x},\ddot{x})+u$$

其中,系统状态$[x \quad \dot{x} \quad \ddot{x}]^{\mathrm{T}}$是可测变量,$u(t)\in\mathbf{R}$是控制输入,$f(x,\dot{x},\ddot{x})$为已知的非线性函数,试设计控制器使$x(t)$指数收敛于给定轨迹$x_{\mathrm{d}}(t)$,其中,$x_{\mathrm{d}}(t)$及其三阶导数都是有界函数。

解 定义跟踪误差为

$$e=x_{\mathrm{d}}-x$$

考虑到需要设计的是一个三阶系统,引入如下所示的线性滤波器

$$r_1=\dot{e}+\alpha_1 e,\quad r_2=\dot{r}_1+\alpha_2 r_1$$

其中,$\alpha_1,\alpha_2\in\mathbf{R}^{+}$表示正的增益。对所引入的滤波器变量进行计算可以得到

$$\dot{r}_1=\ddot{e}+\alpha_1\dot{e}$$

$$\dot{r}_2=e^{(3)}+(\alpha_1+\alpha_2)\ddot{e}+\alpha_1\alpha_2\dot{e}=x_{\mathrm{d}}^{(3)}+(\alpha_1+\alpha_2)\ddot{e}+\alpha_1\alpha_2\dot{e}-f(x,\dot{x},\ddot{x})-u$$

根据上述开环误差方程,设计控制器如下

$$u=x_{\mathrm{d}}^{(3)}+(\alpha_1+\alpha_2)\ddot{e}+\alpha_1\alpha_2\dot{e}-f(x,\dot{x},\ddot{x})+kr_2$$

其中,$k\in\mathbf{R}^{+}$表示反馈增益。经过计算可以得到$\dot{r}_2(t)$的闭环动态方程为

$$\dot{r}_2=-kr_2$$

因此,滤波器信号$r_2(t)$指数收敛于零,利用定理4.3的结论可知,$\dot{r}_1(t)$,$r_1(t)$指数收敛于零;进一步根据$r_1(t)$的定义式可知,$e(t)$、$\dot{e}(t)$、$\ddot{e}(t)$均以指数方式收敛于零。■

从上面两个例子可以看出,对于n阶系统,可以通过引入$n-1$个线性滤波器,将系统转换为一个一阶系统。特别地,当原来系统的状态全部可以测量且系统动态特性已知时,可以根据变换后的一阶系统进行设计与分析,实现指数收敛的性能指标。对于这一点,将在第6章滑模与鲁棒控制中进行详细介绍。

习题

1. 请指出反馈线性化与第3章中介绍的李雅普诺夫线性化方法的联系与主要区别。

2. 反向递推方法适用于哪类非线性系统?这种设计方法主要有哪些优点?

3. 请证明引理4.1的结论。

4. 对于如下所示的动态系统

$$\dot{x}=\sin x-x^2+(x^4+1)u$$

试分别采用常规线性化以及反馈线性化方法完成控制器的设计。

5. 对于如下的机械系统

$$\begin{cases}I\ddot{q}_1+MgL\sin q_1+k(q_1-q_2)=0\\ J\ddot{q}_2-k(q_1-q_2)=u\end{cases}$$

其中,$I,M,g,L,J,k\in\mathbf{R}^{+}$均为已知的正常数。试求解该系统的精确线性化问题。

6. 对于如式(4.16)所示的线性滤波器,试证明定理4.3中后两种情形的结论。

7. 已知某非线性系统的动态方程如下

$$(x^2+1)\ddot{x}=\sin x\dot{x}^2+g(x)\cdot u$$

其中，$g(x)\geqslant g_0>0$ 为定义在实数域上的正函数，$g_0\in\mathbf{R}^+$ 为正的常数。试设计适当的控制器，使系统状态跟踪给定轨迹 $x_{\rm d}(t)$。

8. 对于如下非线性系统

$$\ddot{x}=ax^3+b\dot{x}{\rm e}^{-t}+c\frac{\ln(|x|+1)}{\dot{x}^2+2}+(x^2+\cos^2x)u$$

其中，$a,b,c\in\mathbf{R}^+$ 表示已知的正常数。试设计合适的控制器 $u(t)$ 使系统状态跟踪给定轨迹 $x_{\rm d}(t)$，并证明该控制器没有奇异性。

9. 已知某最小相位线性系统的传递函数如下

$$G(s)=\frac{Y(s)}{U(s)}=\frac{s^m+b_{m-1}s^{m-1}+\cdots+b_0}{s^n+a_{n-1}s^{n-1}+\cdots+a_0}\quad(n>m)$$

其中，$a_i\in\mathbf{R}, i=0,1,\cdots,n-1, b_j\in\mathbf{R}, j=0,1,\cdots,m-1$ 为常数，试利用反步设计方法构造控制器 $u(t)$，使系统输出跟踪参考轨迹 $y_{\rm r}(t)$。

10. 对于如下的非线性系统

$$\begin{cases}\dot{x}_1=x_1^3+\dfrac{a}{x_1^2+1}x_2\\ \dot{x}_2=bx_1^2x_2+c(\cos^2x_2+x_2^2)x_3\\ \dot{x}_3=(\sin x_1+x_2)x_3+d(x_1^2+x_2^2+x_3^2+2)u\\ y=x_1\end{cases}$$

其中，$a,b,c,d\in\mathbf{R}^+$ 表示正常数。试通过反步方法设计控制器 $u(t)$，使系统输出镇定到零点。

11. 已知某机械臂的动态方程如下

$$M(q)\ddot{q}+B(q,\dot{q})\dot{q}+F_{\rm c}{\rm sgn}(q)=\tau$$

假设上式中所有函数均为已知，请设计控制力矩 τ，使系统状态跟踪某参考轨迹 $q_{\rm d}(t)$。

参考文献

1. 冯纯伯，等. 非线性控制系统分析与设计[M]. 2 版. 北京：电子工业出版社，1998.
2. Alberto Isidori. Nonlinear Control Systems Ⅱ[M]. London：Springer，1999.
3. Slotine J and Li W. Applied Nonlinear Control[M]. Englewood Clis，New Jersey：Prentice Hall，1991.
4. 胡春华，朱纪洪，孙增圻. 纵列式无人直升机建模及其精确线性化方法研究[J]. 控制与决策，2004，19(9)：1074-1077.
5. 李运华，王占林. 电气液压复合调节容积式舵机的精确线性化控制[J]. 机械工程学报，2004，40(11)：21-25.
6. 张智焕，王树青，荣冈. 基于精确线性化的 MIMO 双线性系统预测函数控制[J]. 控制理论与应用，2003，20(3)：477-480.
7. 宁海春，赵长安. 具有干扰非线性系统精确线性化[J]. 哈尔滨工业大学学报，1999，31(2)：33-35.

8. 佘焱,吴波.一般非线性系统的精确线性化[J].上海交通大学学报,1999,33(12):1599-1601.
9. 阎彩萍,孙元章.用精确线性化方法设计的SVC非线性控制器[J].清华大学学报(自然科学版),1993,33(1):8-24.
10. 刘翔,顾绳谷.线性奇异摄动系统的外部精确线性化方法[J].控制与决策,1991,6(4):305-308.
11. 钱坤,谢寿生,胡金海,等.基于反馈线性化控制的航空气动伺服系统[J].控制理论与应用,2005,22(3):465-467.
12. Marino R,Tomei P. Nonlinear Control Design: Geometric, Adaptive and Robust[M]. London: Prentice-Hall,1995.
13. 胡跃明.非线性控制系统理论与应用[M].北京:国防工业出版社,2002.
14. Khalil H K. Nonlinear Systems[M]. 3rd edition. New Jersey: Prentice-Hall,2002.
15. Zhang Y, Fidan B, Ioannou P A. Backstepping Control of Linear Time-Varying Systems with Known and Unknown Parameters[J]. *IEEE Trans. on Automatic Control*,2003,48(11):1908-1925.
16. 程代展,洪奕光.多输入非线性系统后推(Backstepping)型[J].控制理论与应用,1998,15(6):824-830.
17. 王莉,王庆林. Backstepping设计方法及应用[J].自动化博览,2004,6:57-61.
18. 张兴华.具有参数和负载不确定性的感应电机自适应反步控制[J].控制与决策,2006,21(12):1379-1382.
19. 张春朋,林飞,宋文超,等.异步电机鲁棒控制器及其Backstepping设计[J].控制与决策,2004,19(3):267-271.
20. Dawson D M, Carroll J J, Schneider M. Integrator Backstepping Control of a Brush DC Motor Turning a Robotic Load[J]. *IEEE Trans. on Control Systems Technology*,1994,2(3):248-255.
21. Queiroz M de S, Dawson D M. Nonlinear Control of Active Magnetic Bearings: A Backstepping Approach[J]. *IEEE Trans. on Control Systems Technology*,1996,14(5):545-552.
22. Cheng D, Hong Y, Qin H. Backstepping Forms of Multi-Input Nonlinear Systems[J].控制理论与应用,1998,15(6):824-830.
23. 杨小军,李俊民.一类非线性系统基于Backstepping的自适应鲁棒神经网络控制[J].控制理论与应用,2003,20(4):589-592.
24. Jiang Z P. A Combined Backstepping and Small-Gain Approach to Adaptive Output Feedback Control[J]. *Automatica*,1999,35(6):1131-1139.
25. 余星火,武玉强.不确定非线性系统的自适应最终滑模控制——Backstepping方法[J].控制理论与应用,1998,15(6):900-907.
26. 管成,朱善安.电液伺服系统的逆向递推鲁棒自适应控制[J].光电工程,2004,31(12):20-23.
27. Scarratt J C, et al. Dynamical Adaptive First and Second-Order Sliding Backstepping Control of Nonlinear Nontriangular Uncertain Systems[J]. *Journal of Dynamic Systems, Measurement, and Control*,2000,122(4):746-752.
28. Kanellakopoulos I, Kokotivic P V, Morse A S. Systematic Design of Adaptive Controllers for Feedback Linearizable Systems[J]. *IEEE Trans. on Automatic Control*, 1991, 36(11):1241-1253.
29. Dixon W, Dawson D, Behal A, et al. Nonlinear Control of Engineering Systems: A Lyapunov-Based Approach[M]. Boston: Birkhauser,2003.

第5章 自适应控制

5.1 引言

第4章介绍了非线性系统的反馈线性化方法，这种方法通过在控制器中设计相应的前馈项来补偿系统的非线性特性，从而将系统转化为一个线性系统，并使用线性系统的各种工具来实现期望的性能指标。显然，为了实现这种设计方法，需要对系统的非线性特性具有充分的了解，即得到一个能够完全描述系统动态行为的数学模型，在此基础上，利用这个模型通过反馈线性化等方法来补偿系统中的各种非线性特性。遗憾的是，对于实际过程而言，要得到系统精确的动态特性是极其困难的。实际上，通常建立的模型只是系统动态特性的一种近似，它描述了系统在工作范围内的主要特性，而忽略了其中的一些次要因素。对于这部分特性，我们通常称之为不确定动态特性。当系统中存在不确定动态特性时，显然无法通过反馈线性化方法来对它直接进行补偿。针对这种情形，需要采用其他的控制方法才能实现其高性能控制。通常，系统的模型误差包含结构误差与参数误差两部分。其中，结构误差是指建立的模型与真实的系统特性在函数形式或者阶次上存在差异。例如，在系统建模时，为了简化模型，通常会忽略系统中的一些高频特性，当系统在较低的频率下运行时，这些特性的影响很小；反之，如果系统工作在高频范围时，这些未建模的高频特性就会被激化，从而使模型与实际系统的行为之间存在较大差异，即产生了显著的模型结构误差。参数误差是指在所建立的模型中，参数值（通常是正的常数）的大小与真实值不一致。参数误差的来源主要有两方面：一方面，当无法直接测量系统的某些参数，或者测量值具有较大误差时，将导致明显的参数误差；另一方面，在系统运行过程中，其参数值可能发生变化，因此它们将偏离于原来所确定的数值。

在存在不确定性的情况下，实现系统的高性能控制是自动控制理论界长期关注的问题。迄今为止，研究人员提出了多种控制策略来处理各种不确定动态特性。其中，当系统中的动态特性结构已知，但参数未知且满足线性参数化等条件时，可以采用自适应控制，达到渐近跟踪的控制效果[1]。

自适应控制自问世以来,经过几十年的发展,已经在系统的稳定性和动态性能分析等方面取得了不少的理论结果,同时也在石油化工、航空航天、机器人等领域得到了一定程度的应用[2]。最早的自适应控制可以追溯到1950—1960年间,常见于飞行控制系统中的"增益调整"控制方法。在这种控制方案中,系统利用一些辅助信息来判断被控对象中参数的变化,在此基础上,通过对控制增益进行调整来适应这些参数的变化。一般而言,自适应控制希望在对象或者环境特征漂移变化时,系统能够自行调节以跟踪这种变化,从而保持良好的控制品质。为此,自适应控制算法需要在线估计系统的动态性能,以逐步增进对系统行为的理解,在此基础上,算法可以相应地调整自身的控制结构或者控制参数来得到更好的控制效果[3]。

作为一种基于模型的控制方法,自适应控制需要预先获得关于系统动态特性的结构信息。对于系统中的参数,它可以利用过程的输入输出数据以及系统的响应情况来对其进行在线更新,使其不断逼近真实值。因此,在系统的运行过程中,控制器对于系统特性的了解将不断完善,根据系统模型所设计的控制器也能更好地发挥作用,最终达到改善控制性能的结果[4]。从这个意义上说,自适应控制可以看作是通常的控制方法与一种在线递推参数辨识算法的结合。由于自适应控制对于系统参数等方面的变化具有一定的适应能力,因此对于无法测量参数或者参数在运行过程中可能发生缓慢变化的过程而言,采用自适应控制是较好的一种选择。但是,应该看到,由于在控制过程中,需要对模型参数进行在线辨识,因此,控制系统的结构和计算负担都比通常的线性控制方法有所增加。

5.2 线性参数化条件

在自适应控制中,需要对被控对象的未知参数进行在线估计与逐步调整,以不断改善系统的控制性能,直到实现误差渐近收敛的目标。为此,被控对象的未知参数必须以线性的方式进入其动态特性中,即系统的未知参数必须满足"线性参数化"(Linear Parameterization)[5]条件,在这种情况下,与之相对应的参数估计值也将以线性的方式进入到控制算法中,这个条件为设计参数更新规律以及分析控制器对于参数准确度的依赖性带来了很大的方便,同时它也是实现控制误差渐近收敛的一个重要条件。

定义 5.1(线性参数化条件)　对于结构已知的函数 $f(\cdot,\boldsymbol{\theta})\in\mathbf{R}^n$,其中$\boldsymbol{\theta}\in\mathbf{R}^m$表示系统包含的未知参数向量,如果能找到与参数向量$\boldsymbol{\theta}$无关的已知矩阵 $\mathbf{Y}(\cdot)\in\mathbf{R}^{n\times m}$,使得

$$f(\cdot,\boldsymbol{\theta})=\mathbf{Y}(\cdot)\cdot\boldsymbol{\theta}\tag{5.1}$$

则称该函数对于未知参数向量$\boldsymbol{\theta}$满足线性参数化条件。

例 5.1　试分析下列函数是否满足线性参数化条件。

(1) 函数 $f_1(\cdot,\boldsymbol{\theta})=a\sin(\omega t+\phi)+bx^2(t)$,其中,$a,b\in\mathbf{R}$表示系统包含的未知参数,而频率$\omega$和初始相位$\phi$都是已知量;

(2) 函数 $f_2(\cdot,\boldsymbol{\theta})=a\sin(\omega t+\phi)+bx^2(t)$，其中，$a,b,\omega,\phi\in\mathbf{R}$ 表示未知参数；

(3) 函数 $f_3(\cdot,\boldsymbol{\theta})=a^2x^3(t)+b^3\sin x(t)$，其中，$a,b\in\mathbf{R}$ 表示未知参数；

(4) 函数 $f_4(\cdot,\boldsymbol{\theta})=a^2x^3(t)+(ab)\ln x(t)+b^3\sin x(t)$，其中，$a,b\in\mathbf{R}$ 表示系统包含的未知参数。

解 对于各个函数分别分析如下。

(1) 对于函数 $f_1(\cdot,\boldsymbol{\theta})$ 及其未知参数向量 $\boldsymbol{\theta}=[a \quad b]^{\mathrm{T}}$，可以找到

$$\boldsymbol{Y}(\cdot)=[\sin(\omega t+\phi) \quad x^2(t)]$$

使得式(5.1)成立，因此满足线性参数化条件。

(2) 对于函数 $f_2(\cdot,\boldsymbol{\theta})$ 及其未知参数向量 $\boldsymbol{\theta}=[a \quad b \quad \omega \quad \phi]^{\mathrm{T}}$，由于未知参数 ω,ϕ 并非以线性方式进入系统动态特性中，因此无法找到合适的 $\boldsymbol{Y}(\cdot)$ 使式(5.1)成立，所以不满足线性参数化条件。

(3) 对于函数 $f_3(\cdot,\boldsymbol{\theta})$ 及其未知参数向量 $\boldsymbol{\theta}=[a \quad b]^{\mathrm{T}}$，由于未知参数 a,b 分别以平方和三次方的非线性方式进入系统动态特性中，因此对于未知参数向量 $\boldsymbol{\theta}$ 不满足线性参数化条件。但是，如果重新定义系统的未知参数向量为 $\boldsymbol{\theta}_1=[a^2 \quad b^3]^{\mathrm{T}}$，则显然满足线性参数化条件。

(4) 对于函数 $f_4(\cdot,\boldsymbol{\theta})$ 及其未知参数向量 $\boldsymbol{\theta}=[a \quad b]^{\mathrm{T}}$，显然不满足线性参数化条件。类似地，重新定义系统的未知参数向量为 $\boldsymbol{\theta}_1=[a^2 \quad ab \quad b^3]^{\mathrm{T}}$，则参数向量 $\boldsymbol{\theta}_1$ 满足线性参数化条件。需要指出的是，本来系统只需要两个未知参数 a 和 b，但是，为了使系统满足线性参数化条件，对未知参数向量进行了重新定义，构造了一个新的未知参数向量 $\boldsymbol{\theta}_1\in\mathbf{R}^3$，在随后的控制器中，需要设计 3 个更新规律来在线估计参数向量 $\boldsymbol{\theta}_1$，显然，这样得到的估计是原来两个未知参数 a 和 b 的冗余。这种情况在自适应控制中比较常见，通常称之为过参数化问题。这个问题增加了控制器设计和实现的复杂度，它可以通过对参数进行重新定义而得到一定程度的改善，但是一般无法得到彻底解决。 ■

5.3 基本自适应控制算法

5.3.1 自适应控制算法介绍

如前所述，自适应控制可以通过对被控对象参数的在线估计和不断更新来逐步调整控制效果，直到实现渐近稳定的要求。常见的自适应控制方法主要有两种，即模型参考自适应控制(Model-Reference Adaptive Control，MRAC)[6]和自校正控制(self tuning)[7]。

本书着眼于从李雅普诺夫方法的角度来完成自适应控制器的设计和稳定性分析，因此我们将主要从逆系统方法和稳定性分析的角度出发，介绍模型参考自适应控制方法。对于自校正控制策略，感兴趣的读者可以查阅自适应控制方面的有关教材或者专著[3-7]。为了介绍自适应控制的基本算法，我们考虑以下简单的非线性系统

$$\dot{\boldsymbol{x}}=-\boldsymbol{f}(\boldsymbol{x},t,\boldsymbol{\theta})+g(\boldsymbol{x},t)\cdot\boldsymbol{u}+\boldsymbol{\rho}(\boldsymbol{x},t)$$

其中,$\boldsymbol{x}\in\mathbf{R}^n$,$\boldsymbol{u}\in\mathbf{R}^n$ 分别表示系统的状态与控制输入,而 $g(\boldsymbol{x},t)\in\mathbf{R}$ 与$\boldsymbol{\rho}(\boldsymbol{x},t)\in\mathbf{R}^n$ 则代表已知函数,其中,为了保证系统的可控性,假设存在正的常数 $g_0\in\mathbf{R}^+$,使 $g(\boldsymbol{x},t)$ 满足如下不等式

$$|g(\boldsymbol{x},t)|\geqslant g_0$$

而 $\boldsymbol{f}(\boldsymbol{x},t,\boldsymbol{\theta})\in\mathbf{R}^n$ 则是结构已知,但是参数向量$\boldsymbol{\theta}\in\mathbf{R}^m$ 未知的非线性函数,它满足如下的线性参数化条件

$$\boldsymbol{f}(\boldsymbol{x},t,\boldsymbol{\theta})=\boldsymbol{Y}(\boldsymbol{x},t)\boldsymbol{\theta}$$

其中,$\boldsymbol{Y}(\boldsymbol{x},t)\in\mathbf{R}^{n\times m}$ 代表已知矩阵,当 $\boldsymbol{x}(t)\in L_\infty$时,$\boldsymbol{Y}(\boldsymbol{x},t)\in L_\infty$。

控制目标是使系统跟踪期望的轨迹 $\boldsymbol{x}_\mathrm{d}\in\mathbf{R}^n$,其中,$\boldsymbol{x}_\mathrm{d},\dot{\boldsymbol{x}}_\mathrm{d}\in L_\infty$。为了方便随后的设计,定义跟踪误差 $\boldsymbol{e}(t)\in\mathbf{R}^n$ 如下

$$\boldsymbol{e}=\boldsymbol{x}_\mathrm{d}-\boldsymbol{x}$$

对上式求导并代入系统的动态方程得到

$$\dot{\boldsymbol{e}}=\dot{\boldsymbol{x}}_\mathrm{d}+\boldsymbol{f}(\boldsymbol{x},t,\boldsymbol{\theta})-g(\boldsymbol{x},t)\cdot\boldsymbol{u}-\boldsymbol{\rho}(\boldsymbol{x},t)$$

为了简化随后的分析,进行如下的输入变换

$$\boldsymbol{u}_1=g(\boldsymbol{x},t)\cdot\boldsymbol{u}-\dot{\boldsymbol{x}}_\mathrm{d}+\boldsymbol{\rho}(\boldsymbol{x},t)\tag{5.2}$$

则系统可以简化为

$$\dot{\boldsymbol{e}}=\boldsymbol{f}(\boldsymbol{x},t,\boldsymbol{\theta})-\boldsymbol{u}_1\tag{5.3}$$

原来的跟踪问题转化为设计控制器 $\boldsymbol{u}_1(t)\in\mathbf{R}^n$,使跟踪误差 $\boldsymbol{e}(t)\to\mathbf{0}$,而系统的真正控制量 $\boldsymbol{u}(t)$则可以利用式(5.2)通过 $\boldsymbol{u}_1(t)$计算得到

$$\boldsymbol{u}=\frac{\boldsymbol{u}_1+\dot{\boldsymbol{x}}_\mathrm{d}-\boldsymbol{\rho}(\boldsymbol{x},t)}{g(\boldsymbol{x},t)}$$

根据变换后的系统开环动态方程式(5.3),设计自适应控制器如下

$$\boldsymbol{u}_1=\boldsymbol{Y}(\boldsymbol{x},t)\hat{\boldsymbol{\theta}}(t)+k\boldsymbol{e}(t)\tag{5.4}$$

其中,$k\in\mathbf{R}^+$表示正的反馈增益,$\hat{\boldsymbol{\theta}}(t)\in\mathbf{R}^m$ 表示对参数向量$\boldsymbol{\theta}$ 的估计,它由以下自适应机制来在线更新

$$\dot{\hat{\boldsymbol{\theta}}}(t)=\boldsymbol{\Gamma}\boldsymbol{Y}^\mathrm{T}(\boldsymbol{x},t)\boldsymbol{e}(t)\tag{5.5}$$

式中,$\boldsymbol{\Gamma}\in\mathbf{R}^{m\times m}$ 表示正定、对角的更新增益矩阵。

5.3.2 性能分析

为了分析闭环系统的性能,将控制器 $\boldsymbol{u}_1(t)$代入误差 $\boldsymbol{e}(t)$的开环动态方程式(5.3),并利用线性参数化条件进行化简得到

$$\dot{\boldsymbol{e}}=\boldsymbol{Y}(\boldsymbol{x},t)\tilde{\boldsymbol{\theta}}(t)-k\boldsymbol{e}(t)\tag{5.6}$$

其中,$\tilde{\boldsymbol{\theta}}(t)\in\mathbf{R}^m$ 表示参数估计误差。

$$\tilde{\boldsymbol{\theta}}(t)=\boldsymbol{\theta}-\hat{\boldsymbol{\theta}}(t)$$

对于上述闭环系统，选择李雅普诺夫候选函数为

$$V=\frac{1}{2}\boldsymbol{e}^{\mathrm{T}}\boldsymbol{e}+\frac{1}{2}\tilde{\boldsymbol{\theta}}^{\mathrm{T}}\boldsymbol{\Gamma}^{-1}\tilde{\boldsymbol{\theta}}\geqslant 0$$

对其关于时间求导，然后代入闭环动态特性式(5.6)进行整理后得到

$$\dot{V}=\boldsymbol{e}^{\mathrm{T}}\dot{\boldsymbol{e}}+\tilde{\boldsymbol{\theta}}^{\mathrm{T}}\boldsymbol{\Gamma}^{-1}\dot{\tilde{\boldsymbol{\theta}}}=\boldsymbol{e}^{\mathrm{T}}\boldsymbol{Y}(\boldsymbol{x},t)\tilde{\boldsymbol{\theta}}(t)-k\boldsymbol{e}^{\mathrm{T}}\boldsymbol{e}-\tilde{\boldsymbol{\theta}}^{\mathrm{T}}\boldsymbol{\Gamma}^{-1}\dot{\hat{\boldsymbol{\theta}}}$$

对 $\dot{V}(t)$ 中的第一项进行转置并和第三项合并后得到

$$\dot{V}=\tilde{\boldsymbol{\theta}}^{\mathrm{T}}[\boldsymbol{Y}^{\mathrm{T}}(\boldsymbol{x},t)\boldsymbol{e}-\Gamma^{-1}\dot{\hat{\boldsymbol{\theta}}}]-k\boldsymbol{e}^{\mathrm{T}}\boldsymbol{e}$$

利用式(5.5)所示的参数更新规律，可以将 $\dot{V}(t)$ 最终改写为

$$\dot{V}=-k\boldsymbol{e}^{\mathrm{T}}\boldsymbol{e}\leqslant 0$$

所以，$V(t)\in L_{\infty}$，从而 $\boldsymbol{e}(t)\in L_{\infty}$，$\tilde{\boldsymbol{\theta}}(t)\in L_{\infty}$，因此，$\boldsymbol{x}(t)\in L_{\infty}$，$\hat{\boldsymbol{\theta}}(t)\in L_{\infty}$，$\boldsymbol{Y}(\boldsymbol{x},t)\in L_{\infty}$。基于以上分析，根据系统的闭环方程式(5.6)可知 $\dot{\boldsymbol{e}}(t)\in L_{\infty}$。进一步分析可以证明闭环系统中的所有信号都是有界的。为了证明误差信号 $\boldsymbol{e}(t)$ 的收敛性，定义如下的正定函数

$$f(t)=k\boldsymbol{e}^{\mathrm{T}}\boldsymbol{e}\geqslant 0$$

则有

$$\dot{f}(t)=2k\boldsymbol{e}^{\mathrm{T}}\dot{\boldsymbol{e}}\in L_{\infty}$$

在此基础上，利用芭芭拉定理的推论(定理2.14)可以直接证明

$$\lim_{t\to\infty}\boldsymbol{e}(t)=0 \tag{5.7}$$

因此，系统的跟踪误差渐近收敛于零。

5.3.3 自适应控制中的参数辨识问题

对于5.3.1节中所设计的自适应控制器式(5.4)，显然，当参数估计值完全收敛于真实值，即参数估计误差为零时，该自适应控制器等价于基于完全模型知识的反馈线性化控制器。实际上，这也是采用如式(5.4)所示的自适应控制规律的主要原因。但是，在进行系统分析时，虽然得到了控制误差渐近收敛的结论，但在参数估计方面却没有得到任何结果。值得指出的是，如果在自适应控制中，真正能使参数估计误差收敛为零，则表明所设计的控制系统同时解决了误差收敛与参数辨识的问题。

对于式(5.6)的误差闭环动态特性，计算其关于时间的导数，并代入式(5.5)进行整理以后得到 $\ddot{\boldsymbol{e}}(t)$ 的表达式如下

$$\begin{aligned}\ddot{\boldsymbol{e}}(t)&=\dot{\boldsymbol{Y}}(\boldsymbol{x},t)\tilde{\boldsymbol{\theta}}(t)+\boldsymbol{Y}(\boldsymbol{x},t)\dot{\tilde{\boldsymbol{\theta}}}(t)-k\dot{\boldsymbol{e}}(t)\\&=\dot{\boldsymbol{Y}}(\boldsymbol{x},t)\tilde{\boldsymbol{\theta}}(t)-\boldsymbol{Y}(\boldsymbol{x},t)\boldsymbol{\Gamma}\boldsymbol{Y}^{\mathrm{T}}(\boldsymbol{x},t)\boldsymbol{e}(t)-k\dot{\boldsymbol{e}}(t)\end{aligned}$$

所以，$\ddot{\boldsymbol{e}}(t)\in L_{\infty}$，因此 $\dot{\boldsymbol{e}}(t)$ 一致连续。同时考虑到 $\lim\limits_{t\to\infty}\boldsymbol{e}(t)=0$，在这个基础上，利用

扩展芭芭拉定理的推论(定理2.15)可以证明

$$\lim_{t\to\infty}\dot{\boldsymbol{e}}(t)=0$$

将这个结果和式(5.7)同时应用到系统的闭环方程式(5.6)得到

$$\lim_{t\to\infty}\boldsymbol{Y}(\boldsymbol{x},t)\tilde{\boldsymbol{\theta}}(t)=0 \tag{5.8}$$

此外,由式(5.5)可以直接看出

$$\lim_{t\to\infty}\dot{\hat{\boldsymbol{\theta}}}(t)=\lim_{t\to\infty}[\boldsymbol{\Gamma}\boldsymbol{Y}^{\mathrm{T}}(\boldsymbol{x},t)\boldsymbol{e}(t)]=0 \tag{5.9}$$

上述两式就是关于参数估计误差所能得到的结论。需要指出的是,根据式(5.9)并不能保证参数估计$\hat{\boldsymbol{\theta}}(t)$收敛于某个极限值。例如,对于函数

$$x(t)=\ln(t+1)$$

尽管

$$\dot{x}(t)=\frac{1}{t+1}\to 0$$

但是该函数本身并不收敛。而对于式(5.8)而言,显然$\lim\limits_{t\to\infty}\tilde{\boldsymbol{\theta}}(t)=0$并非该式成立的必要条件。将式(5.8)左边看作$\boldsymbol{Y}(\boldsymbol{x},t)$各个分量关于参数估计误差$\tilde{\boldsymbol{\theta}}(t)$的线性组合,则只有当$\boldsymbol{Y}(\boldsymbol{x},t)$不收敛于零,且它具有足够复杂的形式,从而使$\boldsymbol{Y}(\boldsymbol{x},t)$的分量之间线性无关时,式(5.8)具有唯一的解$\lim\limits_{t\to\infty}\tilde{\boldsymbol{\theta}}(t)=0$。事实上,这和自适应控制的思路是完全一致的。在自适应控制中,参数更新的原则是要使控制误差逐渐收敛于零,当系统足够复杂且输入信号具有充分的复杂度时,实现误差收敛的唯一途径是使参数逐步更新到真实值,从而使自适应控制器收敛于基于完全模型知识的反馈线性化控制器,以实现设定的控制目标;反之,当系统特性和输入信号特性相对简单时,可能存在参数的多种选择使得所设计的自适应控制器实现渐近跟踪的效果,因此,当闭环系统中,误差渐近收敛时,并不能保证参数辨识。实际上,要实现参数辨识,$\boldsymbol{Y}(\boldsymbol{x},t)$必须要满足持续激励(persistent excitation)的条件。

定义5.2(持续激励条件)　对于信号$\boldsymbol{w}(t)\in\mathbf{R}^n$,当存在正的常数$\alpha_1,\alpha_2,\delta\in\mathbf{R}^+$,使得对于任意$t_0\in\mathbf{R}^+$,若满足下列条件

$$\alpha_1\boldsymbol{I}_n\leqslant\int_{t_0}^{t_0+\delta}\boldsymbol{w}(\tau)\boldsymbol{w}^{\mathrm{T}}(\tau)\mathrm{d}\tau\leqslant\alpha_2\boldsymbol{I}_n$$

其中,$\boldsymbol{I}_n$表示n阶的单位矩阵,则称信号$\boldsymbol{w}(t)$是持续激励的。

定理5.1(自适应控制的参数辨识定理)　对于式(5.4)和式(5.5)所定义的自适应控制算法,当信号$\boldsymbol{Y}(\boldsymbol{x},t)$满足持续激励条件时,则该算法在实现误差渐近收敛的基础上,还可以同时实现参数渐近辨识的目标,即$\lim\limits_{t\to\infty}\hat{\boldsymbol{\theta}}(t)=\boldsymbol{\theta}$。

本书中对于定理5.1不做严格的证明,而只是进行简单的分析。事实上,根据式(5.8)可知

$$\lim_{t\to\infty}[\boldsymbol{Y}(\boldsymbol{x},t)\tilde{\boldsymbol{\theta}}(t)]^{\mathrm{T}}\boldsymbol{Y}(\boldsymbol{x},t)\tilde{\boldsymbol{\theta}}(t)=0$$

上式可以进一步改写为

$$\lim_{t\to\infty}\tilde{\boldsymbol{\theta}}^{\mathrm{T}}(t)[\boldsymbol{Y}^{\mathrm{T}}(\boldsymbol{x},t)\boldsymbol{Y}(\boldsymbol{x},t)]\tilde{\boldsymbol{\theta}}(t)=0$$

因此

$$\lim_{t_0\to\infty}\int_{t_0}^{t_0+\delta}\tilde{\boldsymbol{\theta}}^{\mathrm{T}}(\tau)[\boldsymbol{Y}^{\mathrm{T}}(\boldsymbol{x},\tau)\boldsymbol{Y}(\boldsymbol{x},\tau)]\tilde{\boldsymbol{\theta}}(\tau)\mathrm{d}\tau=0 \tag{5.10}$$

另一方面，根据信号 $\boldsymbol{Y}(\boldsymbol{x},t)$ 持续激励的条件可以得到

$$\int_{t_0}^{t_0+\delta}\tilde{\boldsymbol{\theta}}^{\mathrm{T}}(\tau)[\boldsymbol{Y}^{\mathrm{T}}(\boldsymbol{x},\tau)\boldsymbol{Y}(\boldsymbol{x},\tau)]\tilde{\boldsymbol{\theta}}(\tau)\mathrm{d}\tau\geqslant\alpha_1\int_{t_0}^{t_0+\delta}\tilde{\boldsymbol{\theta}}^{\mathrm{T}}(\tau)\tilde{\boldsymbol{\theta}}(\tau)\mathrm{d}\tau\geqslant0 \tag{5.11}$$

根据式(5.10)和式(5.11)容易得知

$$\lim_{t\to\infty}\tilde{\boldsymbol{\theta}}(t)=0$$

即系统实现了参数渐近辨识的目标 $\lim\limits_{t\to\infty}\hat{\boldsymbol{\theta}}(t)=\boldsymbol{\theta}$。

例 5.2　对于如下的非线性系统

$$\dot{x}(t)=ax^3(t)+bx^2(t)+u(t)$$

其中，$x(t)\in\mathbf{R}$ 是系统的状态，$u(t)\in\mathbf{R}$ 表示控制量，而 $a,b\in\mathbf{R}^+$ 则是系统的未知参数，试设计控制器 $u(t)\in\mathbf{R}$ 使系统状态 $x(t)$ 跟踪设定轨迹 $x_{\mathrm{d}}(t)$。

解　定义跟踪误差为

$$e=x_{\mathrm{d}}-x$$

对上式求导，并整理后得到

$$\dot{e}(t)=\dot{x}_{\mathrm{d}}-\dot{x}=\dot{x}_{\mathrm{d}}-\boldsymbol{Y}(t)\boldsymbol{\theta}-u(t)$$

其中，$\boldsymbol{Y}(t)=[x^3\quad x^2]\in\mathbf{R}^{1\times2}$ 是可测向量，而 $\boldsymbol{\theta}=[a\quad b]^{\mathrm{T}}\in\mathbf{R}^2$ 则是系统的未知参数向量。根据上式，可以设计自适应控制器为

$$u(t)=\dot{x}_{\mathrm{d}}-\boldsymbol{Y}(t)\hat{\boldsymbol{\theta}}(t)+ke(t)$$

上式中，$k\in\mathbf{R}^+$ 表示正的反馈增益，$\hat{\boldsymbol{\theta}}(t)\in\mathbf{R}^2$ 表示参数向量 $\boldsymbol{\theta}$ 的估计，它由以下自适应机制来在线更新

$$\dot{\hat{\boldsymbol{\theta}}}(t)=-\boldsymbol{\Gamma}\boldsymbol{Y}^{\mathrm{T}}(\boldsymbol{x},t)e(t)$$

其中，$\boldsymbol{\Gamma}\in\mathbf{R}^{2\times2}$ 表示正定、对角的更新增益矩阵。将控制器代入误差开环动态特性，并进行整理后得到

$$\dot{e}(t)=-\boldsymbol{Y}(t)\tilde{\boldsymbol{\theta}}(t)-ke(t)$$

选择李雅普诺夫候选函数为

$$V(t)=\frac{1}{2}e^2(t)+\frac{1}{2}\tilde{\boldsymbol{\theta}}^{\mathrm{T}}(t)\boldsymbol{\Gamma}^{-1}\tilde{\boldsymbol{\theta}}(t)\geqslant0$$

对 $V(t)$ 求导并整理后得到

$$\dot{V}(t)=-ke^2(t)$$

根据 $V(t)$ 以及 $\dot{V}(t)$ 的表达式容易证明 $\lim\limits_{t\to\infty}e(t)=0$，且闭环系统中的所有信号都是有界的。■

需要说明的是，自适应控制算法适用于参数未知，但满足线性参数化条件的系统。特别地，对于具有参数不确定性的复杂高阶系统，自适应控制可以和常见的设

计方法,例如反向递推法、滤波信号降阶等方法相结合,以解决这类具有参数不确定性复杂系统的自动调节或者跟踪控制问题[8]。

5.4　直流无刷电机的自适应控制[9]

直流无刷电机的动态特性包括机械特性与电特性两部分。其中,描述机械特性的微分方程如下

$$M\ddot{q}+B\dot{q}+N\sin q=I \tag{5.12}$$

而电特性则可以通过下式描述

$$L\dot{I}=u-RI-K_{B}\dot{q} \tag{5.13}$$

其中,$M,B,N,R,L,K_{B}\in\mathbf{R}^{+}$代表系统的参数,$q,\dot{q},\ddot{q}\in\mathbf{R}$则分别表示电机转子的角位移,角速度与角加速度,$I(t)\in\mathbf{R}$是电机的转子电流,而$u(t)\in\mathbf{R}$则是施加在转子上的电压。

系统的设计目标是在状态$q(t),\dot{q}(t),I(t)$全部可以测量,但系统的参数值未知的情况下,选择合适的转子电压$u(t)$,使得电机转子的角位移跟踪设定的轨迹$q_{d}(t)$,其中$q_{d}(t),\dot{q}_{d}(t),\ddot{q}_{d}(t)\in L_{\infty}$。为此,定义控制误差如下

$$e(t)=q_{d}(t)-q(t)$$

考虑到这是一个二阶系统,为了简化控制器的设计,引入如下的滤波器变量

$$r(t)=\dot{e}(t)+\alpha e(t) \tag{5.14}$$

其中,$\alpha\in\mathbf{R}^{+}$表示正的增益,根据该线性滤波器的性质,控制目标可以转化为设计控制器$u(t)$,使滤波变量$r(t)\to 0$。此外,从系统的结构特点出发,本节采用反步方法来完成控制系统的设计。为此,首先假设转子电流$I(t)$为虚拟控制量,设计期望的电流$I_{d}(t)$使$r(t)\to 0$。然后,为了使转子电流$I(t)$接近于期望电流$I_{d}(t)$,需要对它们之间的差值进行动态分析,在此基础上,可以设计真实的控制量$u(t)$,实现转子角位移对于设定轨迹的渐近跟踪。具体设计过程介绍如下。

第一步　机械特性部分设计。即设计虚拟控制量$I_{d}(t)$,使$r(t)\to 0$。为此,对滤波变量式(5.14)求时间的导数后,再代入系统的机械特性式(5.12)进行整理后得到

$$M\dot{r}(t)=M\ddot{q}_{d}(t)-M\ddot{q}(t)+\alpha M\dot{e}(t)=M[\ddot{q}_{d}(t)+\alpha\dot{e}(t)]+B\dot{q}+N\sin q-I_{d}(t)+\eta_{I}(t)$$

其中,$I_{d}(t)\in\mathbf{R}$表示可以自由设计的虚拟控制量,即转子的期望电流,而$\eta_{I}(t)\in\mathbf{R}$则是转子的期望电流与实际电流值之间的偏差

$$\eta_{I}(t)=I_{d}(t)-I(t) \tag{5.15}$$

显然,上式中的未知参数满足线性参数化条件,因此,$M\dot{r}(t)$的开环动态特性可以进一步改写如下

$$M\dot{r}(t)=\mathbf{Y}_{1}(t)\boldsymbol{\theta}_{1}-I_{d}(t)+\eta_{I}(t) \tag{5.16}$$

其中，$\boldsymbol{Y}_1(t)\in\mathbf{R}^{1\times 3}$ 为可以测量的时变向量

$$\boldsymbol{Y}_1(t)=[\ddot{q}_{\mathrm{d}}(t)+\alpha\dot{e}(t)\quad \dot{q}(t)\quad \sin q]$$

而 $\boldsymbol{\theta}_1\in\mathbf{R}^3$ 则是下列未知参数向量

$$\boldsymbol{\theta}_1=[M\quad B\quad N]^{\mathrm{T}}$$

根据上述动态方程式(5.16)，设计虚拟控制器为

$$I_{\mathrm{d}}(t)=\boldsymbol{Y}_1(t)\hat{\boldsymbol{\theta}}_1(t)+k_1 r(t) \tag{5.17}$$

其中，$k_1\in\mathbf{R}^+$ 是系统的反馈增益，$\hat{\boldsymbol{\theta}}_1(t)\in\mathbf{R}^3$ 则代表 $\boldsymbol{\theta}_1$ 的在线估计，它由如下更新规律产生

$$\dot{\hat{\boldsymbol{\theta}}}_1(t)=\boldsymbol{\Gamma}_1\boldsymbol{Y}_1^{\mathrm{T}}(t)r(t) \tag{5.18}$$

其中，$\boldsymbol{\Gamma}_1\in\mathbf{R}^{3\times 3}$ 表示正定、对角的更新增益矩阵。把控制器式(5.17)代入开环方程式(5.16)并进行整理后得到

$$M\dot{r}(t)=\boldsymbol{Y}_1(t)\tilde{\boldsymbol{\theta}}_1-k_1 r(t)+\eta_{\mathrm{I}}(t)$$

其中，$\tilde{\boldsymbol{\theta}}_1(t)\in\mathbf{R}^3$ 表示参数估计误差

$$\tilde{\boldsymbol{\theta}}_1(t)=\boldsymbol{\theta}_1-\hat{\boldsymbol{\theta}}_1(t)$$

对于该闭环系统，根据自适应控制的特点，选择李雅普诺夫候选函数为

$$V_1(t)=\frac{1}{2}Mr^2(t)+\frac{1}{2}\tilde{\boldsymbol{\theta}}_1^{\mathrm{T}}\boldsymbol{\Gamma}_1^{-1}\tilde{\boldsymbol{\theta}}_1\geqslant 0$$

对 $V_1(t)$ 求导并整理后得到

$$\dot{V}_1(t)=-k_1 r^2(t)+r(t)\eta_{\mathrm{I}}(t)$$

第二步　对于电特性的设计。即需要设计转子电压 $u(t)$，使转子电流误差 $\eta_{\mathrm{I}}(t)\to 0$。为此，对式(5.15)进行求导，整理后得到 $\eta_{\mathrm{I}}(t)$ 的动态特性如下

$$L\dot{\eta}_{\mathrm{I}}(t)=L\dot{I}_{\mathrm{d}}(t)-L\dot{I}(t)=L\dot{I}_{\mathrm{d}}(t)+RI(t)+K_{\mathrm{B}}\dot{q}(t)-u(t)$$

根据所设计的虚拟控制量可以计算得到 $L\dot{I}_{\mathrm{d}}(t)$ 的具体表达式，并证明它所包含的未知参数满足线性参数化的条件，因此 $L\dot{\eta}_{\mathrm{I}}(t)$ 的特性可以改写成线性参数化的形式

$$L\dot{\eta}_{\mathrm{I}}(t)=\boldsymbol{Y}_2(t)\boldsymbol{\theta}_2-u(t) \tag{5.19}$$

其中，$\boldsymbol{Y}_2(t)\in\mathbf{R}^{1\times 6}$ 为可测向量，而 $\boldsymbol{\theta}_2\in\mathbf{R}^6$ 则是未知参数向量。根据上述方程，设计如下所示的自适应控制器

$$u(t)=\boldsymbol{Y}_2(t)\hat{\boldsymbol{\theta}}_2(t)+k_2\eta_{\mathrm{I}}(t)+r(t) \tag{5.20}$$

其中，$k_2\in\mathbf{R}^+$ 是系统的反馈增益，而 $\hat{\boldsymbol{\theta}}_2(t)\in\mathbf{R}^6$ 则代表 $\boldsymbol{\theta}_2$ 的在线估计，它由如下更新规律产生

$$\dot{\hat{\boldsymbol{\theta}}}_2(t)=\boldsymbol{\Gamma}_2\boldsymbol{Y}_2^{\mathrm{T}}(t)\eta_{\mathrm{I}}(t)$$

其中，$\boldsymbol{\Gamma}_2\in\mathbf{R}^{6\times 6}$ 表示正定、对角的更新增益矩阵。将上述控制器式(5.20)代入开环动态方程式(5.19)，并经过整理后得到

$$L\dot{\eta}_1(t)=\boldsymbol{Y}_2(t)\tilde{\boldsymbol{\theta}}_2(t)-k_2\eta_1(t)-r(t)$$

选择综合的李雅普诺夫候选函数为

$$V_2(t)=V_1(t)+\frac{1}{2}L\eta_1^2(t)+\frac{1}{2}\tilde{\boldsymbol{\theta}}_2^{\mathrm{T}}\boldsymbol{\Gamma}_2^{-1}\tilde{\boldsymbol{\theta}}_2\geqslant 0$$

对 $V_2(t)$求导并整理后得到

$$\dot{V}_2(t)=-k_1r^2(t)-k_2\eta_1^2(t)$$

进一步分析可以证明,闭环系统中所有信号都是有界的,在此基础上,容易证明

$$\lim_{t\to\infty}e(t)=0,\quad \lim_{t\to\infty}\dot{e}(t)=0$$

需要指出的是,在上述直流无刷电机系统中,本来只有6个未知参数,但在所设计的控制算法中,却需要一共引入9个更新规律来对这些参数或者其组合进行估计。这种现象在自适应控制系统中较为常见,通常将其称为过参数化问题。显然,这种过参数化问题将提高系统设计的复杂度,占用了过多的计算资源,因此在实际应用中需要尽量避免。一般而言,可以通过状态变换的方法使过参数化问题得以改善,但是通常难以完全解决这个问题。

5.5* 非线性参数化系统的自适应控制

作为一种“智能型”的控制方法,自适应控制策略在船舶、机器人、航空航天和工业过程等实际系统中得到了广泛的应用[10,11]。遗憾的是,对于这种控制算法,一般需要系统中的未知参数满足线性参数化条件,这个要求极大地限制了自适应控制的进一步应用。因此,近年来,在国际自动控制领域许多学者致力于对常规的自适应控制进行改进,通过将它与另外的控制方法相结合,来进一步扩展它的性能,使其能适用于非线性参数化系统。例如,美国Case Western Reserve Univ.的Lin W.教授等人研究了一类非线性参数化串级系统,他们通过构造一种连续的部分状态自适应校正器使系统达到了全局稳定[12]。美国Univ. of Central Florida的Qu Z.教授针对一类可分式线性化的不确定非线性系统,提出了一种基于非线性观测器的自适应鲁棒控制算法来实现系统的半全局稳定[13]。新加坡国立大学的Sun M.等针对非线性参数化系统,提出了一种自适应干扰抑制算法[14]。美国麻省理工学院的Annaswamy A. M.教授等人则讨论了非线性参数化系统的参数辨识问题,他们提出了一种多项式自适应估计算法来保证系统参数的渐近辨识[15],为此系统需要满足非线性持续激励条件(nonlinear persistent excitation)。遗憾的是,以上的这些控制方法都需要系统的动态特性满足某些特定的条件,因此只能适用于一些特殊的系统。近些年来,我国自动控制领域也有不少学者进行不确定性非线性系统方面的研究。例如,西北工业大学的戴冠中教授等人研究了一类非线性不确定系统的自适应模糊控制问题,实现了系统状态的一致最终有界[16]。南开大学的方勇纯等人针对非线性参数化不确定系统,分别采用滑模结构与自适应环节相结合的滑模自适应控制器、自适应学习迭代控制策略以及带有开关逻辑调整机制的自适应控制算法等实现了该类系统

的高性能控制[17-19]，并利用李雅普诺夫方法证明了闭环系统的稳定性。综合以上情况可以看出，目前对非线性参数化系统的研究尚处在起步阶段，实际上，对这类系统的控制与参数辨识仍然是国际自动控制领域当前需要解决的重点问题之一。以下将对一类具有特殊形式的非线性参数化控制系统进行介绍[20]。

5.5.1　滑模自适应控制器设计

已知一个具有不确定动态特性的非线性系统如下

$$\dot{\boldsymbol{x}}(t)=\boldsymbol{f}_0(t)+\boldsymbol{g}(t)(\boldsymbol{f}_{\mathrm{m}}(\boldsymbol{x},\boldsymbol{v},t)-\boldsymbol{u}(t)) \tag{5.21}$$

其中，$\boldsymbol{f}_0(t)\in\mathbf{R}^n$，$\boldsymbol{g}(t)\in\mathbf{R}^{n\times n}$ 为已知函数；$\boldsymbol{x}(t)\in\mathbf{R}^n$ 为状态变量；$\boldsymbol{u}(t)\in\mathbf{R}^n$ 表示控制量；$\boldsymbol{f}_{\mathrm{m}}(\boldsymbol{x},\boldsymbol{v},t)\in\mathbf{R}^n$ 表示未知的系统动态特性，它包括建模误差及各种噪声干扰，其中 $\boldsymbol{v}(t)\in\mathbf{R}^z$ 代表系统中的不确定扰动信号，且 $\boldsymbol{f}_{\mathrm{m}}(\boldsymbol{x},\boldsymbol{v},t)$ 具有上界函数 $\rho(x,t)\in\mathbf{R}$

$$\|\boldsymbol{f}_{\mathrm{m}}(\boldsymbol{x},\boldsymbol{v},t)\|\leqslant\rho(x,t) \tag{5.22}$$

对于该系统，假设其动态特性满足以下的条件。

假设 5.1　未知函数 $\rho(x,t)$ 满足参数分式线性化条件[13]，即

$$\rho(x,t)=\frac{\boldsymbol{w}_1^{\mathrm{T}}(\boldsymbol{x},t)\,\boldsymbol{\varphi}_1}{\boldsymbol{w}_2^{\mathrm{T}}(t)\,\boldsymbol{\varphi}_2} \tag{5.23}$$

其中，$\boldsymbol{\varphi}_1\in\mathbf{R}^l$，$\boldsymbol{\varphi}_2\in\mathbf{R}^m$ 是未知的系统参数；$\boldsymbol{w}_1(\boldsymbol{x},t)\in\mathbf{R}^l$，$\boldsymbol{w}_2(t)\in\mathbf{R}^m$ 是已知函数，$\boldsymbol{w}_2(t)$ 与系统状态 $\boldsymbol{x}(t)$ 无关，且存在未知常数 $c\in\mathbf{R}^+$，使得 $\boldsymbol{w}_2^{\mathrm{T}}(t)\boldsymbol{\varphi}_2\geqslant c>0$。

假设 5.2　$\forall t$，$\boldsymbol{g}(t)$ 是一阶光滑的正定矩阵，且存在未知常数 $c_{\mathrm{g}}\in\mathbf{R}^+$，使得

$$\det(\boldsymbol{g}(t))\geqslant c_{\mathrm{g}}>0$$

其中，$\det(\boldsymbol{g}(t))$ 表示 $\boldsymbol{g}(t)$ 的行列式。

显然，对于上述系统式(5.21)，当上界函数 $\rho(x,t)$ 不可线性参数化时，通常的自适应控制方法无法解决式(5.21)这类系统的控制问题，这实际上是当前非线性控制界亟待解决的一个难题。Qu Z. 等率先开始了这方面的研究[13]，他们引入了分式线性化条件，并在此基础上构造了一种基于非线性观测器的自适应鲁棒控制算法来实现系统的半全局稳定。本节将介绍一种具有特殊形式的滑模自适应控制器。

对于系统式(5.21)，设计如下形式的滑模自适应控制器 $\boldsymbol{u}(t)$

$$\begin{aligned}\boldsymbol{u}(t)=&\ \mathbf{Sgn}(\boldsymbol{x})\frac{\boldsymbol{w}_1^{\mathrm{T}}(\boldsymbol{x},t)\,\hat{\boldsymbol{\varphi}}_1(t)}{\boldsymbol{w}_2^{\mathrm{T}}(t)\,\hat{\boldsymbol{\varphi}}_2(t)}+\frac{1}{2}\frac{\dot{\boldsymbol{w}}_2^{\mathrm{T}}(t)\,\hat{\boldsymbol{\varphi}}_2(t)}{\boldsymbol{w}_2^{\mathrm{T}}(t)\,\hat{\boldsymbol{\varphi}}_2(t)}\boldsymbol{g}^{-1}(t)\boldsymbol{x}(t)+\\&\boldsymbol{g}^{-1}(t)\boldsymbol{f}_0(t)+\boldsymbol{h}(t)+k\boldsymbol{x}(t)\end{aligned} \tag{5.24}$$

其中，辅助变量 $\boldsymbol{h}(t)\in\mathbf{R}^n$ 定义为

$$\boldsymbol{h}(t)=\frac{1}{2}\frac{\mathrm{d}\boldsymbol{g}^{-1}(t)}{\mathrm{d}t}\boldsymbol{x}(t)=-\frac{1}{2}\boldsymbol{g}^{-1}(t)\dot{\boldsymbol{g}}(t)\boldsymbol{g}^{-1}(t)\boldsymbol{x}(t)$$

$k>0$ 是控制增益，$\mathbf{Sgn}(\boldsymbol{x})\in\mathbf{R}^n$ 定义为

$$\mathbf{Sgn}(\boldsymbol{x})=[\operatorname{sgn}(x_1)\quad \operatorname{sgn}(x_2)\quad \cdots\quad \operatorname{sgn}(x_n)]^{\mathrm{T}},\quad \boldsymbol{x}=[x_1\quad x_2\quad \cdots\quad x_n]^{\mathrm{T}}$$

$$\operatorname{sgn}(x_i)=\begin{cases}1, & x_i>0\\ 0, & x_i=0\\ -1, & x_i<0\end{cases},\quad i=1,2,\cdots,n$$

$\hat{\boldsymbol{\varphi}}_1(t),\hat{\boldsymbol{\varphi}}_2(t)$分别是系统参数$\boldsymbol{\varphi}_1,\boldsymbol{\varphi}_2$的估计值,它们可以通过如下法则来在线更新

$$\begin{aligned}\dot{\hat{\boldsymbol{\varphi}}}_1(t)&=\boldsymbol{\Gamma}_1\boldsymbol{x}^{\mathrm{T}}(t)\mathbf{Sgn}(\boldsymbol{x})\boldsymbol{w}_1(\boldsymbol{x},t)\\ \dot{\hat{\boldsymbol{\varphi}}}_2(t)&=\boldsymbol{\Gamma}_2\operatorname{proj}(\boldsymbol{\mu}(t))\end{aligned}\tag{5.25}$$

其中,$\boldsymbol{\Gamma}_1\in\mathbf{R}^{l\times l}$,$\boldsymbol{\Gamma}_2\in\mathbf{R}^{m\times m}$为正定对角更新增益矩阵,$\boldsymbol{\mu}(t)\in\mathbf{R}^m$定义为

$$\begin{aligned}\boldsymbol{\mu}(t)=&\frac{1}{2}\boldsymbol{x}^{\mathrm{T}}(t)\boldsymbol{g}^{-1}(t)\boldsymbol{x}(t)\dot{\boldsymbol{w}}_2(t)-\boldsymbol{x}^{\mathrm{T}}(t)\boldsymbol{g}^{-1}(t)\boldsymbol{x}(t)\frac{\dot{\boldsymbol{w}}_2^{\mathrm{T}}(t)\hat{\boldsymbol{\varphi}}_2(t)}{2\boldsymbol{w}_2^{\mathrm{T}}(t)\hat{\boldsymbol{\varphi}}_2(t)}\boldsymbol{w}_2(t)-\\ &\boldsymbol{x}^{\mathrm{T}}(t)\mathbf{Sgn}(\boldsymbol{x})\frac{\boldsymbol{w}_1^{\mathrm{T}}(\boldsymbol{x},t)\hat{\boldsymbol{\varphi}}_1(t)}{\boldsymbol{w}_2^{\mathrm{T}}(t)\hat{\boldsymbol{\varphi}}_2(t)}\boldsymbol{w}_2(t)\end{aligned}\tag{5.26}$$

式(5.25)中,函数$\operatorname{proj}(\boldsymbol{\mu}(t))$定义如下

$$\operatorname{proj}(\boldsymbol{\mu}(t))=\begin{cases}\boldsymbol{\mu}(t), & \hat{\boldsymbol{\varphi}}_2(t)\in\operatorname{int}(\Lambda)\\ \boldsymbol{\mu}(t), & \hat{\boldsymbol{\varphi}}_2(t)\in\partial(\Lambda),\boldsymbol{\mu}(t)^{\mathrm{T}}\hat{\boldsymbol{\varphi}}_2^{\perp}(t)\leqslant 0\\ P_{\mathrm{r}}^{t}(\boldsymbol{\mu}(t)), & \hat{\boldsymbol{\varphi}}_2(t)\in\partial(\Lambda),\boldsymbol{\mu}(t)^{\mathrm{T}}\hat{\boldsymbol{\varphi}}_2^{\perp}(t)>0\end{cases}\tag{5.27}$$

其中,$\Lambda=\{\hat{\boldsymbol{\varphi}}_2(t):\boldsymbol{w}_2^{\mathrm{T}}(t)\hat{\boldsymbol{\varphi}}_2(t)\geqslant\varepsilon_\phi\}$,$\varepsilon_\phi$为任意小于或等于$c$的正常数。$\operatorname{int}(\Lambda)$表示点集$\Lambda$的内部,$\partial(\Lambda)$表示点集$\Lambda$的边界;$\hat{\boldsymbol{\varphi}}_2^{\perp}(t)$表示由原点指向$\hat{\boldsymbol{\varphi}}_2(t)$的向量在点$\hat{\boldsymbol{\varphi}}_2(t)$处垂直于$\partial(\Lambda)$的分量,正方向规定为由$\operatorname{int}(\Lambda)$向外。$P_{\mathrm{r}}^{t}(\boldsymbol{\mu}(t))$表示由原点指向$\boldsymbol{\mu}(t)$的向量沿$\partial(\Lambda)$在点$\hat{\boldsymbol{\varphi}}_2(t)$处切线方向的分量。

值得指出的是,在$\hat{\boldsymbol{\varphi}}_2(t)$的更新规律式(5.25)中引入$\operatorname{proj}(\cdot)$函数是为了保证$\boldsymbol{w}_2^{\mathrm{T}}(t)\hat{\boldsymbol{\varphi}}_2(t)\geqslant\varepsilon_\phi$,从而确保所设计的滑模自适应控制器式(5.24)没有奇异性。

5.5.2 控制器稳定性分析

对于以上所设计的滑模自适应控制器式(5.24)及其更新律式(5.25)~式(5.27),通过理论分析可以证明,它可以实现系统的渐近镇定。

定理 5.2 滑模自适应控制器式(5.24)可以实现系统式(5.21)的渐近镇定,即$\lim\limits_{t\to\infty}\boldsymbol{x}(t)=0$,并且控制器$\boldsymbol{u}(t)$,参数估计$\hat{\boldsymbol{\varphi}}_1(t),\hat{\boldsymbol{\varphi}}_2(t)$均为有界信号。

证明 将滑模自适应控制器式(5.24)代入非线性系统式(5.21),并进行整理后得到闭环方程如下

$$\dot{\boldsymbol{x}}(t)=\boldsymbol{g}(t)\left(\boldsymbol{f}_{\mathrm{m}}(\boldsymbol{x},\boldsymbol{v},t)-\mathbf{Sgn}(\boldsymbol{x})\frac{\boldsymbol{w}_1^{\mathrm{T}}(\boldsymbol{x},t)\hat{\boldsymbol{\varphi}}_1(t)}{\boldsymbol{w}_2^{\mathrm{T}}(t)\hat{\boldsymbol{\varphi}}_2(t)}-\right.$$

$$\left.\frac{1}{2}\frac{\dot{\boldsymbol{w}}_2^{\mathrm{T}}(t)\hat{\boldsymbol{\varphi}}_2(t)}{\boldsymbol{w}_2^{\mathrm{T}}(t)\hat{\boldsymbol{\varphi}}_2(t)}\boldsymbol{g}^{-1}(t)\boldsymbol{x}(t)-\boldsymbol{h}(t)-k\boldsymbol{x}(t)\right)$$

选取如下所示的正定李雅普诺夫函数

$$V(t)=\frac{1}{2}\boldsymbol{x}^{\mathrm{T}}(t)(\boldsymbol{w}_2^{\mathrm{T}}(t)\boldsymbol{\varphi}_2)\boldsymbol{g}^{-1}(t)\boldsymbol{x}(t)+\frac{1}{2}\tilde{\boldsymbol{\varphi}}_1^{\mathrm{T}}(t)\boldsymbol{\Gamma}_1^{-1}\tilde{\boldsymbol{\varphi}}_1(t)+\frac{1}{2}\tilde{\boldsymbol{\varphi}}_2^{\mathrm{T}}(t)\boldsymbol{\Gamma}_2^{-1}\tilde{\boldsymbol{\varphi}}_2(t)$$

其中，$\tilde{\boldsymbol{\varphi}}_i(t),i=1,2$ 代表如下定义的参数估计误差

$$\tilde{\boldsymbol{\varphi}}_i(t)=\boldsymbol{\varphi}_i-\hat{\boldsymbol{\varphi}}_i(t),\quad i=1,2$$

则对 $V(t)$关于时间求导后得到

$$\dot{V}(t)=\boldsymbol{x}^{\mathrm{T}}(t)(\boldsymbol{w}_2^{\mathrm{T}}(t)\boldsymbol{\varphi}_2)\boldsymbol{g}^{-1}(t)\dot{\boldsymbol{x}}(t)+\frac{1}{2}\boldsymbol{x}^{\mathrm{T}}(t)(\dot{\boldsymbol{w}}_2^{\mathrm{T}}(t)\boldsymbol{\varphi}_2)\boldsymbol{g}^{-1}(t)\boldsymbol{x}(t)+$$

$$\boldsymbol{x}^{\mathrm{T}}(t)(\boldsymbol{w}_2^{\mathrm{T}}(t)\boldsymbol{\varphi}_2)\boldsymbol{h}(t)+\tilde{\boldsymbol{\varphi}}_1^{\mathrm{T}}(t)\boldsymbol{\Gamma}_1^{-1}\dot{\tilde{\boldsymbol{\varphi}}}_1(t)+\tilde{\boldsymbol{\varphi}}_2^{\mathrm{T}}(t)\boldsymbol{\Gamma}_2^{-1}\dot{\tilde{\boldsymbol{\varphi}}}_2(t)$$

把系统的闭环动态特性代入上式，并进行化简后可得

$$\dot{V}(t)\leqslant\boldsymbol{\mu}^{\mathrm{T}}(t)\tilde{\boldsymbol{\varphi}}_2(t)-\tilde{\boldsymbol{\varphi}}_2^{\mathrm{T}}(t)\mathrm{proj}(\boldsymbol{\mu}(t))-\boldsymbol{x}^{\mathrm{T}}(t)(\boldsymbol{w}_2^{\mathrm{T}}(t)\boldsymbol{\varphi}_2)k\boldsymbol{x}(t)$$

对于式(5.27)所定义的函数 $\mathrm{proj}(\boldsymbol{\mu}(t))$，可以证明

$$\tilde{\boldsymbol{\varphi}}_2^{\mathrm{T}}(t)\boldsymbol{\mu}(t)-\tilde{\boldsymbol{\varphi}}_2^{\mathrm{T}}(t)\mathrm{proj}(\boldsymbol{\mu}(t))\leqslant 0$$

因此，$\dot{V}(t)$可以进一步改写为

$$\dot{V}(t)\leqslant -ck\|\boldsymbol{x}(t)\|^2 \tag{5.28}$$

由 $V(t)$和 $\dot{V}(t)$的表达式，以及假设 5.1 和假设 5.2，可以得知 $V(t)\in L_\infty$，且 $\boldsymbol{x}(t),\tilde{\boldsymbol{\varphi}}_1(t),\tilde{\boldsymbol{\varphi}}_2(t)\in L_\infty$，因此$\hat{\boldsymbol{\varphi}}_1(t),\hat{\boldsymbol{\varphi}}_2(t)\in L_\infty$；在此基础上，容易证明 $\boldsymbol{u}(t)$，$\dot{\boldsymbol{x}}(t)\in L_\infty$。对式(5.28)两边积分可得

$$\int_0^{+\infty}\dot{V}(t)\mathrm{d}t\leqslant -ck\int_0^{+\infty}\|\boldsymbol{x}(t)\|^2\mathrm{d}t$$

所以 $\int_0^{+\infty}\|\boldsymbol{x}(t)\|^2\mathrm{d}t\leqslant\frac{1}{ck}[V(0)-V(+\infty)]$，即 $\boldsymbol{x}(t)\in L_2$。于是，由芭芭拉定理(定理 2.11)可以得到$\lim\limits_{t\to\infty}\boldsymbol{x}(t)=0$。

值得指出的是，对于本节所设计的滑模自适应控制器，在实际应用时，其中的滑模环节将导致系统状态在零点附近不停地抖动，进而激发系统中的未建模高频动态特征。为了消除或削弱滑模控制中的抖动现象，很多学者进行了相关研究，提出了各种不同的方法。在本文所设计的控制系统中，$\boldsymbol{x}(t)$的抖动不仅会使系统性能变差，而且在某些特定条件下将可能使参数估计值$\hat{\boldsymbol{\varphi}}_1(t)$持续递增，并进而导致控制量 $\boldsymbol{u}(t)$以及整个控制系统发散，因此对于本节所设计的滑模自适应控制器，需要采用更恰当的方法来解决其抖动问题。对此本节将不再讨论，感兴趣的读者可以查阅本章参考文献[20]。

习题

1. 请比较模型参考自适应控制与自校正控制的主要区别。

2. 对于如下的非线性系统

$$\dot{x} = -ax^3 - b\sin t + u$$

其中，$a, b \in \mathbf{R}^+$ 表示系统的未知常数。为了使系统状态 $x(t)$ 跟踪参考轨迹 $x_d = \sin t$，设计如下的自适应控制器

$$u = \dot{x}_d + \hat{a}x^3 + \hat{b}\sin t + ke$$

其中，$k \in \mathbf{R}^+$ 是控制增益，而 $\hat{a}, \hat{b} \in \mathbf{R}$ 则表示对相关参数的在线估计

$$\dot{\hat{a}} = \Gamma_1 e x^3, \quad \dot{\hat{b}} = \Gamma_2 e \sin t$$

上式中，$\Gamma_1, \Gamma_2 \in \mathbf{R}$ 为更新增益。试分析闭环系统的稳定性，并对该系统进行仿真。

3. 对于如下所示的非线性系统

$$\dot{x} = ax^2 + \frac{u}{b + c\sin^2 t}$$

其中，$a, b, c \in \mathbf{R}^+$ 为未知的正常数。试设计自适应控制器，使系统状态渐近收敛到原点。

4. 对于如下动态系统

$$[m^2(x, \boldsymbol{\theta}) + 1]\ddot{x} = f(x, \dot{x}, \boldsymbol{\theta}, t) - u$$

其中，$\boldsymbol{\theta} \in \mathbf{R}^p$ 表示系统的未知参数，$m(x, \boldsymbol{\theta})$，$f(x, \dot{x}, \boldsymbol{\theta}, t)$ 表示结构已知的系统特性。试设计自适应控制器 $u(t)$，使系统的状态 $x(t)$ 渐近收敛。

5. 对于如下系统

$$\begin{cases} \dot{x}_1 = \theta_1 x_2 \\ \dot{x}_2 = \theta_2 x_2^3 + u \end{cases}$$

其中，$\theta_1, \theta_2 \in \mathbf{R}$ 为未知的系统常数，试设计自适应控制系统，使

$$\lim_{t \to \infty}(x_1 \quad x_2) = (0 \quad 0)$$

并分析系统的稳定性。

6. 对于如下系统

$$\begin{cases} \dot{x}_1 = x_2 + \theta_1 x_1 \\ \dot{x}_2 = x_3 + \theta_2 x_2 \\ \vdots \\ \dot{x}_k = x_{k+1} + \theta_k x_k \\ \vdots \\ \dot{x}_{n-1} = x_n + \theta_{n-1} x_{n-1} \\ \dot{x}_n = u \end{cases}$$

$$y = x_1$$

其中，$\theta_1, \theta_2, \cdots, \theta_n \in \mathbf{R}$ 为未知参数。试设计自适应控制系统，使系统输出 $y(t)$ 跟踪给定的轨迹 $y_d(t)$，其中，y_d 及其 n 阶导数有界。

参考文献

1. 韩曾晋. 自适应控制[M]. 北京：清华大学出版社，1995.
2. 刘兴堂. 应用自适应控制[M]. 西安：西北工业大学出版社，2003.
3. Sastry S, Bodson M. Adaptive Control: Stability, Convergence and Robustness[M]. New Jersey: Prentice Hall, 1989.
4. Spooner J T, Maggiore M, Ordóñez R, et al. Stable Adaptive Control and Estimation for Nonlinear Systems: Neural and Fuzzy Approximator Techniques[M]. John Wiley & Sons, 2001.
5. Astrom K J, WittenMark B. Adaptive Control[M]. 2nd Edition. Prentice Hall, 1994.
6. Goodwin G C. Adaptive Filtering Prediction and Control[M]. Englewood Cliffs: Prentice-Hall Inc., 1984.
7. 谢新民，丁锋. 自适应控制系统[M]. 北京：清华大学出版社，2004.
8. Fang Y, Feemster M, Dawson D, et al. Nonlinear Control Techniques for an Atomic Force Microscope System[J]. 控制理论与应用(英文刊)，2005，3(1)：85-92.
9. Dawson D, Hu J, Burg T. Nonlinear Control of Electric Machinery[M]. New York: Marcel Dekker, 1998.
10. Fang Y, Dixon W E, Dawson D M, et al. Homography-Based Visual Servo Regulation of Mobile Robots[J]. *IEEE Transactions on Systems, Man and Cybernetics-Part B: Cybernetics*, 2005, 35(5): 1041-1050.
11. Fang Y, Zergeroglu E, Queiroz M S, et al. Global Output Feedback Control of Dynamically Positioned Surface Vessels: An Adaptive Control Approach[J]. *Mechatronics-An International Journal*, 2004, 14(4): 341-356.
12. Lin W and Pongvuthithum R. Nonsmooth Adaptive Stabilization of Cascade Systems with Nonlinear Parameterization via Partial-State Feedback[J]. *IEEE Transactions on Automatic Control*, 2003, 48(10): 1809-1816.
13. Qu Z. Adaptive and Robust Controls of Uncertain Systems with Nonlinear Parameterization[J]. *IEEE Transactions on Automatic Control*, 2003, 48(10): 1817-1823.
14. Sun M and Ge S S. Adaptive Rejection of Periodic & Non-periodic Disturbances for a Class of Nonlinearly Parameterized Systems[C]. *Proc. of 2004 American Control Conference*, Boston, USA, 2004, 6: 1229-1234.
15. Cao C, Annaswamy A M. A Polynomial Adaptive Estimator for Nonlinearly Parameterized Systems[C]. *Proc. of 2004 American Control Conference*, Boston, USA, 2004, 584-589.
16. 王银河，戴冠中. 一类非线性不确定系统的模糊自适应控制[J]. 控制理论与应用，2004，1(2)：271-274.
17. Fang Y, Xiao X, Ma B, et al. Adaptive Learning Control for A Class of Nonlinearly Parameterized Uncertain Systems[C]. *Proc. of the 2005 IEEE American Control Conference*, Portland, OR, June 2005, 196-201.
18. Fang Y, Xiao X, Ma B, Lu G. Adaptive Learning Control of Complex Uncertain Systems with

Nonlinear Parameterization[C]. *Proc. of the 2006 IEEE American Control Conference*, Minneapolis,MN,2006,3385-3390.

19. Ma B, Fang Y, Xiao X. Switching Logic Based Adaptive Robust Control of Nonlinearly Parameterized Uncertain Systems[J]. 自动化学报,2007,33(6):668-672.
20. 马博军,方勇纯,肖潇. 不确定非线性系统的滑模自适应控制器设计[J]. 中南大学学报,2005(专刊):174-178.

第6章 滑模与鲁棒控制

6.1 引言

如第5章所述，当系统的参数未知但满足线性参数化条件时，可以采用自适应控制方法，通过对参数的在线学习来逐步改进控制性能，直到实现渐近稳定的控制效果。但是，当系统不满足线性参数化条件，或者当系统的模型同时存在结构与参数不确定性时，就无法应用自适应控制方法。在这种情况下，如果对于未知的动态特性可以找到它的上界函数，滑模以及基于滑模方法的鲁棒控制可以通过加强控制输入，即利用非常大的控制量来处理未知动态特性，以实现所需要的控制效果。对于具有不确定动态特性的非线性系统而言，滑模控制是一种强有力的设计方法，这种控制策略能使系统沿设计好的"滑动模态"轨迹运动，它具有算法简单，对模型要求低，闭环系统对于干扰信号以及控制对象本身的摄动鲁棒性强等优点[1-4]。因此，近年来，滑模控制得到了控制理论界的广泛关注。随着其理论的不断成熟，以及大功率切换器件和高速切换电路的实现，滑模控制在机器人、船舶、飞行器、电机等领域得到了实际应用[5-8]。

作为一种不连续的控制方法，滑模控制需要不断进行逻辑切换，以使系统保持在"滑动模态"上运动。这种情况不可避免地导致了抖振现象，它将破坏系统的良好性能，同时很容易激发系统中的未建模高频特性。为了解决这个问题，通常牺牲滑模控制的部分性能，将控制器修改为连续的鲁棒控制方法。

所谓鲁棒控制，就是根据对象的标称模型和其不确定程度来设计控制系统，使之对于各种不确定性具有较强的容错能力。即当控制对象的结构或者参数在一定范围内变化时，系统仍然能够较好地维持期望的性能。一般认为，鲁棒控制方面的研究起始于20世纪50—60年代，而鲁棒控制这个术语则最早出现于1972年，但是迄今为止，对于该术语尚没有形成统一的数学定义。由于其明确的应用背景，鲁棒控制自问世以来，一直是现代控制理论中一个非常活跃的研究方向。经过多年的发展，现在常见的鲁棒控制理论主要有3种：$H\infty$控制理论、结构奇异值理论（即μ解析理论）及区间理论[9-12]。对于鲁棒控制方法而言,由于它是通过增加控制量来处理不确定性[13],因此这是一种非常保守的控制方法,而并非针对具体对象的最佳控制器。此外,在控制过程中,实际的执行器件受到各种物理条件的限制,因此,如何避免执行机构陷入饱和,致使鲁棒控制弱化为 Bang-Bang 控制是在实际应用中需要着重考虑的关键问题。

在本章中,将对两种具有滑模结构的鲁棒控制策略,即高频率反馈鲁棒控制和高增益反馈鲁棒控制进行介绍。对于完整的鲁棒控制理论,本书不做详细介绍,感兴趣的读者可以参考有关教材或者专著[9-12]。

6.2 滑动平面及其性质

在第4章中,为了方便设计控制器,我们引入了一种线性滤波器,以便将一个高阶的非线性系统转换为低阶系统。本章将对上述方法进一步推广,最终将一个 n 阶的系统降阶为一阶系统来完成控制器的设计。为此,我们考虑如下的 n 阶系统

$$\boldsymbol{x}^{(n)}=\boldsymbol{f}(\boldsymbol{x},\dot{\boldsymbol{x}},\cdots,\boldsymbol{x}^{(n-1)},t)+\boldsymbol{u} \tag{6.1}$$

其中,$\boldsymbol{x}\in\mathbf{R}^p$,$\boldsymbol{u}\in\mathbf{R}^p$ 分别表示系统的状态与输入量,而 $\boldsymbol{f}(\boldsymbol{x},\dot{\boldsymbol{x}},\cdots,\boldsymbol{x}^{(n-1)},t)\in\mathbf{R}^p$ 则是未知函数。控制目标是使系统状态跟踪足够光滑的轨迹 $\boldsymbol{x}_{\mathrm{d}}\in\mathbf{R}^p$,其中,$\|\boldsymbol{x}_{\mathrm{d}}\|$,$\|\dot{\boldsymbol{x}}_{\mathrm{d}}\|$,$\|\ddot{\boldsymbol{x}}_{\mathrm{d}}\|$,$\cdots$,$\|\boldsymbol{x}_{\mathrm{d}}^{(n)}\|\in L_\infty$。

根据上述目标,定义跟踪误差 $\boldsymbol{e}(t)\in\mathbf{R}^p$ 如下

$$\boldsymbol{e}=\boldsymbol{x}_{\mathrm{d}}-\boldsymbol{x} \tag{6.2}$$

进一步地,在状态空间中定义如下变换

$$\boldsymbol{q}=\left[\prod_{i=1}^{m}\left(\frac{\mathrm{d}}{\mathrm{d}t}+\alpha_i\right)\right]\boldsymbol{e} \tag{6.3}$$

其中,$\alpha_i(i=1,2,\cdots,m)$为正的常数。显然,对于上述变换,当 $m=1$ 时,上述变换简化为第4章中所定义的线性滤波器方程式(4.16)。当 $m=2$ 时,该变换可以计算如下

$$\boldsymbol{q}=\left[\frac{\mathrm{d}^2}{\mathrm{d}t^2}+(\alpha_1+\alpha_2)\frac{\mathrm{d}}{\mathrm{d}t}+\alpha_1\alpha_2\right]\boldsymbol{e}=\ddot{\boldsymbol{e}}+(\alpha_1+\alpha_2)\dot{\boldsymbol{e}}+\alpha_1\alpha_2\boldsymbol{e}$$

上述变换是 m 个线性变换的串联。如果定义 $m-1$ 个中间变量 $\boldsymbol{z}_j$,$j=1,2,\cdots,m-1$,则有

$$\begin{cases}\boldsymbol{z}_1=\dot{\boldsymbol{e}}+\alpha_1\boldsymbol{e}\\ \boldsymbol{z}_2=\dot{\boldsymbol{z}}_1+\alpha_2\boldsymbol{z}_1\\ \vdots\\ \boldsymbol{z}_{m-1}=\dot{\boldsymbol{z}}_{m-2}+\alpha_{m-1}\boldsymbol{z}_{m-2}\\ \boldsymbol{q}=\dot{\boldsymbol{z}}_{m-1}+\alpha_m\boldsymbol{z}_{m-1}\end{cases}$$

在零初始条件下,对上述方程进行拉普拉斯变换,并进行整理以后,可以得到其在复数域的表达形式如下

$$\begin{cases} \boldsymbol{E}(s)=\dfrac{1}{s+\alpha_1}\boldsymbol{Z}_1(s) \\ \boldsymbol{Z}_1(s)=\dfrac{1}{s+\alpha_2}\boldsymbol{Z}_2(s) \\ \vdots \\ \boldsymbol{Z}_{m-2}(s)=\dfrac{1}{s+\alpha_{m-1}}\boldsymbol{Z}_{m-1}(s) \\ \boldsymbol{Z}_{m-1}(s)=\dfrac{1}{s+\alpha_m}\boldsymbol{Q}(s) \end{cases}$$

根据上述方程，可以得到变换式(6.3)的结构图如图 6.1 所示。

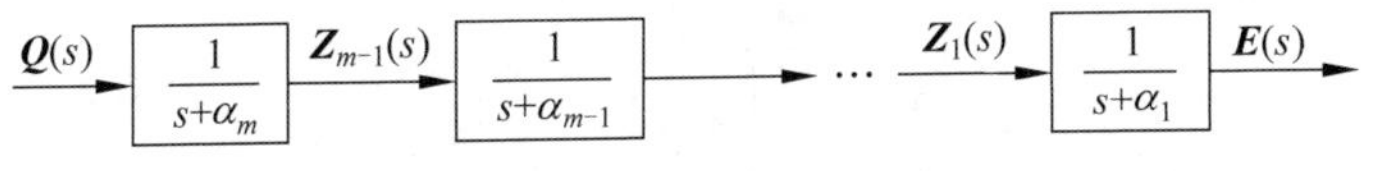

图 6.1　滑模变换基本结构图

从图 6.1 可以看出，如果以信号 $\boldsymbol{q}(t)$为输入，$\boldsymbol{e}(t)$为输出，则两者之间通过 m 个线性单元$\dfrac{1}{s+\alpha_i}$，$i=1,2,\cdots,m$ 相关联。根据线性系统的基本性质可知(参考第 4 章相应定理)，变量 $\boldsymbol{z}_{m-1}(t)$与 $\boldsymbol{q}(t)$之间具有相同的稳态性质，而 $\boldsymbol{z}_{m-2}(t)$与 $\boldsymbol{z}_{m-1}(t)$之间的稳态性质相同。以此类推，信号 $\boldsymbol{e}(t)$与 $\boldsymbol{q}(t)$具有完全相同的稳定性。因此，对于映射式(6.3)而言，可以得到以下结论。

定理 6.1(滑动变换性质)　对于式(6.3)所定义的滑动变换，信号 $\boldsymbol{q}(t)$与 $\boldsymbol{e}(t)$之间具有以下性质：

(1) 如果 $\boldsymbol{q}(t)$指数收敛于零，则 $\boldsymbol{e}(t),\dot{\boldsymbol{e}}(t),\cdots,\boldsymbol{e}^{(m)}(t)$也指数收敛；

(2) 如果 $\boldsymbol{q}(t)$渐近收敛于零，则 $\boldsymbol{e}(t),\dot{\boldsymbol{e}}(t),\cdots,\boldsymbol{e}^{(m)}(t)$也渐近收敛；

(3) 如果信号 $\boldsymbol{q}(t)$有界，则 $\boldsymbol{e}(t),\dot{\boldsymbol{e}}(t),\cdots,\boldsymbol{e}^{(m)}(t)$均为有界信号。

定理 6.1 的证明方法与第 4 章中定理 4.3 的证明相类似，此处不再赘述，请读者自行练习。

由上述定理可知，滑模映射式(6.3)可以将原来的高阶系统进行降阶，并且降阶后系统的稳定性与原来的高阶系统相类似。这个性质可以为高阶系统控制器的设计带来很大的方便。对于 n 阶系统式(6.1)而言，当采用 $n-1$ 阶映射时，可以将系统降阶为一阶系统。如果控制器可以对这个一阶系统进行有效控制，则原来的 n 阶系统也将得到同样的稳定性结论。因此，对于控制器设计而言，其核心问题转化为如何得到合适的控制器，使信号 $\boldsymbol{q}(t)$尽快稳定在零点。

从图 6.1 的结构图可以得知该线性系统的传递函数如下

$$G(s)=\frac{\boldsymbol{E}(s)}{\boldsymbol{Q}(s)}=\frac{1}{(s+\alpha_1)(s+\alpha_2)\cdots(s+\alpha_m)} \tag{6.4}$$

为了方便随后的分析，定义滑动面 S 如下

$$S=\{\boldsymbol{q}\mid\boldsymbol{q}=\boldsymbol{0}\}$$

显然,当信号 $\boldsymbol{q}(t)$ 位于滑动面 S 之上时,线性系统式(6.4)的输入信号为零,此时系统的响应完全由其初始条件和各个模态决定。为了简化分析,假设 $\alpha_1 \neq \alpha_2 \neq \cdots \neq \alpha_m$,则系统的 m 个模态分别为 $\mathrm{e}^{-\alpha_1 t}, \mathrm{e}^{-\alpha_2 t}, \cdots, \mathrm{e}^{-\alpha_m t}$,因此可以得到系统的零输入响应如下

$$\boldsymbol{e}(t) = c_1 \mathrm{e}^{-\alpha_1 t} + c_2 \mathrm{e}^{-\alpha_2 t} + \cdots + c_m \mathrm{e}^{-\alpha_m t} \tag{6.5}$$

其中,$c_i \in \mathbf{R}, i = 1, 2, \cdots, m$ 表示由系统初始状态决定的系数。因为 $\alpha_i > 0, i = 1, 2, \cdots, m$,系统的所有模态都是指数衰减的,所以由式(6.5)容易得知,在滑动面 S 上,信号 $\boldsymbol{e}(t)$ 将以指数形式收敛于零。特别地,当系统初始条件为零时,式(6.5)中系数 $c_i = 0$,因此系统的解为 $\boldsymbol{e}(t) = 0$。

为了分析如何使系统尽快达到滑动平面,我们采用 $n-1$ 阶映射对原来的高阶系统进行降阶处理

$$\boldsymbol{q} = \left[\prod_{i=1}^{n-1}\left(\frac{\mathrm{d}}{\mathrm{d}t} + \alpha_i\right)\right]\boldsymbol{e} \tag{6.6}$$

即

$$\boldsymbol{q} = \boldsymbol{e}^{(n-1)} + \beta_{n-2}\boldsymbol{e}^{(n-2)} + \cdots + \beta_1 \dot{\boldsymbol{e}} + \beta_0 \boldsymbol{e} \tag{6.7}$$

其中,系数 $\beta_i \in \mathbf{R}, i = 0, 1, \cdots, n-2$ 可以由 α_i 计算得到。对式(6.7)进行求导后可以得到

$$\dot{\boldsymbol{q}} = \boldsymbol{e}^{(n)} + \beta_{n-2}\boldsymbol{e}^{(n-1)} + \cdots + \beta_1 \ddot{\boldsymbol{e}} + \beta_0 \dot{\boldsymbol{e}} \tag{6.8}$$

将式(6.1)和式(6.2)代入式(6.8)并进行整理后得到

$$\dot{\boldsymbol{q}} = g(\boldsymbol{x}, \dot{\boldsymbol{x}}, \cdots, \boldsymbol{x}^{(n-1)}, \dot{\boldsymbol{x}}_{\mathrm{d}}, \ddot{\boldsymbol{x}}_{\mathrm{d}}, \cdots, \boldsymbol{x}_{\mathrm{d}}^{(n)}) - \boldsymbol{f}(\boldsymbol{x}, \dot{\boldsymbol{x}}, \cdots, \boldsymbol{x}^{(n-1)}, t) - \boldsymbol{u}$$

其中,$g(\boldsymbol{x}, \dot{\boldsymbol{x}}, \cdots, \boldsymbol{x}^{(n-1)}, \dot{\boldsymbol{x}}_{\mathrm{d}}, \ddot{\boldsymbol{x}}_{\mathrm{d}}, \cdots, \boldsymbol{x}_{\mathrm{d}}^{(n)})$ 为已知函数。

针对关于 $\boldsymbol{q}(t)$ 的一阶系统,定义如下的正定函数 $V(t) \in \mathbf{R}^+$

$$V(t) = \frac{1}{2}\boldsymbol{q}^{\mathrm{T}}\boldsymbol{q} = \frac{1}{2}\|\boldsymbol{q}\|^2 \geqslant 0$$

对上述函数进行求导,并代入系统开环动态特性可得

$$\dot{V}(t) = \boldsymbol{q}^{\mathrm{T}}\dot{\boldsymbol{q}} = \boldsymbol{q}^{\mathrm{T}}[g(\cdot) - \boldsymbol{f}(\cdot) - \boldsymbol{u}]$$

如果存在控制律 $\boldsymbol{u}(t)$ 满足

$$\dot{V}(t) \leqslant -\frac{1}{\sqrt{2}}k\|\boldsymbol{q}\| = -k\sqrt{V(t)} \tag{6.9}$$

其中,$k \in \mathbf{R}^+$ 为正的常数,则对上述微分不等式进行求解后得到

$$\sqrt{V(t)} - \sqrt{V_0} \leqslant -\frac{kt}{2}$$

设在 $t = t_1$ 时刻,系统达到滑动面 S,即 $V(t_1) = 0$,将其代入上式并整理后得到

$$t_1 \leqslant \frac{2\sqrt{V_0}}{k} = \frac{\sqrt{2}}{k}\|\boldsymbol{q}_0\|$$

另一方面,如果系统在时刻 $t = t_1$ 进入滑动面 S,即 $V(t_1) = 0$,则由式(6.9)可知,由于 $V(t)$ 单调递减,因此对于任意 $t \geqslant t_1, 0 \leqslant V(t) \leqslant V(t_1) = 0$,即 $V(t) = 0, t \geqslant t_1$,所以滑动面 S 为不变集合。

根据上述分析，如果设计控制器 $\boldsymbol{u}(t)$，使系统满足式(6.9)，则跟踪误差将在有限时间 $\frac{\sqrt{2}}{k}\|\boldsymbol{q}_0\|$ 内到达滑动平面，同时在滑动平面上，跟踪误差将以指数形式收敛于原点。因此，问题的关键在于如何设计控制器，以保证系统能够始终满足约束式(6.9)。在随后的 6.3 节中，将介绍一种简单的滑模控制算法来实现与式(6.9)相似的约束。与平常的控制器相区别的是，这种控制器带有切换逻辑，因此它是一种不连续的控制策略，通常将其称为滑模控制。

6.3　滑模控制算法与分析

6.3.1　滑模控制算法

如前所述，滑模控制可以通过增加控制输入来处理系统的不确定动态特性。为此，要求不确定动态特性具有已知上界。即对于不确定动态特性 $\boldsymbol{f}(\cdot)\in\mathbf{R}^n$，存在上界函数 $\rho(\cdot)\in\mathbf{R}^+$，使之满足

$$\|\boldsymbol{f}(\cdot)\|\leqslant\rho(\cdot) \tag{6.10}$$

并且，当系统状态有界时，上界函数 $\rho(\cdot)$ 也是有界的。显然，如果系统的模型结构以及各个参数的上下界已知(参数的界可以通过估计获得)，则对于未知动态特性 $\boldsymbol{f}(\cdot)\in\mathbf{R}^n$，容易找到它的上界函数。需要指出的是，显然上界函数具有无穷多种选择，理论上，任意一种上界函数都可以用来构造随后的滑模控制器。但是，从控制器的实现来看，考虑到物理器件饱和等方面的限制，通常尽可能选择一个最小的上界函数来实现相应的滑模控制器。

例 6.1　对以下的非线性函数，试求其上界函数 $\rho(\cdot)\in\mathbf{R}^+$，使 $\|f(\cdot)\|\leqslant\rho(\cdot)$。

(1) 函数 $f(x,t,a,b)=ax^2t+\sin bt-\frac{x}{b(t+2)}$，其中 a,b 是系统的参数，且分别具有已知上下界 $0\leqslant\underline{a}\leqslant a\leqslant\bar{a}$，$0\leqslant\underline{b}\leqslant b\leqslant\bar{b}$；

(2) 函数 $f(x,t,a,b)=x\mathrm{e}^{(b-a)t}+\frac{xt}{|\alpha-\lambda|+\varepsilon}$，其中 $\lambda,\varepsilon\in\mathbf{R}^+$ 代表已知的正常数，而系统参数 a,b 具有已知上下界 $0\leqslant\underline{a}\leqslant a\leqslant\bar{a}$，$0\leqslant\underline{b}\leqslant b\leqslant\bar{b}$。

解　对各个函数的界函数分别进行如下分析。

(1) 考虑到 ax^2t 关于 a 递增，而 $\frac{|x|}{b(t+2)}$ 关于 b 递减，因此，可以选择 $f(\cdot)$ 的一个上界函数为

$$\rho(\cdot)=\bar{a}x^2t+1+\frac{|x|}{\underline{b}(t+2)}$$

(2) 考虑到指数函数是增函数，且 λ 既有可能在区间 $[\underline{a},\bar{a}]$ 之内，也有可能在区间之外，因此，可以选择 $f(\cdot)$ 的一个上界函数为

$$\rho(\cdot)=\begin{cases}|x|\mathrm{e}^{(\bar{b}-\underline{a})t}+\dfrac{|x|t}{\varepsilon}, & \lambda\in[\underline{a},\bar{a}]\\ |x|\mathrm{e}^{(\bar{b}-\underline{a})t}+\dfrac{|x|t}{\min\{|\bar{a}-\lambda|,|\underline{a}-\lambda|\}+\varepsilon}, & \lambda\notin[\underline{a},\bar{a}]\end{cases}$$

■

为了重点介绍滑模控制的基本算法,我们考虑一个简单的非线性系统

$$\dot{\boldsymbol{x}}=\boldsymbol{f}(\boldsymbol{x},t)-\boldsymbol{u} \tag{6.11}$$

其中,$\boldsymbol{x}\in\mathbf{R}^n$,$\boldsymbol{u}\in\mathbf{R}^n$ 分别表示系统的状态与输入量,而 $\boldsymbol{f}(\boldsymbol{x},t)\in\mathbf{R}^n$ 则是未知函数,且存在已知的正定函数 $\rho(\cdot)$,满足

$$\|\boldsymbol{f}(\boldsymbol{x},t)\|\leqslant\rho(\cdot) \tag{6.12}$$

对于系统式(6.11)而言,控制目标是使其跟踪指定的轨迹 $\boldsymbol{x}_{\mathrm{d}}\in\mathbf{R}^n$,其中,$\boldsymbol{x}_{\mathrm{d}},\dot{\boldsymbol{x}}_{\mathrm{d}}\in L_\infty$。为了方便随后的设计,定义跟踪误差 $\boldsymbol{e}(t)\in\mathbf{R}^n$ 如下

$$\boldsymbol{e}=\boldsymbol{x}_{\mathrm{d}}-\boldsymbol{x}$$

在上式中,代入系统的动态方程并整理后得到

$$\dot{\boldsymbol{e}}=\dot{\boldsymbol{x}}_{\mathrm{d}}-\boldsymbol{f}(\boldsymbol{x},t)+\boldsymbol{u}$$

根据上述系统动态方程,设计滑模控制如下

$$\boldsymbol{u}=-\dot{\boldsymbol{x}}_{\mathrm{d}}-\rho(\cdot)\mathbf{Sgn}(\boldsymbol{e})-k\boldsymbol{e}(t) \tag{6.13}$$

其中,$k\in\mathbf{R}^+$ 表示正的反馈增益,$\mathbf{Sgn}(\boldsymbol{e})=[\mathrm{sgn}(e_1)\quad \mathrm{sgn}(e_2)\quad \cdots\quad \mathrm{sgn}(e_n)]^{\mathrm{T}}$,而符号函数 $\mathrm{sgn}(x)$ 定义如下

$$\mathrm{sgn}(x)=\begin{cases}1, & x>0\\ 0, & x=0\\ -1, & x<0\end{cases}$$

6.3.2 滑模控制器性能分析

为了分析闭环系统的性能,将控制器式(6.13)代入误差 $\boldsymbol{e}(t)$ 的开环动态方程,并进行化简后得到

$$\dot{\boldsymbol{e}}=-\boldsymbol{f}(\boldsymbol{x},t)-\rho(\cdot)\mathbf{Sgn}(\boldsymbol{e})-k\boldsymbol{e}(t)$$

对于上述闭环系统方程,选择李雅普诺夫候选函数为

$$V=\frac{1}{2}\boldsymbol{e}^{\mathrm{T}}\boldsymbol{e}\geqslant 0$$

则有

$$\dot{V}=\boldsymbol{e}^{\mathrm{T}}\dot{\boldsymbol{e}}=-\boldsymbol{e}^{\mathrm{T}}\boldsymbol{f}(\boldsymbol{x},t)-\rho(\cdot)\boldsymbol{e}^{\mathrm{T}}\mathbf{Sgn}(\boldsymbol{e})-k\boldsymbol{e}^{\mathrm{T}}\boldsymbol{e}$$

对 $\dot{V}(t)$ 中的第一项利用式(6.12)进行放缩,并考虑到 $\boldsymbol{e}^{\mathrm{T}}\mathbf{Sgn}(\boldsymbol{e})=\sum_{i=1}^{n}|e_i(t)|$,$\dot{V}(t)$ 可以进一步改写为

$$\dot{V}\leqslant\rho(\cdot)\|\boldsymbol{e}\|-\rho(\cdot)\sum_{i=1}^{n}|e_i(t)|-k\boldsymbol{e}^{\mathrm{T}}\boldsymbol{e}$$

显然，由于 $\|\boldsymbol{e}\| \leqslant \sum_{i=1}^{n} |e_i(t)|$，因此 $\dot{V}(t)$ 可以最终改写为

$$\dot{V}(t) \leqslant -k\boldsymbol{e}^{\mathrm{T}}(t)\boldsymbol{e}(t) = -2kV(t)$$

所以，$V(t)$ 指数收敛，从而系统的跟踪误差 $\boldsymbol{e}(t)$ 指数收敛。

6.3.3　滑模控制中的抖振问题

从理论上说，滑模控制通过不断切换控制方向来实现误差的指数收敛。即使在存在模型误差的情况下，滑模控制仍然能够实现系统的完美控制，但是这是以控制器的跳变作为代价的。实际上，这种不连续性将导致系统在误差零点附近出现抖振现象。高频抖动将激发系统中潜在的各种高频动态特性以及高频噪声，最终破坏系统的控制性能，甚而导致系统出现不稳定现象。因此，尽管滑模控制在理论上是一种非常完美的控制方法，但是抖振现象使这种控制方法很难在实际系统中得到应用。为了削弱或者彻底消除抖振现象，需要消除控制器中的不连续点。通常的做法是牺牲系统的部分性能，将控制目标选择为达到一定的控制精度。例如，将控制误差允许在一定范围之内，而不要求将误差精确控制到零。为此，可以在控制器中引入边界层(有时称为不切换带)，一旦系统状态进入这个边界层，控制方向便不再进行切换。对于这种边界层，最简单的选择方式为 $E(\delta)=\{q(t), |q(t)|\leqslant\delta\}$，其中参数 $\delta>0$ 决定了系统允许误差的范围。显然，δ 越大，对高频抖振的改善越明显，但是系统的控制精度会随之下降。因此，对于 δ，需要根据控制性能的要求以及切换元件的特性来进行折中选择。

6.4　基于滑模结构的鲁棒控制

为了消除滑模控制器的不连续性从而改善抖振现象，通常是牺牲部分控制性能，将这种控制方法改进成为具有滑模结构的鲁棒控制，这又可以分为高频率反馈鲁棒控制与高增益反馈鲁棒控制两种。

6.4.1　高频率反馈鲁棒控制

为了消除滑模控制在零点上的不连续性，可以采用一个小的误差带来近似误差零点，并将原来的符号函数以如下的函数 $g(e_i)$ 来近似代替。

$$g(e_i) = \frac{\rho(\cdot)e_i}{\rho(\cdot)\ |e_i| + \varepsilon}$$

其中，$\varepsilon \in \mathbf{R}^+$ 是选定的误差带的宽度。显然，当 $\varepsilon=0$ 时，$g(e_i)$ 可以还原为符号函数。误差宽度 ε 越小，$g(e_i)$ 越能逼近于 $\mathrm{sgn}(e_i)$，但是控制系统中存在的抖振越强。通过以上处理后，得到新的控制器为

$$\boldsymbol{u}=-\dot{\boldsymbol{x}}_{\mathrm{d}}-\frac{\rho^{2}(\cdot)\boldsymbol{e}}{\rho(\cdot)\|\boldsymbol{e}\|+\varepsilon}-k\boldsymbol{e}(t) \tag{6.14}$$

其中,$k\in\mathbf{R}^{+}$表示正的反馈增益,由于这种鲁棒控制器在零点附近表现出一定的高频响应,因此称为高频率反馈鲁棒控制。

将控制器式(6.14)代入误差$\boldsymbol{e}(t)$的开环动态方程,并进行化简后得到

$$\dot{\boldsymbol{e}}=-\boldsymbol{f}(\boldsymbol{x},t)-\frac{\rho^{2}(\cdot)\boldsymbol{e}}{\rho(\cdot)\|\boldsymbol{e}\|+\varepsilon}-k\boldsymbol{e}(t)$$

对于上述闭环系统方程,选择李雅普诺夫候选函数为

$$V=\frac{1}{2}\boldsymbol{e}^{\mathrm{T}}\boldsymbol{e}\geqslant 0$$

则有

$$\dot{V}=\boldsymbol{e}^{\mathrm{T}}\dot{\boldsymbol{e}}=-\boldsymbol{e}^{\mathrm{T}}\boldsymbol{f}(\boldsymbol{x},t)-\frac{\rho^{2}(\cdot)\boldsymbol{e}^{\mathrm{T}}\boldsymbol{e}}{\rho(\cdot)\|\boldsymbol{e}\|+\varepsilon}-k\boldsymbol{e}^{\mathrm{T}}\boldsymbol{e}$$

对$\dot{V}(t)$中的第一项利用式(6.12)进行放缩,并考虑到$\boldsymbol{e}^{\mathrm{T}}\boldsymbol{e}=\|\boldsymbol{e}\|^{2}$,经过化简后,$\dot{V}(t)$可以改写为

$$\dot{V}(t)\leqslant\frac{\rho(\cdot)\|\boldsymbol{e}(t)\|}{\rho(\cdot)\|\boldsymbol{e}(t)\|+\varepsilon}\varepsilon-k\boldsymbol{e}^{\mathrm{T}}(t)\boldsymbol{e}(t)\leqslant\varepsilon-2kV(t)$$

求解上述微分不等式可以得到$V(t)$的上界

$$V(t)\leqslant V(t_{0})\mathrm{e}^{-2kt}+\frac{\varepsilon}{2k}(1-\mathrm{e}^{-2kt})$$

因此,系统的控制误差满足如下约束

$$\|\boldsymbol{e}(t)\|\leqslant\sqrt{\|\boldsymbol{e}(t_{0})\|^{2}\mathrm{e}^{-2kt}+\frac{\varepsilon}{k}(1-\mathrm{e}^{-2kt})}$$

其中,$\boldsymbol{e}(t_{0})\in\mathbf{R}^{n}$表示初始误差。显然,控制误差是全局范围有界的,且满足

$$\lim_{t\to\infty}\|\boldsymbol{e}(t)\|\leqslant\sqrt{\frac{\varepsilon}{k}} \tag{6.15}$$

即经过充分长时间以后,误差的界与系统的初始状态无关,因此上述结果通常称为全局一致最终有界(Globally Uniformly Ultimately Bounded,GUUB)。从式(6.15)可以看出,系统的稳态误差取决于反馈控制增益k及误差带宽度ε。为了提高控制的精度,需要提高系统的反馈增益或者减小误差带的宽度ε,但是前者意味着更大的控制能量,在某些条件下甚至会使控制器陷入饱和致使控制器退化成为Bang-Bang控制,而后者的减少则会导致系统响应中高频成分的增加。因此,在实际应用上述控制方法时,必须在控制精度、控制能量、暂态响应等方面进行折中考虑,选择合适的控制器参数。

6.4.2 高增益反馈鲁棒控制

对于式(6.14)的高频率反馈鲁棒控制,将其形式进一步化简以后可以改写成如下的高增益鲁棒反馈控制

$$\boldsymbol{u} = -\dot{\boldsymbol{x}}_{\mathrm{d}} - k_{\mathrm{n}}\rho^2(\cdot)\boldsymbol{e} - k\boldsymbol{e}(t) \tag{6.16}$$

其中,$k, k_{\mathrm{n}} \in \mathbf{R}^+$ 表示正的反馈增益。将该控制器代入开环动态特性,计算后得到

$$\dot{\boldsymbol{e}} = -\boldsymbol{f}(\boldsymbol{x}, t) - k_{\mathrm{n}}\rho^2(\cdot)\boldsymbol{e} - k\boldsymbol{e}(t)$$

对于上述闭环系统方程,选择李雅普诺夫候选函数为

$$V = \frac{1}{2}\boldsymbol{e}^{\mathrm{T}}\boldsymbol{e} \geqslant 0$$

则有

$$\dot{V} = \boldsymbol{e}^{\mathrm{T}}\dot{\boldsymbol{e}} \leqslant \|\boldsymbol{e}\|\rho(\cdot) - k_{\mathrm{n}}\rho^2(\cdot)\|\boldsymbol{e}\|^2 - k\boldsymbol{e}^{\mathrm{T}}\boldsymbol{e}$$

对 $\dot{V}(t)$ 中的前两项利用非线性衰减定理(定理 2.10)进行放缩后,$\dot{V}(t)$ 可以改写为

$$\dot{V}(t) \leqslant \frac{1}{k_{\mathrm{n}}} - k\boldsymbol{e}^{\mathrm{T}}(t)\boldsymbol{e}(t) \leqslant \frac{1}{k_{\mathrm{n}}} - 2kV(t)$$

求解上述微分不等式可以得到 $V(t)$ 的上界

$$V(t) \leqslant V(t_0)\mathrm{e}^{-2kt} + \frac{1}{2kk_{\mathrm{n}}}(1 - \mathrm{e}^{-2kt})$$

从而可以计算出系统的控制误差如下

$$\|\boldsymbol{e}(t)\| \leqslant \sqrt{\|\boldsymbol{e}(t_0)\|^2\mathrm{e}^{-2kt} + \frac{1}{kk_{\mathrm{n}}}(1 - \mathrm{e}^{-2kt})}$$

其中,$\boldsymbol{e}(t_0) \in \mathbf{R}^n$ 表示初始误差。显然,控制误差是全局范围有界的,且满足

$$\lim_{t \to \infty}\|\boldsymbol{e}(t)\| \leqslant \sqrt{\frac{1}{kk_{\mathrm{n}}}}$$

因此,控制系统仍然能够实现全局一致最终有界的稳态结果。和高频率反馈鲁棒控制相类似,在应用上述控制方法时,必须兼顾控制精度、控制能量、暂态响应等方面的要求,以选择合适的控制器参数。

6.4.3　鲁棒控制系统的饱和问题

对于上述滑模控制以及具有滑模结构的鲁棒控制算法,在系统设计时,考虑控制对象的极端不利情况,然后采用非线性补偿或者振荡的方法来对系统中的不确定性加以处理。这种方法为控制系统带来了很强的鲁棒性,因此当系统的动态特性在一定范围内发生变化时,其性能将不会受到太大的影响。一般情况下,系统经过一定的时间后,这种变化所导致的影响将逐渐被系统所接受,并逐步消失。不利的是,由于这是一种基于极端情况的控制方法,系统要求非常高的控制能量,在有些情况下,过大的控制量将使系统中的电子器件趋于饱和,并最终使所设计的非线性控制器退化为简单的 Bang-Bang 控制器,从而使系统难以达到满意的性能。在实际应用中,为了避免饱和问题的出现,应该对系统中的所有动态特性进行充分分析,并根据其不同特点进行分类,优先考虑采用其他的控制方法,如模型已知的控制、自适应控制等,只有在非常必要的情况(如动态特性未知且不满足线性参数化条件)下才考虑应用滑模控制或者具有滑模结构的鲁棒控制算法。此外,在应用时,还需要对该部

分未知特性的边界进行仔细分析，选择一个非常紧的上界函数 $\rho(\cdot)\in\mathbf{R}^{+}$，以尽量降低系统的控制能量。

6.5* 鲁棒自适应控制与自适应鲁棒控制

鲁棒控制与自适应控制是处理系统不确定动态特性的两种常见非线性控制方法。如前所述，这两种方法适用于不同类型的不确定特性。其中，自适应控制主要用于处理系统中的未知参数，并且要求这些参数以线性方式进入系统的动态特性中；而鲁棒(滑模)控制则可以用于补偿具有已知上界函数的不确定动态特性。对于实际系统而言，其动态特性中通常包含多种不确定性，因此需要将多种控制方法相结合来获得良好的控制性能。特别是对于鲁棒控制与自适应控制而言，两者具有一定的互补性，因此控制领域的广大学者经常通过它们的有机结合来实现具有不确定性系统的高性能控制，并且逐渐发展了鲁棒自适应控制与自适应鲁棒控制。

自适应控制对于处理满足线性参数化条件的不确定参数具有很好的效果，但是要求系统中不存在其他不确定性，因此整个闭环系统对于外界干扰和未建模动态特性的抵御能力较差，在很多实际系统中难以取得令人满意的控制性能。近年来，鲁棒自适应控制发展成为非线性控制领域一个非常活跃的研究方向。许多专家在典型的自适应控制的基础之上，通过修正自适应参数更新律、自适应极点配置等方法来提高自适应控制系统的鲁棒性。例如，在文献[14]中，作者针对同时存在未知参数和有界不确定性的非线性系统，设计了一种适用于输出跟踪的鲁棒自适应控制器，最终使跟踪误差以指数速度收敛到原点周围的邻域内。文献[15]针对船舶减摇鳍，提出了鲁棒自适应控制器。它可以有效地抑制系统中参数不确定、未知有界扰动和未建模动态的影响，并且这种控制算法不需要对系统的未知参数进行估计，它能实现整个闭环系统的稳定性，并且通过调整控制增益，理论上可以使跟踪误差达到任意精度。在文献[16]中，作者设计了一种机器人鲁棒自适应控制系统。他们采用自适应控制器在线估计机器人系统参数，同时在参数自适应律中引入了死区控制来增强自适应控制器的鲁棒性。这种处理方法能够较好地消除机器人参数的估计误差和外界不确定因素的影响，因此通过牺牲控制系统的精度而提高了系统的鲁棒性能。对于鲁棒自适应控制方面的研究情况，读者可通过相关专著[17]和文献[18-22]进行了解。

如前所述，鲁棒控制可以补偿具有已知界函数的不确定动态特性。对于实际系统而言，由于系统动态特性中包含未知参数，而部分参数的上下界很难预先确定，因此，在选择系统的界函数时只能采取非常保守的估计，这种处理方法非常容易使控制器饱和，从而使其性能退化。因此，当应用鲁棒控制时，如果界函数中包含不确定参数，如何处理才能获得满意的控制效果是需要考虑的一个关键问题。近年来，非线性控制领域的一些专家开始对上述问题展开研究，他们在鲁棒控制中嵌入自适应律，通过对界函数中参数的在线调整来获得满意的控制性能，这种控制方法称为自适应鲁棒控制。其中，在文献[23]中，作者针对一类不确定多时滞非线性系统，分析了自适应鲁棒控制器存在的条件,并提出了一种能够适应未知参数变化的自适应鲁棒控制器,实现了系统状态的一致最终有界。文献[24]提出了一类自适应鲁棒变结构控制律,较好地解决了一类不确定多变量非线性系统的控制问题。这种控制器在结构摄动和外界扰动的界函数未知的情况下,能够实现系统状态的全局渐近稳定。在文献[25]中,傅绍文等分析了 Stewart 平台复杂的动力学特性及其他参数不确定性,在此基础上,他们依据耗散性理论,设计了一种带有逆向力补偿的自适应鲁棒控制器,实现了闭环系统的鲁棒稳定。关于自适应鲁棒控制方面的研究进展,感兴趣的读者可以查阅该领域的有关专著或者论文[26-27]。

关于鲁棒自适应控制和自适应鲁棒控制,本书对于其设计方法和稳定性分析不做具体介绍,感兴趣的读者可以查阅相关文献来获得对这些控制方法的进一步理解。

习题

1. 试述鲁棒自适应控制与自适应鲁棒控制的联系和主要区别。
2. 试定性分析滑模控制器的高频抖振对系统性能的影响,并介绍常见的改善方法。
3. 对于本章定理 6.1 所描述的滑动平面特性,请给出完整的数学证明。
4. 对于如下的非线性系统

$$\dot{x} = -ax^3 - b\sin t + u$$

其中,$a,b \in \mathbf{R}^+$ 表示系统的未知常数,且

$$1 \leqslant a \leqslant 5,\quad 3 \leqslant b \leqslant 10$$

试设计控制器使系统状态 $x(t)$ 跟踪参考轨迹 $x_d = \sin t$,并对闭环系统进行仿真。

5. 对于如下所示的非线性系统

$$\dot{x} = ax^2 + f(x,t) + u$$

其中,$a \in \mathbf{R}^+$ 为未知的系统参数,$f(x,t) \in \mathbf{R}$ 是未知非线性函数,它存在已知上界

$$|f(x,t)| \leqslant \rho(x,t)$$

试设计非线性控制器使系统状态渐近收敛到原点。

6. 对于如下的动态系统

$$x^{(3)} + \alpha_1(t)\ddot{x}^2 + \alpha_2(t)\dot{x}^5 \sin 4x = b(t)u$$

其中,$\alpha_1(t)$,$\alpha_2(t)$和 $b(t)$是满足以下条件的未知时变函数

$$|\alpha_1(t)| \leqslant 1,\quad |\alpha_2(t)| \leqslant 2,\quad 1 \leqslant b(t) \leqslant 4$$

试设计非线性控制器使系统状态实现渐近稳定。

参考文献

1. 刘金琨. 滑模变结构控制 MATLAB 仿真[M]. 北京:清华大学出版社,2005.
2. 王丰尧,孙流芳. 滑模变结构控制[M]. 北京:机械工业出版社,1998.
3. 高为炳. 变结构控制的理论及设计方法[M]. 北京:科学出版社,1996.
4. 胡跃明. 变结构控制理论与应用[M]. 北京:科学出版社,2003.

5. 高存臣,袁付顺,肖会敏. 时滞变结构控制系统[M]. 北京:科学出版社,2004.
6. 张昌凡,何静. 滑模变结构的智能控制理论与应用研究[M]. 北京:科学出版社,2005.
7. Edwards C, Spurgeon S. Sliding Mode Control: Theory and Applications [M]. Taylor & Francis,1998.
8. Slotine J E. Sliding Controller Design for Nonlinear Systems[J]. *International Journal of Control*,1984,40(2): 421-434.
9. 史忠科. 鲁棒控制理论[M]. 北京:国防工业出版社,2003.
10. 申铁龙. 机器人鲁棒控制基础[M]. 北京:清华大学出版社,2000.
11. 周克敏. 鲁棒与最优控制[M]. 北京:国防工业出版社,2002.
12. 梅生伟. 现代鲁棒控制理论与应用[M]. 北京:清华大学出版社,2003.
13. 张春朋,林飞,宋文超,等. 异步电机鲁棒控制器及其Backstepping设计[J]. 控制与决策,2004,19,(3): 267-271.
14. 闫茂德,赵增民. 非匹配不确定非线性系统的鲁棒自适应控制[J]. 系统工程与电子技术,2003,25(1): 1395-1398.
15. 何瑞芳,刘玉生. 带有未建模动态的船舶减摇鳍的鲁棒自适应控制[J]. 微计算机信息,2006,22(11): 106-108.
16. 高道祥,薛定宇,陈大力. 机器人位置/力混合鲁棒自适应控制[J]. 系统仿真学报,2007,19(2): 348-351.
17. Ioannou P A, Sun J. Robust Adaptive Control[M]. Prentice Hall,1996.
18. 吴忠强,朴春俊. 鲁棒自适应控制综述[J]. 测控自动化,2001,17(7): 1-2.
19. Su C, Stepanenko Y, Svoboda J, et al. Robust Adaptive Control of a Class of Nonlinear Systems with Unknown Backlash-Like Hysteresis[J]. *IEEE Trans. on Automatic Control*, 2000,45(12): 2427-2432.
20. Haddady W M, Chellaboinaz V, Hayakaway T. Robust Adaptive Control for Nonlinear Uncertain Systems[J]. *Proc. of IEEE Conference on Decision and Control*, Orlando, FL, USA,2001,1615-1620.
21. Liu Y. Robust Adaptive Control of Uncertain Nonlinear Systems with Nonlinear Parameterization[J]. *International Journal of Modelling, Identification and Control*,2006, 1(2): 151-156.
22. 代颖,施颂椒. 综合的机器人鲁棒自适应控制[J]. 上海交通大学学报,1999,33(10): 1272-1275.
23. 贾秋玲,何长安. 不确定多时滞非线性系统的自适应鲁棒控制[J]. 西北大学学报,2002,32(6): 609-612.
24. 佘文学,周凤岐,周军. 一类不确定非线性系统变结构自适应鲁棒控制[J]. 西北工业大学学报,2004,22(1): 25-28.
25. 傅绍文,姚郁. 带有逆向力补偿的Stewart平台自适应鲁棒控制[J]. 电机与控制学报,2007,11(1): 88-92.
26. 李升平,柴天佑. 一种自适应鲁棒控制方法及其闭环稳定性分析[J]. 自动化学报,1999,25(4): 433-439.
27. 王文庆. 复杂系统自适应鲁棒控制:基于模糊逻辑系统的分析设计[M]. 西安:西北工业大学出版社,2005.

第7章 自学习控制

7.1 引言

当控制对象具有不确定动态特性时，如果不确定性完全体现在系统的参数上，且满足线性参数化条件，这时可以构造自适应控制器，通过对参数的在线学习来逐步调整控制算法，直到实现渐近稳定的控制效果。当系统不满足线性参数化条件，或者当系统的模型同时存在结构与参数不确定性时，如果对于未知的动态性能可以找到它的上界函数，滑模以及基于滑模方法的鲁棒控制通过加强控制输入，即利用非常大的控制量来处理未知动态特性，以实现所需要的控制效果。当无法预先估计系统的不确定动态特性时，自适应控制通过对未知参数的在线辨识来达到需要的控制效果，当系统不满足线性参数化条件，或者当系统的模型同时存在结构与参数不确定性时，显然无法应用标准的自适应控制策略。但是，这种方法启发我们：是否可能在某些条件下对系统的未知动态特性进行在线辨识或者学习呢？显然，由于需要辨识或者学习的对象通常是时变信号，为了进行有效学习，只能利用历史数据来学习不确定动态特性，在此基础上，估计出当前时刻的信号值并进行补偿。不言而喻，为了能从历史数据中学习不确定动态特性，这种特性应该具有一定的规律性，例如具有一定的重复性。自学习控制就是体现上述思想的一种智能型控制方法，它具有较强的"学习"能力，即系统在运行过程中，控制器能够不断总结经验而反复调整控制输入，直到实现预定的性能[1]。考虑到系统在运行过程中，学习误差一般是未知的，因此在学习控制中通常是将控制性能，一般是与控制误差有关的各种函数，作为反馈量，取代不可知的学习误差来调整学习值，并最终实现渐近稳定的控制目标。

通常所说的学习控制包括迭代学习控制(Iterative Learning Control)和重复学习控制(Repetitive Learning Control)两种。其中，迭代学习控制最早是由日本科学家 Arimoto 等于 1984 年提出的[2]，而重复学习控制则产生于 1981 年，它最早是由 Inoue 等提出的。两者的主要区别在于迭代学习控制定义在有限时间区间上，系统多次运行，根据前一次控制性能的好坏来逐次调整控制量,最终使获得的控制器能够以很高的精度实现期望的控制性能[3]。与之相对应,重复学习控制则定义在整个时间轴上,它要求输入函数具有周期性的特点,在学习过程中,可以利用前一个乃至前数个周期的学习误差来逐步调整信号的估计值。

从本质上说,迭代学习控制和重复学习控制两种方法并没有太多的区别,其分析研究方法也非常相近。考虑到近年来我国在迭代学习控制方面已经有了不少专著和论文[4,5],本章主要选择重复学习控制来介绍这种智能型控制方法。对于迭代学习控制而言,其基本原理和研究方法可以进行类比研究,感兴趣的读者可以查阅这方面的文献或者专著[6-8]。

7.2　标准的重复学习控制算法与分析

7.2.1　重复学习算法介绍

如前所述,自学习控制可以通过对不确定动态特性的学习来产生相应的前馈量,为此,需要这种未知动态特性是周期变化的。为了介绍重复学习控制的基本算法,我们考虑一个简单的动态系统

$$\dot{\boldsymbol{x}}=\boldsymbol{f}(t)-\boldsymbol{u} \tag{7.1}$$

其中,$\boldsymbol{x}\in\mathbf{R}^n$,$\boldsymbol{u}\in\mathbf{R}^n$ 分别表示系统的状态与输入量,而 $\boldsymbol{f}(t)\in\mathbf{R}^n$ 则是未知有界函数,它满足如下的周期性条件

$$\boldsymbol{f}(t)=\boldsymbol{f}(t+T) \tag{7.2}$$

其中,$T\in\mathbf{R}^+$ 是函数 $\boldsymbol{f}(t)$ 的周期,为已知常数。控制目标是使系统跟踪指定轨迹 $\boldsymbol{x}_{\mathrm{d}}\in\mathbf{R}^n$,其中,$\boldsymbol{x}_{\mathrm{d}},\dot{\boldsymbol{x}}_{\mathrm{d}}\in L_\infty$。为了方便随后的设计,定义跟踪误差 $\boldsymbol{e}(t)\in\mathbf{R}^n$ 如下

$$\boldsymbol{e}=\boldsymbol{x}_{\mathrm{d}}-\boldsymbol{x}$$

对上式两边求导并代入系统的动态方程得到

$$\dot{\boldsymbol{e}}=\dot{\boldsymbol{x}}_{\mathrm{d}}-\boldsymbol{f}(t)+\boldsymbol{u}$$

根据上述系统动态方程,设计重复学习控制器如下

$$\boldsymbol{u}(t)=-\dot{\boldsymbol{x}}_{\mathrm{d}}(t)+\hat{\boldsymbol{f}}(t)-k\boldsymbol{e}(t) \tag{7.3}$$

其中,$k\in\mathbf{R}^+$ 表示正的反馈增益,$\hat{\boldsymbol{f}}(t)$ 是对于周期函数 $\boldsymbol{f}(t)$ 的在线学习,它在前一个周期估计值的基础上,利用当前的控制误差作为反馈量逐步调整估计值,以实现期望的控制效果

$$\hat{\boldsymbol{f}}(t)=\hat{\boldsymbol{f}}(t-T)-k_{\mathrm{L}}\boldsymbol{e}(t) \tag{7.4}$$

其中,$k_{\mathrm{L}}\in\mathbf{R}^+$ 表示正的学习增益。

7.2.2　重复学习控制稳定性分析

为了分析闭环系统的性能,将控制器 $\boldsymbol{u}(t)$ 代入误差 $\boldsymbol{e}(t)$ 的开环动态方程,整理后得到

$$\dot{\boldsymbol{e}}=-\tilde{\boldsymbol{f}}(t)-k\boldsymbol{e}(t) \tag{7.5}$$

其中，$\tilde{\boldsymbol{f}}(t)$是对于周期信号 $\boldsymbol{f}(t)$的学习误差

$$\tilde{\boldsymbol{f}}(t)=\boldsymbol{f}(t)-\hat{\boldsymbol{f}}(t) \tag{7.6}$$

将式(7.4)所定义的学习律代入式(7.6)，整理后得到

$$\tilde{\boldsymbol{f}}(t)=\boldsymbol{f}(t-T)-\hat{\boldsymbol{f}}(t-T)+k_{\mathrm{L}}\boldsymbol{e}(t)=\tilde{\boldsymbol{f}}(t-T)+k_{\mathrm{L}}\boldsymbol{e}(t) \tag{7.7}$$

对于上述闭环系统方程，选择李雅普诺夫候选函数为

$$V=\frac{1}{2}\boldsymbol{e}^{\mathrm{T}}\boldsymbol{e}+\frac{1}{2k_{\mathrm{L}}}\int_{t-T}^{t}[\tilde{\boldsymbol{f}}^{\mathrm{T}}(s)\tilde{\boldsymbol{f}}(s)]\mathrm{d}s\geqslant 0$$

对上式求关于时间的导数得到

$$\dot{V}=\boldsymbol{e}^{\mathrm{T}}\dot{\boldsymbol{e}}+\frac{1}{2k_{\mathrm{L}}}\{[\tilde{\boldsymbol{f}}(t)+\tilde{\boldsymbol{f}}(t-T)]^{\mathrm{T}}[\tilde{\boldsymbol{f}}(t)-\tilde{\boldsymbol{f}}(t-T)]\}$$

代入系统的闭环动态方程式(7.5)和学习误差关系式(7.7)，然后化简后得到

$$\begin{aligned}\dot{V}&=-k\boldsymbol{e}^{\mathrm{T}}\boldsymbol{e}(t)-\boldsymbol{e}^{\mathrm{T}}\tilde{\boldsymbol{f}}(t)+\frac{1}{2k_{\mathrm{L}}}\{[2\tilde{\boldsymbol{f}}(t)-k_{\mathrm{L}}\boldsymbol{e}(t)]^{\mathrm{T}}[k_{\mathrm{L}}\boldsymbol{e}(t)]\}\\&=-\left(k+\frac{k_{\mathrm{L}}}{2}\right)\boldsymbol{e}^{\mathrm{T}}\boldsymbol{e}(t)\end{aligned}$$

根据 $V(t)$和 $\dot{V}(t)$的表达式可以看出，$V(t)\in L_{\infty}$，从而 $\boldsymbol{e}(t)\in L_{\infty}$，$\boldsymbol{x}(t)\in L_{\infty}$。

另一方面，对 $\dot{V}=-\left(k+\frac{k_{\mathrm{L}}}{2}\right)\boldsymbol{e}^{\mathrm{T}}\boldsymbol{e}(t)$关于时间求积分得

$$\int_{0}^{t}\dot{V}\mathrm{d}t=-\int_{0}^{t}\left(k+\frac{k_{\mathrm{L}}}{2}\right)\boldsymbol{e}^{\mathrm{T}}\boldsymbol{e}(t)\mathrm{d}t$$

整理后可得

$$\left(k+\frac{k_{L}}{2}\right)\int_{0}^{t}\boldsymbol{e}^{\mathrm{T}}\boldsymbol{e}(t)\mathrm{d}t=V_{0}-V(t)\leqslant V_{0},\quad \lim_{t\to\infty}\int_{0}^{t}\boldsymbol{e}^{\mathrm{T}}\boldsymbol{e}(t)\mathrm{d}t\leqslant\frac{V_{0}}{k+\frac{k_{\mathrm{L}}}{2}}$$

所以，$\boldsymbol{e}(t)\in L_{2}$。

进一步地，如果能证明所设计的学习律 $\hat{\boldsymbol{f}}(t)\in L_{\infty}$，则控制器 $\boldsymbol{u}(t)\in L_{\infty}$，从而可以利用系统的闭环方程证明 $\dot{\boldsymbol{e}}(t)\in L_{\infty}$，在此基础上，利用芭芭拉定理(定理 2.11)可以直接证明

$$\lim_{t\to\infty}\boldsymbol{e}(t)=0$$

遗憾的是，学习律式(7.4)无法保证所得到的估计信号 $\hat{\boldsymbol{f}}(t)$是有界的，实际上，一旦 $\hat{\boldsymbol{f}}(t)$发散，就将导致控制器 $\boldsymbol{u}(t)$发散，从而破坏整个闭环系统的稳定性。

7.3　带饱和环节的重复学习控制策略

从以上分析可知，为了确保闭环系统的渐近收敛性能，需要预先保证所提出的学习律必须是有界的。考虑到在 7.2 节中，通过李雅普诺夫分析可以证明控制误差

$\boldsymbol{e}(t)\in L_\infty$,因此,如果在学习律式(7.4)的第一项中引入饱和环节[9],则可以确保$\hat{\boldsymbol{f}}(t)\in L_\infty$。因此,将学习律式(7.4)修改如下

$$\hat{\boldsymbol{f}}(t)=\mathbf{Sat}_\rho[\hat{\boldsymbol{f}}(t-T)]-k_{\mathrm{L}}\boldsymbol{e}(t) \tag{7.8}$$

其中,$\boldsymbol{\rho}=[\rho_1 \quad \rho_2 \quad \cdots \quad \rho_k \quad \cdots \quad \rho_n]^{\mathrm{T}}$ 表示周期函数 $\boldsymbol{f}(t)$的界向量,而饱和向量函数 $\mathbf{Sat}_\rho(\boldsymbol{\omega}):\mathbf{R}^n\to\mathbf{R}^n$ 为

$$\mathbf{Sat}_\rho(\boldsymbol{\omega})=[\mathrm{sat}_{\rho_1}(\omega_1) \quad \mathrm{sat}_{\rho_2}(\omega_2) \quad \cdots \quad \mathrm{sat}_{\rho_k}(\omega_k) \quad \cdots \quad \mathrm{sat}_{\rho_n}(\omega_n)]^{\mathrm{T}}$$

上式中,ρ_k 和 ω_k 分别代表向量 $\boldsymbol{\rho}$ 和 $\boldsymbol{\omega}$ 的第 k 个分量,饱和函数 $\mathrm{sat}_{\rho_k}(\omega_k)$定义为

$$\mathrm{sat}_{\rho_k}(\omega_k)=\begin{cases}-\rho_k, & \omega_k<-\rho_k\\ \omega_k, & |\omega_k|\leqslant\rho_k\\ \rho_k, & \omega_k>\rho_k\end{cases}$$

引理 7.1 对于具有饱和环节的学习律式(7.8),有[10]

$$\{\boldsymbol{f}(t)-\mathbf{Sat}_\rho[\hat{\boldsymbol{f}}(t)]\}^{\mathrm{T}}\{\boldsymbol{f}(t)-\mathbf{Sat}_\rho[\hat{\boldsymbol{f}}(t)]\}-\tilde{\boldsymbol{f}}^{\mathrm{T}}(t)\tilde{\boldsymbol{f}}(t)\leqslant 0 \tag{7.9}$$

证明 对于式(7.9)进行展开,并化简后得到

$$2\boldsymbol{f}^{\mathrm{T}}(t)\cdot\hat{\boldsymbol{f}}(t)-\hat{\boldsymbol{f}}^{\mathrm{T}}(t)\cdot\hat{\boldsymbol{f}}(t)-2\boldsymbol{f}^{\mathrm{T}}(t)\cdot\mathbf{Sat}_\rho[\hat{\boldsymbol{f}}(t)]+$$
$$\{\mathbf{Sat}_\rho[\hat{\boldsymbol{f}}(t)]\}^{\mathrm{T}}\cdot\mathbf{Sat}_\rho[\hat{\boldsymbol{f}}(t)]\leqslant 0$$

合并同类项后改写为

$$\{2\boldsymbol{f}(t)-\hat{\boldsymbol{f}}(t)-\mathbf{Sat}_\rho[\hat{\boldsymbol{f}}(t)]\}^{\mathrm{T}}\{\hat{\boldsymbol{f}}(t)-\mathbf{Sat}_\rho[\hat{\boldsymbol{f}}(t)]\}\leqslant 0$$

显然,如果对于任意 $k\in\{1,2,\cdots,n\}$,满足

$$\{2f_k(t)-\hat{f}_k(t)-\mathrm{sat}_{\rho_k}[\hat{f}_k(t)]\}\{\hat{f}_k(t)-\mathrm{sat}_{\rho_k}[\hat{f}_k(t)]\}\leqslant 0$$

其中,$f_k(t)$,$\hat{f}_k(t)$分别代表信号 $\boldsymbol{f}(t)$和 $\hat{\boldsymbol{f}}(t)$的第 k 个分量,则式(7.9)成立。

1. 当 $\hat{f}_k<-\rho_k$ 时

$\mathrm{sat}_{\rho_k}[\hat{f}_k(t)]=-\rho_k$,而$|f_k(t)|\leqslant\rho_k$,因此 $2f_k(t)-\hat{f}_k(t)-\mathrm{sat}_{\rho_k}[\hat{f}_k(t)]\geqslant 0$,而 $\hat{f}_k(t)-\mathrm{sat}_{\rho_k}[\hat{f}_k(t)]\leqslant 0$,所以此时式(7.9)成立。

2. 当$|\hat{f}_k|\leqslant\rho_k$ 时

$\mathrm{sat}_{\rho_k}[\hat{f}_k(t)]=\hat{f}_k(t)$,$\hat{f}_k(t)-\mathrm{sat}_{\rho_k}[\hat{f}_k(t)]=0$,所以式(7.9)成立。

3. 当 $\hat{f}_k>\rho_k$ 时

$\mathrm{sat}_{\rho_k}[\hat{f}_k(t)]=\rho_k$,而$|f_k(t)|\leqslant\rho_k$,因此 $2f_k(t)-\hat{f}_k(t)-\mathrm{sat}_{\rho_k}[\hat{f}_k(t)]\leqslant 0$,而 $\hat{f}_k(t)-\mathrm{sat}_{\rho_k}[\hat{f}_k(t)]\geqslant 0$,所以式(7.9)成立。

综上所述可知,式(7.9)对于任何情况下均成立,因此引理 7.1 得证。

此外,在实际应用中,通常要求控制器是连续的,为此,将学习控制律进一步修改如下[11]

$$\hat{\boldsymbol{f}}(t)=\begin{cases}-k_{\mathrm{L}}\lambda(t)\boldsymbol{e}(t), & t\leqslant T\\ \mathbf{Sat}_{\rho}[\hat{\boldsymbol{f}}(t-T)]-k_{\mathrm{L}}\boldsymbol{e}(t), & t>T\end{cases}\tag{7.10}$$

其中，$\lambda(t)$为定义在区间$[0,T]$上的连续函数，其端点值满足

$$\lambda(0)=0,\quad \lambda(T)=1$$

通常，可以选择 $\lambda(t)$为如下的简单线性函数

$$\lambda(t)=\frac{1}{T}t$$

引理 7.2　式(7.10)所构造的学习律在整个时间域上是连续的。

证明　显然，由于误差信号 $\boldsymbol{e}(t)$是连续的，因此，从式(7.10)可知，学习律在每个周期之内都是连续的。换言之，不连续点只可能出现在每个周期的边界上。考虑前两个周期的边界点 $t_0=T$，由于

$$\hat{\boldsymbol{f}}(T^-)=-k_{\mathrm{L}}\boldsymbol{e}(T),\quad \hat{\boldsymbol{f}}(T^+)=\mathbf{Sat}_{\rho}[\hat{\boldsymbol{f}}(0^+)]-k_{\mathrm{L}}\boldsymbol{e}(T)=-k_{\mathrm{L}}\boldsymbol{e}(T)$$

所以函数 $\hat{\boldsymbol{f}}(t)$在 $t_0=T$ 处是连续的。同样，考虑当 $t_1=2T$ 时函数 $\hat{\boldsymbol{f}}(t)$的连续性，注意到

$$\hat{\boldsymbol{f}}(2T^-)=\mathbf{Sat}_{\rho}[\hat{\boldsymbol{f}}(T^-)]-k_{\mathrm{L}}\boldsymbol{e}(2T^-)=\mathbf{Sat}_{\rho}[\hat{\boldsymbol{f}}(T^+)]-k_{\mathrm{L}}\boldsymbol{e}(2T^+)=\hat{\boldsymbol{f}}(2T^+)$$

因此 $\hat{\boldsymbol{f}}(t)$在 $t_1=2T$ 处也是连续的。同理，可以证明函数 $\hat{\boldsymbol{f}}(t)$在各个周期边界上是连续的，因此式(7.10)所构造的估计函数 $\hat{\boldsymbol{f}}(t)$在整个时间域上都是连续的。

当 $t\geqslant T$ 时，将改进的学习律式(7.10)代入学习误差定义式(7.6)中，并进行整理后得到

$$\tilde{\boldsymbol{f}}(t)=\boldsymbol{f}(t-T)-\mathbf{Sat}_{\rho}[\hat{\boldsymbol{f}}(t-T)]+k_{\mathrm{L}}\boldsymbol{e}(t)\tag{7.11}$$

定理 7.1　式(7.3)及式(7.10)所设计的重复学习策略和学习律可以实现控制误差的渐近收敛，即

$$\lim_{t\to\infty}\boldsymbol{e}(t)=0$$

证明　对于闭环系统式(7.5)，选择李雅普诺夫候选函数为

$$V=\frac{1}{2}\boldsymbol{e}^{\mathrm{T}}\boldsymbol{e}+\frac{1}{2k_{\mathrm{L}}}\int_{t-T}^{t}\{\boldsymbol{f}(s)-\mathbf{Sat}_{\rho}[\hat{\boldsymbol{f}}(s)]\}^{\mathrm{T}}\{\boldsymbol{f}(s)-\mathbf{Sat}_{\rho}[\hat{\boldsymbol{f}}(s)]\}\mathrm{d}s\geqslant 0$$

对上式求其关于时间的导数，并代入学习误差关系式(7.11)进行化简后得到

$$\dot{V}=\boldsymbol{e}^{\mathrm{T}}\dot{\boldsymbol{e}}+\frac{1}{2k_{\mathrm{L}}}\{[\boldsymbol{f}(t)-\mathbf{Sat}_{\rho}(\tilde{\boldsymbol{f}}(t))]^{\mathrm{T}}[\boldsymbol{f}(t)-\mathbf{Sat}_{\rho}(\tilde{\boldsymbol{f}}(t))]-$$

$$[\tilde{\boldsymbol{f}}(t)-k_{\mathrm{L}}\boldsymbol{e}(t)]^{\mathrm{T}}[\tilde{\boldsymbol{f}}(t)-k_{\mathrm{L}}\boldsymbol{e}(t)]\}$$

代入系统的闭环动态方程式(7.5)，并利用引理 7.1 的结果进行化简后得到

$$\dot{V}\leqslant -k\boldsymbol{e}^{\mathrm{T}}\boldsymbol{e}(t)-\boldsymbol{e}^{\mathrm{T}}\tilde{\boldsymbol{f}}(t)+\frac{1}{2k_{\mathrm{L}}}\{[2\tilde{\boldsymbol{f}}(t)-k_{\mathrm{L}}\boldsymbol{e}(t)]^{\mathrm{T}}[k_{\mathrm{L}}\boldsymbol{e}(t)]\}$$

$$=-\left(k+\frac{k_{\mathrm{L}}}{2}\right)\boldsymbol{e}^{\mathrm{T}}\boldsymbol{e}(t)$$

由 $V(t)$ 和 $\dot{V}(t)$ 的表达式可以看出,$V(t)\in L_\infty$,从而 $\boldsymbol{e}(t)\in L_\infty\cap L_2$,$\boldsymbol{x}(t)\in L_\infty$。进一步地,由学习律式(7.10)可知,$\hat{\boldsymbol{f}}(t)\in L_\infty$,因此控制器 $\boldsymbol{u}(t)\in L_\infty$,从而根据系统的闭环方程得到 $\dot{\boldsymbol{e}}(t)\in L_\infty$,利用芭芭拉定理(定理2.11)可以直接证明

$$\lim_{t\to\infty}\boldsymbol{e}(t)=0$$

进一步分析容易证明闭环系统中所有信号都是有界的。

7.4 重复学习控制在原子力显微镜系统中的应用

原子力显微镜是当前微纳米领域中最主要的测量和操作工具之一。为了提高其测量和操作的精度,必须对其微悬臂末端的位置进行精确控制。经过相应的物理建模后,可以将原子力显微镜的模型简化如下

$$m\ddot{x}+b\dot{x}+kx+F(x)=u \tag{7.12}$$

其中,$x,\dot{x},\ddot{x}\in\mathbf{R}$ 分别表示微悬臂末端的位移、速度与加速度;$m,b,k\in\mathbf{R}^+$ 是系统中的未知参数;$F(x)$ 表示微悬臂与测量样品之间非常复杂的作用力。通常情况下,假定 $F(x)$ 满足如下性质

$$|F(x_1)-F(x_2)|\leqslant\lambda|x_1-x_2|,\ \forall x_1,x_2\in\mathbf{R} \tag{7.13}$$

其中,$\lambda\in\mathbf{R}^+$ 代表系统的常数。原子力显微镜控制系统的目标是使末端位移 $x(t)$ 跟踪指定轨迹 $x_{\mathrm{d}}(t)$。考虑到很多样品具有周期性的特征,因此不妨假设轨迹 $x_{\mathrm{d}}(t)$ 是周期为 T 的光滑信号

$$x_{\mathrm{d}}(t)=x_{\mathrm{d}}(t-T)$$

根据系统设计要求,定义控制误差为

$$e(t)=x_{\mathrm{d}}(t)-x(t)$$

进一步地,引入如下的线性滤波器

$$r(t)=\dot{e}(t)+\alpha e(t)$$

其中,$\alpha\in\mathbf{R}^+$ 代表系统的控制增益。对上述方程进行求导并代入原子力显微镜模型整理后得到

$$m\dot{r}=m\ddot{x}_{\mathrm{d}}+\alpha m\dot{e}+b\dot{x}+kx+F(x)-u \tag{7.14}$$

为了方便随后的控制器设计,将上述开环方程经过数学处理后得到

$$m\dot{r}=w_{\mathrm{r}}+\chi-u \tag{7.15}$$

上式中,辅助函数 $w_{\mathrm{r}},\chi\in\mathbf{R}$ 分别定义如下

$$w_{\mathrm{r}}=m\ddot{x}_{\mathrm{d}}+b\dot{x}_{\mathrm{d}}+kx_{\mathrm{d}}+F(x_{\mathrm{d}})$$

$$\chi=(\alpha m-b)\dot{e}-ke+[F(x)-F(x_{\mathrm{d}})]$$

根据其表达式以及 $F(x)$ 的性质，不难证明

$$\chi \leqslant \rho \|\boldsymbol{z}\|$$

其中，常数 $\rho \in \mathbf{R}^+$ 可以根据对系统的了解来选取，而复合变量 $\boldsymbol{z}(t) \in \mathbf{R}^2$ 定义如下

$$\boldsymbol{z}(t) = [e(t) \quad r(t)]^{\mathrm{T}}$$

另一方面，对于信号 $w_{\mathrm{r}}(t)$，容易证明其周期特性

$$w_{\mathrm{r}}(t) = w_{\mathrm{r}}(t - T)$$

根据系统的开环动态特性，设计如下的重复学习控制律[12,13]

$$u = k_{\mathrm{e}} r + e + k_{\mathrm{n}} \rho^2 r + \hat{w}_{\mathrm{r}} \tag{7.16}$$

其中，$k_{\mathrm{e}}, k_{\mathrm{n}} \in \mathbf{R}^+$ 表示正的控制增益，$\hat{w}_{\mathrm{r}}(t)$ 则是对于未知周期信号 $w_{\mathrm{r}}(t)$ 的在线学习，它通过如下的学习律来产生

$$\hat{w}_{\mathrm{r}}(t) = \mathrm{sat}_{\beta_{\mathrm{r}}}(\hat{w}_{\mathrm{r}}(t - T)) + k_{\mathrm{l}} r(t)$$

上式中，$k_{\mathrm{l}} \in \mathbf{R}^+$ 表示正的学习增益，而 $\mathrm{sat}_{\beta_{\mathrm{r}}}(\hat{w}_{\mathrm{r}}(t-T))$ 则表示以 β_{r} 为界的饱和函数。对于上述重复学习控制器，容易证明如下结论。

定理 7.2 式(7.16)所示的重复学习控制算法可以实现微悬臂末端位移跟踪误差的渐近收敛，即

$$\lim_{t \to \infty} \boldsymbol{e}(t) = 0$$

证明 对于上述定理，本书不再进行详细证明，留给读者自行练习。

7.5* 周期未知动态特性的重复学习控制

如前所述，当系统中含有周期已知的不确定动态特性时，利用重复学习控制可以对这种不确定特性进行补偿，最终达到误差渐近收敛的控制目标[14-19]。遗憾的是，在通常的重复学习控制中，要求不确定动态特性的周期是精确已知的，这个要求对于实际系统而言很难实现。一方面，要精确测量信号的周期具有较大的难度；另一方面，一些系统中所包含的不确定因素具有周期缓慢变化的特性[20]。因此对于周期未知的不确定动态特性，能否采用重复学习控制来对其进行补偿是一个非常值得研究的问题，这也是当前重复学习控制领域的研究热点之一[21-23]。

近年来，很多控制与信号处理研究领域的学者纷纷探讨如何实现未知信号的周期估计，他们提出了一系列方法，其中，Mojiri 等所提出的自适应陷波滤波器(Adaptive Notch Filter)是一种最主要的方法[24]。经过测试表明，将这种方法与重复学习控制相结合，可以较好地解决周期未知动态信号的补偿问题[25,26]。对于周期未知的时变信号 $g(t)$，其频率可以通过以下的自适应陷波滤波器估计得到

$$\begin{cases} \ddot{x}(t) + 2\zeta\hat{\omega}(t)\dot{x}(t) + \hat{\omega}^2(t)x(t) = 2\zeta\hat{\omega}^2(t)g(t) \\ \dot{\hat{\omega}}(t) = -2\gamma\zeta x(t)[\hat{\omega}^2(t)g(t) - \hat{\omega}(t)\dot{x}(t)] \end{cases}$$

其中,$\hat{\omega}(t)$表示对于未知频率的估计值,$x(t)$、$\dot{x}(t)$为滤波器的状态变量,$\zeta\in\mathbf{R}^+$表示系统的阻尼比,而$\lambda\in\mathbf{R}^+$则是自适应增益。通过理论分析可以证明,以上滤波器可以使估计量$\hat{\omega}(t)$渐近地收敛于真实频率ω,即

$$\lim_{t\to\infty}\hat{\omega}(t)=\omega$$

根据这个结果,信号$g(t)$的周期T可以利用$\hat{\omega}(t)$估计得到

$$\hat{T}(t)=\frac{2\pi}{\hat{\omega}(t)}$$

因此,利用上述方法可以对信号$g(t)$的周期进行在线估计,然后将这个估计值应用于标准的重复学习控制,最终就可以实现$g(t)$的有效补偿。

值得指出的是,通过仿真研究表明这种自适应陷波滤波器可以和重复学习控制相结合,最终实现周期未知不确定信号的有效补偿。但是,迄今为止,这种方法并没有得到理论证实,因此,其有效性仍然是一个值得探讨的问题。

7.6* 自学习控制中的其他问题

作为一种远未发展成熟的智能控制方法,自学习控制方法中还存在许多亟待解决的问题。例如,尽管在理论上能够证明自学习控制的收敛性,但是对于其实际的收敛速度,现在得到的结果还非常少。实际系统中不可避免地存在各种扰动信号,对于自学习控制系统而言,在这些扰动信号作用下,如何维持控制系统的收敛性与稳定性是其实际应用时需要着重考虑的问题。此外,自学习控制中学习律的设计是整个控制算法的关键,如何加强这方面的研究,获得性能更为优越的学习律是一个非常有意义的研究课题。

习题

1. 试论述迭代学习控制和重复学习控制的联系和主要区别。

2. 对于通常的重复学习控制算法,学习律能否实现周期信号的渐近估计?请对此进行定性分析。

3. 对于7.4节中的数学式(7.14)和式(7.15),请给出详细的推导过程。

4. 对于定理7.2所示的渐近稳定的收敛性能,请运用李雅普诺夫方法进行完整的理论证明。

5. 已知某系统的动态特性如下

$$\ddot{x}=f(x)(\dot{x}^2+1)+g(x)-u$$

其中,$f(t)$,$g(t)$表示系统的未知动态特性,它们具有如下的周期特性

$$f(t)=f(t+T_1),\quad g(t)=g(t+T_2)$$

其中,T_1,$T_2\in\mathbf{R}^+$为已知周期。对于以上系统,请设计重复学习控制律,使系统状态$x(t)$跟踪两阶光滑曲线$x_{\mathrm{d}}(t)$。

6. 对于 7.3 节介绍的原子力显微镜重复学习控制系统，选择系统的所有参数均为 1，请对该系统进行仿真。

7. 对于如下所示的非线性系统

$$\dot{x}=a_1\sin(\omega_1 t+\phi_1)(1+x)+a_2\cos(\omega_2 t+\phi_2)x^2-u$$

其中，$a_1,a_2,\omega_1,\omega_2,\phi_1,\phi_2\in\mathbf{R}$ 为未知的系统参数，试将重复学习控制和频率估计算法相结合，设计相应的学习控制系统，并利用 MATLAB/Simulink 对闭环系统进行仿真研究。

参考文献

1. 林辉，王林. 迭代学习控制理论[M]. 西安：西北工业大学出版社，1998.
2. 谢胜利，田森平，谢振东. 迭代学习控制的理论与应用[M]. 北京：科学出版社，2005.
3. 于少娟，齐向东，吴聚华. 迭代学习控制理论及应用[M]. 北京：机械工业出版社，2005.
4. 张丽萍，杨富文. 迭代学习控制理论的发展动态[J]. 信息与控制，2002，31(5)：425-430.
5. 李宏胜. 重复轨迹运动迭代学习控制的频域分析[J]. 工业仪表与自动化装置，2006，4：3-6.
6. 孙明轩，黄宝健. 迭代学习控制[M]. 北京：国防工业出版社，1999.
7. 胡玉娥，崔春艳，李书臣. 时滞间歇过程迭代学习控制算法研究[J]. 自动化仪表，2006，27(1)：1-5.
8. Wang D. Convergence and Robustness of Discrete Time Nonlinear Systems with Iterative Learning Control[J]. *Automatica*，1998，34(11)：1445-1448.
9. Dixon W E, et al. Repetitive Learning Control: A Lyapunov-Based Approach[J]. *IEEE Transactions on Systems, Man, and Cybernetics-Part B: Cybernetics*，2002，32(4)：538-545.
10. Fang Y, Feemster M, Dawson D, et al. Nonlinear Control Techniques for an Atomic Force Microscope System[J]. 控制理论与应用(英文刊). 2005，3(1)：85-92.
11. Xu J X. New Periodic Adaptive Control Approach for Time-Varying Parameters with Known Periodicity[J]. *IEEE Transactions on Automatic Control*，2004，49(4)：579-583.
12. 方勇纯. 基于学习控制的 AFM 快速扫描模式研究[C]. 2007 年中国控制会议，张家界，湖南，2007，815-819.
13. Fang Y, Feemster M, Dawson D M, et al. Active Interaction Force Identification for Atomic Force Microscope Applications[C]. *Proc. of the IEEE Conference on Decision and Control*, Las Vegas, NV, 2002, 3678-3683.
14. 周惠兴，王先奎. 重复学习控制及其在机械工程中的应用[J]. 中国机械工程，1998，9(7)：60-63.
15. 陈娟，张淑梅，黄艳秋，等. 电机波动力矩的重复学习控制补偿[J]. 光学精密工程，2003，11(4)：390-393.
16. Dotsch H G M, Smakman H T, Van den Hof P M, et al. Adaptive Repetitive Control of a Compact Disc Mechanism[C]. *Proc. of 34th IEEE Conference on Decision and Control*, New Orleans, LA, 1995, 1720-1725.
17. 李翠艳，庄显义. 重复学习控制及其在一类非线性系统中的应用[J]. 控制与决策，2005，20(8)：921-925.
18. 李翠艳，庄显义. 伺服系统中抑制非线性扰动的有限维重复控制方法[J]. 控制与决策，2005，20(7)：798-802.
19. Feemster M, Fang Y, Dawson D. Disturbance Rejection for a Magnetic Levitation System[J].

IEEE/ASME Trans. on Mechatronics, 2006, 11(6): 709-717.

20. Xu J X, Xu J. Observer Based Learning Control for a Class of Nonlinear Systems With Time-Varying Parametric Uncertainties[J]. *IEEE Trans. on Automatic Control*, 2004, 49(2): 275-281.
21. Cao Z, Ledwich G F. Adaptive Repetitive Control to Track Variable Periodic Signals with Fixed Sampling Rate[J]. *IEEE/ASME Trans. on Mechatronics*, 2002, 7(3): 378-384.
22. Tsao T, Qian Y, Nemani M. Repetitive Control for Asymptotic Tracking of Periodic Signals with an Unknown Period[J]. *Journal of Dynamic Systems, Measurement, and Control*, 2000, 122: 364-369.
23. Steinbuch M. Repetitive Control for Systems with Uncertain Period-Time[J]. *Automatica*, 2002, 38(12): 2103-2109.
24. Mojiri M, Bakhshai A R. An Adaptive Notch Filter for Frequency Estimation of a Periodic Signal[J]. *IEEE Transactions on Automatic Control*, 2004, 49(2): 314-318.
25. Fang Y, Xiao X, Ma B, et al. Adaptive Learning Control of Complex Uncertain Systems with Nonlinear Parameterization[C]. *Proc. of the 2006 IEEE American Control Conference*, Minneapolis, MN, 2006, 3385-3390.
26. Fang Y, Xiao X, Lu G. Adaptive Learning Control for A Class of Nonlinearly Parameterized Uncertain Systems[C]. *Proc. of the 2005 IEEE American Control Conference*, Portland, OR, 2005, 196-201.

第8章 机器人动态控制

8.1 引言

机器人是现代计算机与自动化等技术高度发展的产物，是当代最高意义上的自动化。自 20 世纪 20 年代开始，机器人一直得到人类的广泛关注。长期以来，人类希望能够制造出能够模仿人类看、听、说、动作乃至思考、情感等功能的机器人，使之能够代替人类来完成复杂或者危险的任务。近年来，随着传感器、自动控制、计算机等技术的不断发展，机器人在工业、国防、宇宙探险、海洋开发、家庭服务、灾后救援等场合得到了日益广泛的应用[1-4]。但是，迄今为止，机器人一般只能完成相对简单或者重复程度很高的任务，它的发展研究水平还无法达到人类的要求，其主要原因在于现有的机器人在适应性和自主作业能力等方面离人类还有很大的差距。

控制系统是机器人的心脏，其性能好坏直接决定了机器人的智能化水平。为了使机器人具有在复杂环境中进行作业的能力，必须对它的控制系统进行精心设计，以提升机器人的感知、推理以及适应能力，只有这样，才能促进机器人在各个领域中的进一步应用[5-7]。机器人是一个典型的机电一体化系统，除了存在摩擦、饱和等各种非线性因素之外，系统的各个单元之间还具有很强的耦合关系。因此，要想实现其高性能控制，难度非常大。现在，在工业机器人领域，为了满足机器人运动实时性方面的要求，通常不得不牺牲部分控制性能，将机器人系统进行近似线性化处理，同时忽略各个关节之间的耦合特性，即将一个具有多个关节的机器手臂转化为数个独立的线性系统，然后再对简化之后的系统分别采用比例-积-分微分(PID)等线性控制方法来实施控制。值得指出的是，由于机器手臂通常需要在工作空间中进行较大范围的运动，因此近似线性化后得到的模型无法准确描述系统的运动特性。此外，这种线性控制方法无法对机器人对象存在的强非线性特性进行有效补偿，因此得到的控制效果较差，主要表现为各个关节振荡严重，系统响应速度慢，定位精度差[5]，所以采用这种控制方式的机器人系统工作效率非常低，同时它们对于操作对象变化的适应性不强，难以满足人类未来对于机器人作业的要求。

为了提高工业机器人系统在作业速度和精度方面的性能,近年来,人们不断尝试将各种先进控制方法,如反馈线性化、自适应控制、学习控制、滑模控制等应用于机器人系统,以解决这类多变量、高度非线性、强耦合系统的控制问题。这些控制方法由于对机器人系统和环节特性的变化具有一定的学习和适应能力,因此理论分析和实际应用均表明它们在控制机器人对象方面具有很强的优势。本章将介绍机器人的几种动态非线性控制方法。具体而言,本章将针对具有数个关节的机器手臂,分别采用多种非线性控制策略,如自适应控制、自学习控制、鲁棒控制等方法,使其末端执行器位置和姿态能够跟踪期望的轨迹或者稳定在设定值上。这些方法的思路主要来源于本章所引用的参考文献。

8.2 工业机器人的动态特性分析

对于工业机器人而言,为了使其完成工件抓取、装配等任务,需要控制它的运动,使其末端执行器能够以期望的姿态达到指定的位置。为此,必须根据工业机器手臂的几何尺寸,分析得到其末端位置、姿态与各个关节角之间的映射关系(这个映射通常称为静力学方程),并利用这个映射关系计算得到各个关节角的期望值。然后控制它们的电机力矩,使其转角达到设定值或者跟踪期望的轨迹,从而使机器手臂末端能够完成预定的抓取和操作等任务。值得指出的是,工业机器人是一个非常复杂的多变量受控对象,为了实现期望的控制性能,需要对系统的特性进行充分分析,以便为随后设计控制器提供理论指导。

为了简化描述,我们以一类在水平面上运动的两关节机器手臂为例来分析工业机器人的特性。对于这种机器人系统,经过分析以后,可以得到其动态特性如下

$$\begin{bmatrix}\tau_1\\ \tau_2\end{bmatrix}=\begin{bmatrix}p_1+2p_3\cos q_2 & p_2+p_3\cos q_2\\ p_2+p_3\cos q_2 & p_2\end{bmatrix}\begin{bmatrix}\ddot{q}_1\\ \ddot{q}_2\end{bmatrix}+$$

$$\begin{bmatrix}-p_3\sin q_2\dot{q}_2 & -p_3\sin q_2(\dot{q}_1+\dot{q}_2)\\ p_3\sin q_2\dot{q}_1 & 0\end{bmatrix}\begin{bmatrix}\dot{q}_1\\ \dot{q}_2\end{bmatrix}+\begin{bmatrix}f_{d1} & 0\\ 0 & f_{d2}\end{bmatrix}\begin{bmatrix}\dot{q}_1\\ \dot{q}_2\end{bmatrix}$$

其中,$p_1=3.473$,$p_2=0.193$,$p_3=0.242$,$f_{d1}=5.3$,$f_{d2}=1.1$。为了便于描述,我们将其改写为如下的向量形式

$$\boldsymbol{M}(\boldsymbol{q})\ddot{\boldsymbol{q}}+\boldsymbol{V}_{\mathrm{m}}(\boldsymbol{q},\dot{\boldsymbol{q}})\dot{\boldsymbol{q}}+\boldsymbol{G}(\boldsymbol{q})+\boldsymbol{F}_{\mathrm{d}}\dot{\boldsymbol{q}}=\boldsymbol{\tau} \tag{8.1}$$

其中,$\boldsymbol{q}=[q_1 \quad q_2]^{\mathrm{T}}$,而各个参数矩阵的具体形式如下

$$\boldsymbol{M}(\boldsymbol{q})=\begin{bmatrix}p_1+2p_3\cos q_2 & p_2+p_3\cos q_2\\ p_2+p_3\cos q_2 & p_2\end{bmatrix}$$

$$\boldsymbol{V}_{\mathrm{m}}(\boldsymbol{q},\dot{\boldsymbol{q}})=\begin{bmatrix}-p_3\sin q_2\dot{q}_2 & -p_3\sin q_2(\dot{q}_1+\dot{q}_2)\\ p_3\sin q_2\dot{q}_1 & 0\end{bmatrix}$$

$$\boldsymbol{G}(\boldsymbol{q})=0,\quad \boldsymbol{F}_{\mathrm{d}}=\begin{bmatrix}f_{d1} & 0\\ 0 & f_{d2}\end{bmatrix}$$

对于该机器手臂，需要设计合适的控制器来补偿系统中的非线性特性，并抑制系统中的各种干扰使其能够准确跟踪期望的轨迹。为此，需要对它的动态特性进行分析，以便于设计和实现性能优越的控制系统。经过对这个机器手臂的系统模型进行分析，我们可以证明它具有如下性质。

性质 8.1　矩阵 $\boldsymbol{M}(\boldsymbol{q})$ 是正定对称的，并且对于任意向量 $\boldsymbol{\xi}\in\mathbf{R}^2$，满足如下的不等式

$$m_1\|\boldsymbol{\xi}\|^2\leqslant\boldsymbol{\xi}^{\mathrm{T}}\boldsymbol{M}(\boldsymbol{q})\boldsymbol{\xi}\leqslant m_2\|\boldsymbol{\xi}\|^2$$

其中，$m_1,m_2\in\mathbf{R}^+$ 是正常数，$\|\cdot\|$ 代表标准的欧几里得范数。

性质 8.2　矩阵 $\boldsymbol{V}_{\mathrm{m}}(\boldsymbol{q},\dot{\boldsymbol{q}})$ 与 $\boldsymbol{M}(\boldsymbol{q})$ 之间具有斜对称性质，即对于任意向量 $\boldsymbol{\xi}\in\mathbf{R}^2$，有

$$\boldsymbol{\xi}^{\mathrm{T}}\left[\frac{1}{2}\dot{\boldsymbol{M}}(\boldsymbol{q})-\boldsymbol{V}_{\mathrm{m}}(\boldsymbol{q},\dot{\boldsymbol{q}})\right]\boldsymbol{\xi}=0$$

其中，$\dot{\boldsymbol{M}}(\boldsymbol{q})$ 表示矩阵 $\boldsymbol{M}(\boldsymbol{q})$ 关于时间的导数。

性质 8.3　在机器人的动态特性中，方程式(8.1)的左边可以进行线性参数化，即

$$\boldsymbol{M}(\boldsymbol{q})\ddot{\boldsymbol{q}}+\boldsymbol{V}_{\mathrm{m}}(\boldsymbol{q},\dot{\boldsymbol{q}})\dot{\boldsymbol{q}}+\boldsymbol{G}(\boldsymbol{q})+\boldsymbol{F}_{\mathrm{d}}\dot{\boldsymbol{q}}=\boldsymbol{Y}(\boldsymbol{q},\dot{\boldsymbol{q}},\ddot{\boldsymbol{q}})\boldsymbol{\theta}\tag{8.2}$$

其中，$\boldsymbol{\theta}\in\mathbf{R}^m$ 是系统中包含的参数常向量，矩阵 $\boldsymbol{Y}(\boldsymbol{q},\dot{\boldsymbol{q}},\ddot{\boldsymbol{q}})\in\mathbf{R}^{2\times m}$ 包含了与 $\boldsymbol{q},\dot{\boldsymbol{q}},\ddot{\boldsymbol{q}}$ 有关的已知函数。

证明　为了证明性质 8.1，对于任意 $\boldsymbol{x}=[x_1\quad x_2]^{\mathrm{T}}\in\mathbf{R}^2$，利用 $\boldsymbol{M}(\boldsymbol{q})$ 矩阵的具体形式得到

$$\boldsymbol{x}^{\mathrm{T}}\boldsymbol{M}(\boldsymbol{q})\boldsymbol{x}=(p_1+2p_3\cos q_2)x_1^2+2(p_2+p_3\cos q_2)x_1x_2+p_2x_2^2\tag{8.3}$$

对于式(8.3)进行放缩后可以得到其上界如下

$$\boldsymbol{x}^{\mathrm{T}}\boldsymbol{M}(\boldsymbol{q})\boldsymbol{x}\leqslant(p_1+2p_3)x_1^2+2(p_2+p_3)|x_1x_2|+p_2x_2^2$$

对于中间一项运用平均不等式，再合并同类项后得到

$$\boldsymbol{x}^{\mathrm{T}}\boldsymbol{M}(\boldsymbol{q})\boldsymbol{x}\leqslant(p_1+p_2+3p_3)x_1^2+(2p_2+p_3)x_2^2\tag{8.4}$$

另一方面，对式(8.3)进行数学处理后，得到其下界函数如下

$$\boldsymbol{x}^{\mathrm{T}}\boldsymbol{M}(\boldsymbol{q})\boldsymbol{x}\geqslant(p_1-2p_3)x_1^2-2(p_2+p_3)|x_1x_2|+p_2x_2^2$$

类似地，对中间一项利用平均不等式放缩可得

$$\boldsymbol{x}^{\mathrm{T}}\boldsymbol{M}(\boldsymbol{q})\boldsymbol{x}\geqslant(p_1-2p_3)x_1^2-(p_2+p_3)\left(4x_1^2+\frac{x_2^2}{4}\right)+p_2x_2^2$$

进一步整理后得到

$$\boldsymbol{x}^{\mathrm{T}}\boldsymbol{M}(\boldsymbol{q})\boldsymbol{x}\geqslant(p_1-4p_2-6p_3)x_1^2+\left(\frac{3p_2}{4}-\frac{p_3}{4}\right)x_2^2\tag{8.5}$$

根据式(8.4)和式(8.5)，定义

$$m_1=\min\left\{p_1-4p_2-6p_3,\frac{3p_2}{4}-\frac{p_3}{4}\right\},\quad m_2=\max\{p_1+p_2+3p_3,2p_2+p_3\}$$

根据系统中各个参数的数值可以得知

$$m_1=\frac{3p_2}{4}-\frac{p_3}{4}>0,\quad m_2=p_1+p_2+3p_3>0$$

利用式(8.4)和式(8.5)可以直接证明性质8.1。

为了证明性质8.2,对矩阵 $\boldsymbol{M}(\boldsymbol{q})$ 关于时间求导后得到

$$\dot{\boldsymbol{M}}(\boldsymbol{q})=\begin{bmatrix}-2p_3\sin q_2\dot{q}_2 & -p_3\sin q_2\dot{q}_2\\ -p_3\sin q_2\dot{q}_2 & 0\end{bmatrix}$$

因此对于矩阵 $\frac{1}{2}\dot{\boldsymbol{M}}(\boldsymbol{q})-\boldsymbol{V}_{\mathrm{m}}(\boldsymbol{q},\dot{\boldsymbol{q}})$ 经过计算后得到

$$\frac{1}{2}\dot{\boldsymbol{M}}(\boldsymbol{q})-\boldsymbol{V}_{\mathrm{m}}(\boldsymbol{q},\dot{\boldsymbol{q}})=\begin{bmatrix}0 & \frac{p_3}{2}\sin q_2\dot{q}_2+p_3\sin q_2\dot{q}_1\\ -\frac{p_3}{2}\sin q_2\dot{q}_2-p_3\sin q_2\dot{q}_1 & 0\end{bmatrix}$$

容易看出,这个矩阵为斜对称矩阵,因此性质8.2成立。

对于性质8.3的证明,请读者自行完成。

对于具有 n 个关节的工业机器手臂而言,经过分析可以得知,其动态特性仍然可以用方程式(8.1)来描述。通常,我们将 $\boldsymbol{M}(\boldsymbol{q})\in\mathbf{R}^{n\times n}$ 和 $\boldsymbol{V}_{\mathrm{m}}(\boldsymbol{q},\dot{\boldsymbol{q}})\in\mathbf{R}^{n\times n}$ 分别称为惯性矩阵和柯氏力矩阵,$\boldsymbol{G}(\boldsymbol{q})\in\mathbf{R}^n$ 为各个关节对应的重力向量,而对角正定阵 $\boldsymbol{F}_{\mathrm{d}}\in\mathbf{R}^{n\times n}$ 则称为黏滞摩擦常矩阵。进一步分析可以证明,性质8.1~性质8.3对于具有 n 个关节的机器手臂仍然成立。这些性质可以为我们设计各种基于模型的非线性控制器以及分析闭环系统的稳定性带来很大的方便。在随后的几节中,我们将根据工业机器人的工作特点,分别设计反馈线性化控制器、标准自适应控制器、基于目标轨迹的自适应控制器以及输出反馈控制方法等,使机器手臂能够准确跟踪期望的轨迹。

8.3 机器手臂的反馈线性化控制

如前所述,机器人系统是一个非常复杂的机电对象,它具有典型的非线性动态特征,如柯氏力、向心力等非线性因素[8]。基于上述原因,对其采用常规的线性控制方法很难得到满意的效果。因此,为了提高机器人系统的性能,必须采用各种先进控制方法来补偿这些非线性特性。本节将介绍一种基于完全模型知识的反馈线性化方法,它可以较好地补偿系统中的非线性特性,从而将机器手臂转化为线性系统,最终实现良好的控制性能。

8.3.1 工业机器人开环误差系统分析

为了使工业机器人完成指定的任务,通常要使其末端达到特定的位置或者遵循规划好的轨迹,为此需要控制机器人的各个关节角,使之能够按照期望的规律运动。通常而言,机器人的控制目标可以描述为选择合适的控制输入 $\boldsymbol{\tau}(t)$,使关节向量

$\boldsymbol{q}(t)$能够跟踪足够光滑的轨迹 $\boldsymbol{q}_{\mathrm{d}}(t)\in\mathbf{R}^{n}$。为了便于设计和分析机器人控制系统，定义跟踪误差如下

$$\boldsymbol{e}(t)=\boldsymbol{q}_{\mathrm{d}}(t)-\boldsymbol{q}(t) \tag{8.6}$$

则控制目标转化为构造控制器$\boldsymbol{\tau}(t)$,使跟踪误差 $\boldsymbol{e}(t)\to 0$。由于机器人对象的动静态模型可以通过理论分析的方法来建立,因此,在设计控制器时,可以利用模型知识,设计反馈线性化控制器实现期望的性能指标。

为了方便控制系统的设计,引入如下的线性滤波器

$$\boldsymbol{r}(t)=\dot{\boldsymbol{e}}(t)+\alpha\boldsymbol{e}(t) \tag{8.7}$$

其中,$\boldsymbol{r}(t)\in\mathbf{R}^{n}$ 表示滤波误差,$\alpha\in\mathbf{R}^{+}$代表正的常数。由该滤波器的结构和定理 4.3 的结论可知：如果 $\boldsymbol{r}(t)\to 0$,则有 $\dot{\boldsymbol{e}}(t)\to 0$,$\boldsymbol{e}(t)\to 0$,此时控制目标将得以实现。

对式(8.7)进行求导,并利用式(8.6)和机器人的动态特性式(8.1)进行整理后可以得到 $\dot{\boldsymbol{r}}(t)$的开环方程如下

$$\boldsymbol{M}(\boldsymbol{q})\dot{\boldsymbol{r}}=\boldsymbol{M}(\boldsymbol{q})(\ddot{\boldsymbol{q}}_{\mathrm{d}}+\alpha\dot{\boldsymbol{e}})+\boldsymbol{V}_{\mathrm{m}}(\boldsymbol{q},\dot{\boldsymbol{q}})\dot{\boldsymbol{q}}+\boldsymbol{G}(\boldsymbol{q})+\boldsymbol{F}_{\mathrm{d}}\dot{\boldsymbol{q}}-\boldsymbol{\tau} \tag{8.8}$$

考虑到

$$\dot{\boldsymbol{q}}=\dot{\boldsymbol{q}}_{\mathrm{d}}+\alpha\boldsymbol{e}-\boldsymbol{r}$$

则式(8.8)可以进一步改写为

$$\boldsymbol{M}(\boldsymbol{q})\dot{\boldsymbol{r}}=\boldsymbol{M}(\boldsymbol{q})(\ddot{\boldsymbol{q}}_{\mathrm{d}}+\alpha\dot{\boldsymbol{e}})+\boldsymbol{V}_{\mathrm{m}}(\boldsymbol{q},\dot{\boldsymbol{q}})(\dot{\boldsymbol{q}}_{\mathrm{d}}+\alpha\boldsymbol{e})+\boldsymbol{G}(\boldsymbol{q})+\boldsymbol{F}_{\mathrm{d}}\dot{\boldsymbol{q}}-\boldsymbol{V}_{\mathrm{m}}(\boldsymbol{q},\dot{\boldsymbol{q}})\boldsymbol{r}-\boldsymbol{\tau} \tag{8.9}$$

显然,上式中包含了数个非线性项,如果采用线性控制方法很难获得良好的控制性能。基于这个原因,本节将设计一种基于模型的非线性控制器,在控制律中利用前馈环节来补偿系统中的非线性动态特性,从而将其转换为一个相对简单的线性系统。

8.3.2 非线性反馈控制器设计与分析

对于式(8.9)所示的开环误差系统,考虑到$-\boldsymbol{V}_{\mathrm{m}}(\boldsymbol{q},\dot{\boldsymbol{q}})\boldsymbol{r}$ 项可以利用系统的斜对称性质进行处理,设计非线性控制器$\boldsymbol{\tau}(t)$如下

$$\boldsymbol{\tau}(t)=[\boldsymbol{M}(\boldsymbol{q})(\ddot{\boldsymbol{q}}_{\mathrm{d}}+\alpha\dot{\boldsymbol{e}})+\boldsymbol{V}_{\mathrm{m}}(\boldsymbol{q},\dot{\boldsymbol{q}})(\dot{\boldsymbol{q}}_{\mathrm{d}}+\alpha\boldsymbol{e})+\boldsymbol{G}(\boldsymbol{q})+\boldsymbol{F}_{\mathrm{d}}\dot{\boldsymbol{q}}]+k\boldsymbol{r}(t) \tag{8.10}$$

其中,$k\in\mathbf{R}^{+}$代表正的控制增益。显而易见,在控制器式(8.10)中,引入方括号中的项主要是用来补偿系统的非线性因素。

将控制输入$\boldsymbol{\tau}(t)$代入开环误差方程式(8.9)并进行数学处理后得到

$$\boldsymbol{M}(\boldsymbol{q})\dot{\boldsymbol{r}}=-\boldsymbol{V}_{\mathrm{m}}(\boldsymbol{q},\dot{\boldsymbol{q}})\boldsymbol{r}-k\boldsymbol{r}(t) \tag{8.11}$$

对于该闭环系统,经过分析以后,可以得到定理 8.1 所示的结论。

定理 8.1　非线性控制律式(8.10)可以使机器人各个关节的转角与角速度实现对期望轨迹的全局指数跟踪。

证明　由于矩阵 $\boldsymbol{M}(\boldsymbol{q})$为正定阵,因此可以选择李雅普诺夫候选函数 $V(t)\in\mathbf{R}^{+}$为

$$V=\frac{1}{2}\boldsymbol{r}^{\mathrm{T}}\boldsymbol{M}(\boldsymbol{q})\boldsymbol{r}\geqslant 0$$

对上式求关于时间的导数得到

$$\dot{V}=\frac{1}{2}\boldsymbol{r}^{\mathrm{T}}\dot{\boldsymbol{M}}(\boldsymbol{q})\boldsymbol{r}+\boldsymbol{r}^{\mathrm{T}}\boldsymbol{M}(\boldsymbol{q})\dot{\boldsymbol{r}}$$

将系统的闭环动态方程式(8.11)代入上式,然后再进行整理后得到

$$\dot{V}=\boldsymbol{r}^{\mathrm{T}}(t)\left[\frac{1}{2}\dot{\boldsymbol{M}}(\boldsymbol{q})-\boldsymbol{V}_{\mathrm{m}}(\boldsymbol{q},\dot{\boldsymbol{q}})\right]\boldsymbol{r}(t)-k\boldsymbol{r}^{\mathrm{T}}(t)\boldsymbol{r}(t)$$

利用系统的斜对称性质可以将$\dot{V}(t)$最终化简为

$$\dot{V}(t)=-k\|\boldsymbol{r}(t)\|^{2}$$

另一方面,根据性质8.1,即矩阵$\boldsymbol{M}(\boldsymbol{q})$的正定特性可以得知

$$\frac{1}{2}m_{1}\|\boldsymbol{r}(t)\|^{2}\leqslant V(t)\leqslant\frac{1}{2}m_{2}\|\boldsymbol{r}(t)\|^{2}$$

在此基础上,根据$\dot{V}(t)$的表达式可以得到

$$\dot{V}(t)=-k\|\boldsymbol{r}(t)\|^{2}\leqslant-\frac{2k}{m_{2}}V(t)$$

对以上的线性常微分不等式进行求解后得到

$$V(t)\leqslant V(t_{0})\mathrm{e}^{-\frac{2k}{m_{2}}(t-t_{0})}$$

其中,$V(t_0)$表示初始状态时的李雅普诺夫函数值。利用上式和性质8.1可以进一步证明

$$\frac{1}{2}m_{1}\|\boldsymbol{r}(t)\|^{2}\leqslant V(t)\leqslant\frac{1}{2}m_{2}\|\boldsymbol{r}(t_{0})\|^{2}\mathrm{e}^{-\frac{2k}{m_{2}}(t-t_{0})}$$

因此$\boldsymbol{r}(t)$具有如下的指数跟踪特性

$$\|\boldsymbol{r}(t)\|\leqslant\sqrt{\frac{m_{2}}{m_{1}}}\|\boldsymbol{r}(t_{0})\|\mathrm{e}^{-\frac{k}{m_{2}}(t-t_{0})}$$

在此基础上,利用线性滤波器式(8.7)的性质可以得知控制误差$\boldsymbol{e}(t)$全局指数收敛。

8.4　机器手臂的自适应控制

如前所述,机器人系统是一个非常复杂的机电对象,它具有典型的非线性动态特征。在8.3节中,通过一种基于模型的非线性控制方法可以使机器手臂末端实现对期望轨迹的指数跟踪。值得指出的是,这个结果是建立在机器手臂的模型完全已知,并且它能准确描述系统的动态特性的基础之上的。实际上,由于受到测量条件的限制,同时操作过程中工作环境可能发生变化,因此通过分析获得的系统模型中存在很多不确定因素,主要包括系统中的未知参数(如摩擦力等)以及工作过程中环境和操作对象的性质和特征的变化[8]。由于机器人系统中存在上述不确定因素,因此在8.3节中设计的非线性控制器仅仅具有理论上的意义,对于实际的机器人对象而言,这种基于完全模型知识的控制方法很难得到满意的控制效果。

基于以上原因，要想使机器人能够在各种条件下非常准确地完成任务，它必须具备对这些环境条件的学习与适应能力。具体到机器人控制器，为了提高机器人系统的作业能力与性能，其控制器应该对模型中的一些不确定因素，如各个关节的长度、被操作物体的重量等具有较强的适应能力。一般而言，这些不确定性主要体现为模型式(8.1)中各个矩阵 $\boldsymbol{M}(\boldsymbol{q})$、$\boldsymbol{V}_{\mathrm{m}}(\boldsymbol{q},\dot{\boldsymbol{q}})$、$\boldsymbol{G}(\boldsymbol{q})$ 和 $\boldsymbol{F}_{\mathrm{d}}$ 中包含有未知参数。考虑到自适应控制在处理系统中的不确定参数方面具有很好的灵活性，因此以其为基础来设计机器人控制系统具有非常明显的应用价值。基于这种考虑，本节将介绍一种采用自适应策略的机器人控制系统，它在各个矩阵中存在未知参数的情况下仍然能够使机器人较好地完成预定的控制任务。

为了便于介绍，本节中仍然设定控制目标是使关节向量 $\boldsymbol{q}(t)$ 跟踪期望轨迹 $\boldsymbol{q}_{\mathrm{d}}(t)\in\mathbf{R}^{n}$。和8.3节相类似，定义如式(8.6)所示的跟踪误差 $\boldsymbol{e}(t)$，并引入式(8.7)所示的滤波误差信号 $\boldsymbol{r}(t)$。经过相应的数学整理之后，可以得到和式(8.9)相同的开环系统

$$\boldsymbol{M}(\boldsymbol{q})\dot{\boldsymbol{r}}=\boldsymbol{M}(\boldsymbol{q})(\ddot{\boldsymbol{q}}_{\mathrm{d}}+\alpha\dot{\boldsymbol{e}})+\boldsymbol{V}_{\mathrm{m}}(\boldsymbol{q},\dot{\boldsymbol{q}})(\dot{\boldsymbol{q}}_{\mathrm{d}}+\alpha\boldsymbol{e})+\boldsymbol{G}(\boldsymbol{q})+\boldsymbol{F}_{\mathrm{d}}\dot{\boldsymbol{q}}-\boldsymbol{V}_{\mathrm{m}}(\boldsymbol{q},\dot{\boldsymbol{q}})\boldsymbol{r}-\boldsymbol{\tau} \tag{8.12}$$

和8.3节中不同的是，在式(8.12)中，由于 $\boldsymbol{M}(\boldsymbol{q})$、$\boldsymbol{V}_{\mathrm{m}}(\boldsymbol{q},\dot{\boldsymbol{q}})$ 等矩阵中包含有未知参数，因此无法在控制量 $\boldsymbol{\tau}(t)$ 中通过前馈环节来直接补偿系统中的非线性因素。针对这个问题，本节将采用自适应控制策略来处理系统中的这些不确定参数，为此，首先利用机器人系统的线性参数化性质式(8.2)得到

$$\boldsymbol{Y}_{\mathrm{s}}(\cdot)\boldsymbol{\theta}=\boldsymbol{M}(\boldsymbol{q})(\ddot{\boldsymbol{q}}_{\mathrm{d}}+\alpha\dot{\boldsymbol{e}})+\boldsymbol{V}_{\mathrm{m}}(\boldsymbol{q},\dot{\boldsymbol{q}})(\dot{\boldsymbol{q}}_{\mathrm{d}}+\alpha\boldsymbol{e})+\boldsymbol{G}(\boldsymbol{q})+\boldsymbol{F}_{\mathrm{d}}\dot{\boldsymbol{q}} \tag{8.13}$$

其中，$\boldsymbol{Y}_{\mathrm{s}}(\cdot)\in\mathbf{R}^{n\times m}$ 是已知的可测矩阵，$\boldsymbol{\theta}\in\mathbf{R}^{m}$ 是由系统中的未知参数构成的常向量。将式(8.13)代入式(8.12)的右边并整理后得到

$$\boldsymbol{M}(\boldsymbol{q})\dot{\boldsymbol{r}}=-\boldsymbol{V}_{\mathrm{m}}(\boldsymbol{q},\dot{\boldsymbol{q}})\boldsymbol{r}+\boldsymbol{Y}_{\mathrm{s}}(\cdot)\boldsymbol{\theta}-\boldsymbol{\tau} \tag{8.14}$$

对于上述误差系统，考虑到系统的斜对称性质以及参数向量 $\boldsymbol{\theta}$ 的不确定性，设计自适应控制器 $\boldsymbol{\tau}(t)$ 如下[14]

$$\boldsymbol{\tau}(t)=\boldsymbol{Y}_{\mathrm{s}}(\cdot)\hat{\boldsymbol{\theta}}(t)+k\boldsymbol{r}(t) \tag{8.15}$$

其中，$k\in\mathbf{R}^{+}$ 代表正的控制增益，$\hat{\boldsymbol{\theta}}(t)\in\mathbf{R}^{m}$ 表示参数估计向量，它由以下更新规律在线产生

$$\dot{\hat{\boldsymbol{\theta}}}(t)=\boldsymbol{\Gamma}\boldsymbol{Y}_{\mathrm{s}}^{\mathrm{T}}(\cdot)\boldsymbol{r}(t) \tag{8.16}$$

其中，$\boldsymbol{\Gamma}\in\mathbf{R}^{m\times m}$ 是一个正定对角的增益更新矩阵。

将控制输入 $\boldsymbol{\tau}(t)$ 代入开环误差方程式(8.14)并进行数学处理后得到

$$\boldsymbol{M}(\boldsymbol{q})\dot{\boldsymbol{r}}=-\boldsymbol{V}_{\mathrm{m}}(\boldsymbol{q},\dot{\boldsymbol{q}})\boldsymbol{r}-k\boldsymbol{r}(t)+\boldsymbol{Y}_{\mathrm{s}}(\cdot)\tilde{\boldsymbol{\theta}}(t) \tag{8.17}$$

式(8.17)中，参数估计误差向量 $\tilde{\boldsymbol{\theta}}(t)\in\mathbf{R}^{m}$ 定义为

$$\tilde{\boldsymbol{\theta}}(t)=\boldsymbol{\theta}-\hat{\boldsymbol{\theta}}(t)$$

则其动态特性可以通过式(8.16)计算得到

$$\dot{\tilde{\boldsymbol{\theta}}}(t)=-\boldsymbol{\Gamma}\boldsymbol{Y}_{\mathrm{s}}^{\mathrm{T}}(\cdot)\boldsymbol{r}(t) \tag{8.18}$$

对于以上设计的机器人自适应控制系统，经过理论分析可以得到如定理8.2所

示的结论。

定理8.2 自适应控制律式(8.15)以及参数更新律式(8.16)可以使机器人对象实现对期望位移与速度的全局渐近跟踪,即

$$\lim_{t\to\infty}\boldsymbol{e}(t)=0,\quad \lim_{t\to\infty}\dot{\boldsymbol{e}}(t)=0$$

证明 为了证明上述结果,根据机器手臂的具体特点,并参考常见的自适应控制分析方法,选择李雅普诺夫候选函数 $V(t)\in\mathbf{R}^{+}$ 为

$$V=\frac{1}{2}\boldsymbol{r}^{\mathrm{T}}\boldsymbol{M}(\boldsymbol{q})\boldsymbol{r}+\frac{1}{2}\tilde{\boldsymbol{\theta}}^{\mathrm{T}}\boldsymbol{\Gamma}^{-1}\tilde{\boldsymbol{\theta}}\geqslant 0$$

对上式计算其关于时间的导数后得到

$$\dot{V}=\frac{1}{2}\boldsymbol{r}^{\mathrm{T}}\dot{\boldsymbol{M}}(\boldsymbol{q})\boldsymbol{r}+\boldsymbol{r}^{\mathrm{T}}\boldsymbol{M}(\boldsymbol{q})\dot{\boldsymbol{r}}+\tilde{\boldsymbol{\theta}}^{\mathrm{T}}\boldsymbol{\Gamma}^{-1}\dot{\tilde{\boldsymbol{\theta}}}$$

分别将系统的闭环动态方程式(8.17)和参数估计误差特性式(8.18)代入上式,然后再进行化简并整理得到

$$\dot{V}=\boldsymbol{r}^{\mathrm{T}}(t)\left[\frac{1}{2}\dot{\boldsymbol{M}}(\boldsymbol{q})-\boldsymbol{V}_{\mathrm{m}}(\boldsymbol{q},\dot{\boldsymbol{q}})\right]\boldsymbol{r}(t)-k\boldsymbol{r}^{\mathrm{T}}(t)\boldsymbol{r}(t)+$$

$$[\boldsymbol{r}^{\mathrm{T}}(t)\boldsymbol{Y}_{\mathrm{s}}(\cdot)\tilde{\boldsymbol{\theta}}(t)-\tilde{\boldsymbol{\theta}}^{\mathrm{T}}(t)\boldsymbol{Y}_{\mathrm{s}}(\cdot)\boldsymbol{r}(t)]$$

注意到

$$\boldsymbol{r}^{\mathrm{T}}(t)\boldsymbol{Y}_{\mathrm{s}}(\cdot)\tilde{\boldsymbol{\theta}}(t)=[\boldsymbol{r}^{\mathrm{T}}(t)\boldsymbol{Y}_{\mathrm{s}}(\cdot)\tilde{\boldsymbol{\theta}}(t)]^{\mathrm{T}}=\tilde{\boldsymbol{\theta}}^{\mathrm{T}}(t)\boldsymbol{Y}_{\mathrm{s}}^{\mathrm{T}}(\cdot)\boldsymbol{r}(t)$$

同时利用系统的斜对称性质可以将 $\dot{V}(t)$ 最终化简为

$$\dot{V}=-k\boldsymbol{r}^{\mathrm{T}}(t)\boldsymbol{r}(t)$$

由 $V(t)$ 和 $\dot{V}(t)$ 的表达式可以看出,$V(t)\in L_{\infty}$,从而 $\boldsymbol{r}(t)\in L_{\infty}\cap L_{2}$,$\tilde{\boldsymbol{\theta}}(t)\in L_{\infty}$,因此 $\hat{\boldsymbol{\theta}}(t)\in L_{\infty}$,控制器 $\boldsymbol{\tau}(t)\in L_{\infty}$,进而 $\dot{\boldsymbol{r}}(t)\in L_{\infty}$。根据这些条件,然后利用芭芭拉定理(定理2.11)可以直接证明

$$\lim_{t\to\infty}\boldsymbol{r}(t)=0$$

在此基础上,利用线性滤波器式(8.7)的性质可以得到

$$\lim_{t\to\infty}\boldsymbol{e}(t)=0,\quad \lim_{t\to\infty}\dot{\boldsymbol{e}}(t)=0$$

8.5 基于目标轨迹的机器人自适应控制

对工业机器人来说,如何确保系统的实时性是控制器设计的关键因素之一,这个要求制约了各种先进控制方法在机器人系统上的应用,它也是现在的工业机器人大多采用简单的线性控制方法的一个主要原因。近年来,随着高速处理器件的发展,计算机的处理能力有了飞速提高,这为采用各种非线性控制方法来提高机器人系统的性能带来了很大的便利。尽管如此,由于机器人对象动态特性复杂,并且在工作过程中对于系统的实时性方面要求很高,因此在将各种复杂控制方法应用于机

器人对象时，算法的复杂度仍然是一个需要考虑的重点问题。在 8.4 节所设计的自适应控制中，在每个控制周期内，当进行参数的在线调整时，需要根据各个关节的角位移 $\boldsymbol{q}(t)$以及角速度 $\dot{\boldsymbol{q}}(t)$进行相应的计算。一方面，这种处理会增加系统的在线计算负担，不利于进行实时控制；另一方面，这也要求控制系统在线测量角速度 $\dot{\boldsymbol{q}}(t)$，但是对于大多数工业机器人而言，由于成本、体积等方面的原因，角速度一般难以通过传感器直接测量得到，而通常是通过对角位移进行数值差分来获得。值得指出的是，数值微分方法会对测量噪声进行放大，因此将导致信号 $\dot{\boldsymbol{q}}(t)$中含有较大的误差。当利用信号 $\boldsymbol{q}(t)$和 $\dot{\boldsymbol{q}}(t)$来计算控制量时，这些误差将不可避免地会破坏系统的控制性能。除此之外，对于自适应控制方法而言，如果信号能满足持续激励条件，则在控制性能之外可以同时解决参数辨识问题。但是，在控制器式(8.15)中，由于$\boldsymbol{Y}_s(\cdot)$中包含时变且函数形式未知的变量 $\boldsymbol{q}(t)$和 $\dot{\boldsymbol{q}}(t)$，因此要检验信号的持续激励条件，以及完成系统辨识任务非常困难。由于以上缺陷，在 8.4 节中所设计的机器人自适应控制系统虽然在理论上可以解决参数的不确定性问题，但是由于其在算法实时性等方面的不足，它还难以广泛应用于控制实际的机器人对象。

基于以上分析，在本节中将对 8.4 节中所设计的机器人自适应控制方法进行改进，将其发展为一种基于目标轨迹的机器人自适应控制(Desired Compensation Adaptive Law，DCAL)策略[15]。这种方法采用预先已知的期望轨迹 $\boldsymbol{q}_d(t)$，$\dot{\boldsymbol{q}}_d(t)$和 $\ddot{\boldsymbol{q}}_d(t)$来代替机器人的实际状态 $\boldsymbol{q}(t)$，$\dot{\boldsymbol{q}}(t)$和 $\ddot{\boldsymbol{q}}(t)$，在机器人工作之前，根据 $\boldsymbol{q}_d(t)$，$\dot{\boldsymbol{q}}_d(t)$，$\ddot{\boldsymbol{q}}_d(t)$离线计算出需要的有关信号，因此可以避免在控制过程中对信号 $\dot{\boldsymbol{q}}(t)$等进行在线测量和实时处理，较好地提高了控制系统的实时性。此外，由于期望轨迹 $\boldsymbol{q}_d(t)$，$\dot{\boldsymbol{q}}_d(t)$和 $\ddot{\boldsymbol{q}}_d(t)$通常都具有已知的解析形式，因此可以非常方便地检验持续激励条件，从而为完成参数辨识任务提供了便利条件。当然，利用期望轨迹代替机器人的实际状态之后，控制器将无法实现原来的稳态性能。因此，在改进之后，尚需要对控制器的形式重新进行设计，以补偿控制器中由于期望轨迹与实际状态之间的偏差所带来的影响，最终实现渐近收敛的控制目标。

8.5.1 DCAL 机器人自适应控制器设计

如前所述，为了满足机器人实时控制的要求，需要尽量减少在线计算的负担。为此，希望在控制器中以期望轨迹来取代机器人的实际状态。基于这种考虑，根据机器人系统的性质 8.3，定义期望的线性参数化方程如下

$$\boldsymbol{Y}_d(\boldsymbol{q}_d,\dot{\boldsymbol{q}}_d,\ddot{\boldsymbol{q}}_d)\boldsymbol{\theta}=\boldsymbol{M}(\boldsymbol{q}_d)\ddot{\boldsymbol{q}}_d+\boldsymbol{V}_m(\boldsymbol{q}_d,\dot{\boldsymbol{q}}_d)\dot{\boldsymbol{q}}_d+\boldsymbol{G}(\boldsymbol{q}_d)+\boldsymbol{F}_d\dot{\boldsymbol{q}}_d$$

其中，$\boldsymbol{Y}_d(\boldsymbol{q}_d,\dot{\boldsymbol{q}}_d,\ddot{\boldsymbol{q}}_d)\in\mathbf{R}^{n\times m}$ 仅仅包含了期望角位移 $\boldsymbol{q}_d(t)$、期望速度 $\dot{\boldsymbol{q}}_d(t)$和期望加速度 $\ddot{\boldsymbol{q}}_d(t)$，由于它无须利用任何实际的状态信息，因此它可以在机器人运行之前离线计算得到。根据前面的分析以及系统的开环动态特性，同时参考自适应控制器式(8.15)的结构，设计如下的 DCAL 控制器$\boldsymbol{\tau}(t)$[15]

$$\boldsymbol{\tau}(t)=\boldsymbol{Y}_{\mathrm{d}}(\cdot)\hat{\boldsymbol{\theta}}(t)+k_{\mathrm{p}}\boldsymbol{e}(t)+k_{\mathrm{v}}\boldsymbol{r}(t)+\boldsymbol{v}_{\mathrm{r}}(t) \tag{8.19}$$

其中,$k_{\mathrm{p}}, k_{\mathrm{v}} \in \mathbf{R}^{+}$表示正的控制增益,$\boldsymbol{v}_{\mathrm{r}}(t)$是辅助控制变量,它主要用来补偿期望轨迹和实际状态之间的偏差,其具体形式将通过随后的稳定性分析而得到。在控制器式(8.19)中,$\hat{\boldsymbol{\theta}}(t)\in\mathbf{R}^{m}$仍然是系统参数的估计值,它由以下更新规律来在线产生

$$\dot{\hat{\boldsymbol{\theta}}}(t)=\boldsymbol{\Gamma}\boldsymbol{Y}_{\mathrm{d}}^{\mathrm{T}}(\cdot)\boldsymbol{r}(t) \tag{8.20}$$

其中,$\boldsymbol{\Gamma}\in\mathbf{R}^{m\times m}$是一个正定对角的增益更新矩阵。显然,在控制律式(8.19)和更新律式(8.20)中,由于$\boldsymbol{Y}_{\mathrm{d}}(\cdot)$可以根据期望轨迹预先计算得到,因此大大减少了机器人控制系统的计算负担。类似地,根据上述更新规律式(8.20)容易得知

$$\dot{\tilde{\boldsymbol{\theta}}}(t)=-\boldsymbol{\Gamma}\boldsymbol{Y}_{\mathrm{d}}^{\mathrm{T}}(\cdot)\boldsymbol{r}(t)$$

为了构造合适的辅助控制变量$\boldsymbol{v}_{\mathrm{r}}(t)$,我们将上述DCAL控制器式(8.19)代入原来的误差方程式(8.14)可以得到

$$\boldsymbol{M}(\boldsymbol{q})\dot{\boldsymbol{r}}=-\boldsymbol{V}_{\mathrm{m}}(\boldsymbol{q},\dot{\boldsymbol{q}})\boldsymbol{r}+\tilde{\boldsymbol{Y}}+\boldsymbol{Y}_{\mathrm{d}}(\cdot)\tilde{\boldsymbol{\theta}}(t)-k_{\mathrm{p}}\boldsymbol{e}(t)-k_{\mathrm{v}}\boldsymbol{r}(t)-\boldsymbol{v}_{\mathrm{r}}$$

其中,变量$\tilde{\boldsymbol{Y}}(t)$定义如下

$$\tilde{\boldsymbol{Y}}(t)=\boldsymbol{Y}_{\mathrm{s}}(\cdot)\boldsymbol{\theta}(t)-\boldsymbol{Y}_{\mathrm{d}}(\cdot)\boldsymbol{\theta}(t)$$

根据机器手臂各个参数矩阵的特性,可以证明$\tilde{\boldsymbol{Y}}(t)$存在如下的上界函数

$$\|\tilde{\boldsymbol{Y}}(t)\|\leqslant\xi(\boldsymbol{r},\boldsymbol{e})(\|\boldsymbol{r}\|+\|\boldsymbol{e}\|) \tag{8.21}$$

其中,$\xi(\boldsymbol{r},\boldsymbol{e})$为已知的正定函数。

8.5.2 DCAL自适应控制系统性能分析

对于以上所设计的基于目标轨迹的自适应控制器,经过理论分析可以证明这种控制系统能够使机器手臂末端的位姿渐近地跟踪设定的轨迹。

定理8.3 式(8.19)所设计的DCAL自适应控制器以及参数更新规律式(8.20)可以实现机器人位移与速度的全局渐近跟踪

$$\lim_{t\to\infty}\boldsymbol{e}(t)=0,\quad \lim_{t\to\infty}\dot{\boldsymbol{e}}(t)=0$$

证明 为了分析系统的稳定性,选择李雅普诺夫候选函数$V_1(t)\in\mathbf{R}^{+}$为

$$V_1=\frac{1}{2}\boldsymbol{r}^{\mathrm{T}}\boldsymbol{M}(\boldsymbol{q})\boldsymbol{r}+\frac{1}{2}\boldsymbol{e}^{\mathrm{T}}k_{\mathrm{p}}\boldsymbol{e}+\frac{1}{2}\tilde{\boldsymbol{\theta}}^{\mathrm{T}}\boldsymbol{\Gamma}^{-1}\tilde{\boldsymbol{\theta}}\geqslant 0$$

对上式关于时间求导并整理后得到

$$\dot{V}_1=\boldsymbol{r}^{\mathrm{T}}\tilde{\boldsymbol{Y}}-k_{\mathrm{p}}\boldsymbol{r}^{\mathrm{T}}\boldsymbol{e}-k_{\mathrm{v}}\|\boldsymbol{r}\|^2-\boldsymbol{r}^{\mathrm{T}}\boldsymbol{v}_{\mathrm{r}}+\boldsymbol{e}^{\mathrm{T}}k_{\mathrm{p}}\dot{\boldsymbol{e}}$$

将$\boldsymbol{r}(t)$的定义式(8.7)以及$\tilde{\boldsymbol{Y}}(t)$的上界式(8.21)代入后,可以将上式进一步化简为

$$\dot{V}_1\leqslant-\alpha k_{\mathrm{p}}\|\boldsymbol{e}\|^2-k_{\mathrm{v}}\|\boldsymbol{r}\|^2+\xi(\boldsymbol{r},\boldsymbol{e})\|\boldsymbol{r}\|(\|\boldsymbol{r}\|+\|\boldsymbol{e}\|)-\boldsymbol{r}^{\mathrm{T}}\boldsymbol{v}_{\mathrm{r}}$$

为了使$V_1(t)$随时间单调递减,设计如下形式的辅助变量$\boldsymbol{v}_{\mathrm{r}}(t)$

$$\boldsymbol{v}_{\mathrm{r}}(t)=\xi(\boldsymbol{r},\boldsymbol{e})\boldsymbol{r}(t)+k_{\mathrm{r}}\xi^2(\boldsymbol{r},\boldsymbol{e})\boldsymbol{r}(t)$$

其中,控制增益$k_{\mathrm{r}}\in\mathbf{R}^{+}$满足约束

$$k_r \geqslant \frac{1}{\alpha k_p}$$

将$\boldsymbol{v}_r(t)$的表达式代入$\dot{V}_1(t)$并整理后可得

$$\dot{V}_1 \leqslant -\alpha k_p \|\boldsymbol{e}\|^2 - k_v \|\boldsymbol{r}\|^2 + \xi(\boldsymbol{r},\boldsymbol{e})\|\boldsymbol{r}\| \|\boldsymbol{e}\| - k_r \xi^2(\boldsymbol{r},\boldsymbol{e})\|\boldsymbol{r}\|^2$$

进一步放缩后得到

$$\dot{V}_1 \leqslant -\left(\alpha k_p - \frac{1}{k_r}\right)\|\boldsymbol{e}\|^2 - k_v \|\boldsymbol{r}\|^2 \leqslant -k_v \|\boldsymbol{r}\|^2$$

根据$V_1(t)$及$\dot{V}_1(t)$的表达式，并利用系统的闭环动态方程可以证明$\boldsymbol{r}(t) \in L_\infty \cap L_2$且$\dot{\boldsymbol{r}}(t) \in L_\infty$。在此基础上，利用芭芭拉定理(定理 2.11)可以证明

$$\lim_{t \to \infty} \boldsymbol{r}(t) = 0$$

因此

$$\lim_{t \to \infty} \boldsymbol{e}(t) = 0, \quad \lim_{t \to \infty} \dot{\boldsymbol{e}}(t) = 0$$

8.6　机器手臂的重复学习自适应混合控制

在前几节所设计的机器人控制系统中，为了简化分析，我们忽略了系统中的静摩擦因素，而仅仅考虑了各个关节的运动摩擦。实际上，对于机器手臂而言，在各个关节开始运行或者速度较低时，静摩擦将在很大程度上影响机器手臂的运动状态，因此必须对这种非线性因素进行充分补偿才能获得满意的控制性能。在本节中，我们将介绍一种基于重复学习自适应策略的机器人控制系统[16]。

对于机械系统受到的静摩擦，通常将其建模为与物体运动趋势相反的固定力。同样地，对于工业机器手臂，本节以$\mathbf{Sgn}(\dot{\boldsymbol{q}})\boldsymbol{F}_s$来描述其受到的静摩擦，其中，$\mathbf{Sgn}(\dot{\boldsymbol{q}}) = \mathrm{diag}\{\mathrm{sgn}(\dot{q}_1), \mathrm{sgn}(\dot{q}_2), \cdots, \mathrm{sgn}(\dot{q}_n)\}$，$\boldsymbol{F}_s \in \mathbf{R}^n$代表未知的静摩擦系数向量。基于上述分析，我们可以将原来的机器手臂动态特性式(8.1)修改如下

$$\boldsymbol{M}(\boldsymbol{q})\ddot{\boldsymbol{q}} + \boldsymbol{V}_m(\boldsymbol{q},\dot{\boldsymbol{q}})\dot{\boldsymbol{q}} + \boldsymbol{G}(\boldsymbol{q}) + \boldsymbol{F}_d\dot{\boldsymbol{q}} + \mathbf{Sgn}(\dot{\boldsymbol{q}})\boldsymbol{F}_s = \boldsymbol{\tau} \tag{8.22}$$

值得指出的是，在上述动态模型中，静摩擦项具有线性参数化的形式，这将为随后构造控制器带来一定的方便。

如前所述，人类经常使用机器人来完成很多重复性的工作。因此，在本节中，将控制目标设定为在存在参数不确定性的情况下，使机器人末端跟踪周期为T的轨迹$\boldsymbol{q}_d(t) \in \mathbf{R}^n$

$$\boldsymbol{q}_d(t) = \boldsymbol{q}_d(t+T), \quad \forall t \geqslant 0$$

为了方便随后的控制器设计，仍然定义如式(8.6)所示的误差信号，并采用滤波器方程式(8.7)对机器人动态特性进行降阶，经过整理后可以得到如下的开环特性

$$\boldsymbol{M}\dot{\boldsymbol{r}} = -\boldsymbol{V}_m\boldsymbol{r} + \boldsymbol{w}_r + \boldsymbol{\chi} + \boldsymbol{F}_s\mathbf{Sgn}(\dot{\boldsymbol{q}}) - \boldsymbol{\tau} \tag{8.23}$$

其中，辅助信号$\boldsymbol{w}_r(t) \in \mathbf{R}^n$，$\boldsymbol{\chi}(t) \in \mathbf{R}^n$分别定义如下

$$\boldsymbol{w}_r = \boldsymbol{M}(\boldsymbol{q}_d)\ddot{\boldsymbol{q}}_d + \boldsymbol{V}_m(\boldsymbol{q}_d,\dot{\boldsymbol{q}}_d)\dot{\boldsymbol{q}}_d + \boldsymbol{G}(\boldsymbol{q}_d) + \boldsymbol{F}_d\dot{\boldsymbol{q}}_d$$

$$\boldsymbol{\chi} = \boldsymbol{M}(\boldsymbol{q})(\ddot{\boldsymbol{q}}_d + \alpha\dot{e}) + \boldsymbol{V}_m(\boldsymbol{q},\dot{\boldsymbol{q}})(\dot{\boldsymbol{q}}_d + \alpha e) + \boldsymbol{G}(\boldsymbol{q}) + \boldsymbol{F}_d\dot{\boldsymbol{q}} - \boldsymbol{w}_r$$

由于期望轨迹 $\boldsymbol{q}_{\mathrm{d}}(t)$是周期为 T 的函数,因此辅助函数 $\boldsymbol{w}_{\mathrm{r}}$ 也是一个以 T 为周期的函数

$$\boldsymbol{w}_{\mathrm{r}}(t)=\boldsymbol{w}_{\mathrm{r}}(t+T), \quad \forall t \geqslant 0$$

进一步地,定义复合状态变量 $\boldsymbol{z}(t)\in\mathbf{R}^{2n}$ 如下

$$\boldsymbol{z}(t)=[\boldsymbol{e}^{\mathrm{T}}(t) \quad \boldsymbol{r}^{\mathrm{T}}(t)]^{\mathrm{T}}$$

利用机器人的动态特性可以证明辅助变量$\boldsymbol{\chi}(t)$具有以下性质

$$\|\boldsymbol{\chi}\| \leqslant \rho(\|\boldsymbol{z}\|)\|\boldsymbol{z}\|$$

其中 $\rho(\|\boldsymbol{z}\|)$为已知的正函数。

根据系统的开环动态方程式(8.23)以及辅助函数 $\boldsymbol{w}_{\mathrm{r}}(t)$的周期特性,设计如下的重复学习自适应混合控制策略[16]

$$\boldsymbol{\tau}=k_1\boldsymbol{r}+k_2\rho^2(\cdot)\boldsymbol{r}+\boldsymbol{e}+\hat{\boldsymbol{w}}_{\mathrm{r}}+\mathbf{Sgn}(\dot{\boldsymbol{q}})\hat{\boldsymbol{F}}_{\mathrm{s}} \tag{8.24}$$

在该控制器中,除了常规反馈项之外,还包括对于静摩擦特性的自适应估计项 $\mathbf{Sgn}(\dot{\boldsymbol{q}})\hat{\boldsymbol{F}}_{\mathrm{s}}(t)$,针对辅助周期信号 $\boldsymbol{w}_{\mathrm{r}}(t)$的学习项 $\hat{\boldsymbol{w}}_{\mathrm{r}}(t)$,以及为了补偿期望轨迹与实际运动状态之间的偏差而构造的高增益鲁棒控制项 $k_2\rho^2(\cdot)\boldsymbol{r}(t)$。其中,参数估计向量 $\hat{\boldsymbol{F}}_{\mathrm{s}}(t)\in\mathbf{R}^n$ 的更新规律如下

$$\dot{\hat{\boldsymbol{F}}}_{\mathrm{s}}=\boldsymbol{\Gamma}\,\mathbf{Sgn}(\dot{\boldsymbol{q}})\boldsymbol{r} \tag{8.25}$$

$\boldsymbol{\Gamma}\in\mathbf{R}^{n\times n}$ 为正定对角参数更新矩阵,$\hat{\boldsymbol{w}}_{\mathrm{r}}(t)$通过以下的重复学习获得

$$\hat{\boldsymbol{w}}_{\mathrm{r}}(t)=\mathrm{sat}_{\beta}(\hat{\boldsymbol{w}}_{\mathrm{r}}(t))+k_{\mathrm{L}}\boldsymbol{r}(t) \tag{8.26}$$

其中,$k_{\mathrm{L}}\in\mathbf{R}^+$代表学习增益,$\beta\in\mathbf{R}^+$表示信号 $\boldsymbol{w}_{\mathrm{r}}(t)$的上界。

对于以上所设计的机器人混合控制策略,经过理论分析可以证明闭环误差信号具有渐近收敛的稳态特性。

定理 8.4 对于式(8.24)~式(8.26)所设计的重复学习-自适应混合控制策略,当控制增益满足如下条件时

$$\min\left\{\alpha, k_1+\frac{k_{\mathrm{L}}}{2}\right\}>\frac{1}{4k_2}$$

机器人对于期望周期轨迹的跟踪误差渐近收敛到零

$$\lim_{t\to\infty}\boldsymbol{e}(t)=0$$

证明 本定理的证明与定理 8.1~定理 8.3 的证明过程相类似,本节不再赘述,留给读者自行练习。

8.7* 机器人对象的输出反馈控制

8.7.1 研究动机

在很多情况下,机器人各个关节之间的角速度难以通过传感器准确测量得到,而利用数值微分方法得到的结果则含有较大的误差,这将严重影响机器人系统的控

制性能，甚至可能导致系统不稳定。因此，在无法测量全部状态的情况下，如何仅仅利用各个关节角的测量值，通过它们进行反馈来实现机器人对象的控制是该领域的一个重要问题。如前所述，机器人是一个复杂的多变量非线性受控对象，在系统中包含有未知参数，且仅有输出信号可测量的情况下，如何实现其准确控制是一个非常具有挑战性的问题。针对这个问题，本节将介绍一种基于非线性观测器的机器人输出反馈控制系统[17]，它通过一种非线性观测器来估计各个关节的角速度，在此基础上，系统将自适应控制与鲁棒控制相结合来实现期望的控制性能。

8.7.2　辅助误差信号定义

如前所述，为了实现输出反馈控制，我们需要根据机器人的动态特性，构造一种基于模型的观测器来在线估计各个关节的角速度，并将其应用于非线性控制算法中，实现所需要的控制性能。值得强调的是，对于工业机器人而言，由于其动态特性中包含复杂的非线性因素，因此在设计控制系统时无法应用分离原则，即观测器和控制器的设计和分析必须同时进行。

考虑到机器人对象是一个高阶系统，并且控制系统无法测量各个关节的角速度信息，因此定义一种和 $\boldsymbol{r}(t)$ 相类似的辅助误差信号 $\boldsymbol{\eta}(t)\in\mathbf{R}^n$ 如下

$$\boldsymbol{\eta}=\dot{\boldsymbol{e}}+\mathbf{Tanh}(\boldsymbol{e})+\mathbf{Tanh}(\boldsymbol{e}_{\mathrm{f}}) \tag{8.27}$$

其中，对于向量 $\boldsymbol{x}=[x_1\quad x_2\quad\cdots\quad x_n]^{\mathrm{T}}$，双曲正切函数向量 $\mathbf{Tanh}(\boldsymbol{x}):\mathbf{R}^n\rightarrow\mathbf{R}^n$ 定义为

$$\mathbf{Tanh}(\boldsymbol{x})=[\tanh(x_1)\quad\tanh(x_2)\quad\cdots\quad\tanh(x_n)]^{\mathrm{T}}$$

而辅助信号 $\boldsymbol{e}_{\mathrm{f}}(t)\in\mathbf{R}^n$ 则通过以下方式产生

$$\begin{cases}\dot{\boldsymbol{e}}_{\mathrm{f}}=-\mathbf{Tanh}(\boldsymbol{e}_{\mathrm{f}})+\mathbf{Tanh}(\boldsymbol{e})-k\mathbf{Cosh}^2(\boldsymbol{e}_{\mathrm{f}})\boldsymbol{\eta}\\ \boldsymbol{e}_{\mathrm{f}}(0)=\mathbf{0}\end{cases} \tag{8.28}$$

其中，$k\in\mathbf{R}^+$ 代表正的控制增益，对于任意向量 $\boldsymbol{x}=[x_1\quad x_2\quad\cdots\quad x_n]^{\mathrm{T}}$，双曲余弦函数矩阵 $\mathbf{Cosh}(\boldsymbol{x}):\mathbf{R}^n\rightarrow\mathbf{R}^{n\times n}$ 定义为

$$\mathbf{Cosh}(\boldsymbol{x})=\mathrm{diag}[\cosh(x_1),\cosh(x_2),\cdots,\cosh(x_n)]$$

8.7.3　输出反馈控制器设计

对于信号 $\boldsymbol{\eta}(t)$ 的定义式(8.27)进行求导，然后两边同时乘以 $\boldsymbol{M}(\boldsymbol{q})$，并代入机器人的动态特性进行整理后可以得到

$$\begin{aligned}\boldsymbol{M}(\boldsymbol{q})\dot{\boldsymbol{\eta}}=&\boldsymbol{M}(\boldsymbol{q})\ddot{\boldsymbol{q}}_{\mathrm{d}}+\boldsymbol{V}_{\mathrm{m}}(\boldsymbol{q},\dot{\boldsymbol{q}})\dot{\boldsymbol{q}}+\boldsymbol{G}(\boldsymbol{q})+\boldsymbol{F}_{\mathrm{d}}\dot{\boldsymbol{q}}-\boldsymbol{\tau}+\\&\boldsymbol{M}(\boldsymbol{q})\frac{\mathrm{d}}{\mathrm{d}t}[\mathbf{Tanh}(\boldsymbol{e})+\mathbf{Tanh}(\boldsymbol{e}_{\mathrm{f}})]\end{aligned}$$

另一方面，注意到

$$\mathbf{Tanh}(\boldsymbol{e})=\mathbf{Cosh}^{-2}(\boldsymbol{e})\dot{\boldsymbol{e}},\quad\mathbf{Tanh}(\boldsymbol{e}_{\mathrm{f}})=\mathbf{Cosh}^{-2}(\boldsymbol{e}_{\mathrm{f}})\dot{\boldsymbol{e}}_{\mathrm{f}}$$

因此,$\boldsymbol{M}(\boldsymbol{q})\dot{\boldsymbol{\eta}}$ 可以进一步改写为

$$\boldsymbol{M}(\boldsymbol{q})\dot{\boldsymbol{\eta}}=\boldsymbol{M}(\boldsymbol{q})\ddot{\boldsymbol{q}}_{\mathrm{d}}+\boldsymbol{V}_{\mathrm{m}}(\boldsymbol{q},\dot{\boldsymbol{q}})\dot{\boldsymbol{q}}+\boldsymbol{G}(\boldsymbol{q})+\boldsymbol{F}_{\mathrm{d}}\dot{\boldsymbol{q}}-\boldsymbol{\tau}+\boldsymbol{M}(\boldsymbol{q})[\mathbf{Cosh}^{-2}(\boldsymbol{e})\dot{\boldsymbol{e}}+\mathbf{Cosh}^{-2}(\boldsymbol{e}_{\mathrm{f}})\dot{\boldsymbol{e}}_{\mathrm{f}}]$$

根据机器人对象的线性参数化性质,上式经过整理后可以改写如下

$$\boldsymbol{M}(\boldsymbol{q})\dot{\boldsymbol{\eta}}=-\boldsymbol{V}_{\mathrm{m}}(\boldsymbol{q},\dot{\boldsymbol{q}})\dot{\boldsymbol{\eta}}-k\boldsymbol{M}(\boldsymbol{q})\boldsymbol{\eta}+\boldsymbol{Y}_{\mathrm{d}}\boldsymbol{\theta}+\boldsymbol{\chi}+\widetilde{\boldsymbol{Y}}-\boldsymbol{\tau} \tag{8.29}$$

其中

$$\boldsymbol{Y}_{\mathrm{d}}\boldsymbol{\theta}=\boldsymbol{M}(\boldsymbol{q}_{\mathrm{d}})\ddot{\boldsymbol{q}}_{\mathrm{d}}+\boldsymbol{V}_{\mathrm{m}}(\dot{\boldsymbol{q}}_{\mathrm{d}},\boldsymbol{q}_{\mathrm{d}})\dot{\boldsymbol{q}}_{\mathrm{d}}+\boldsymbol{G}(\boldsymbol{q}_{\mathrm{d}})+\boldsymbol{F}_{\mathrm{d}}\dot{\boldsymbol{q}}_{\mathrm{d}}$$

而信号$\boldsymbol{\chi}(\boldsymbol{e},\boldsymbol{e}_{\mathrm{f}},\boldsymbol{\eta},t)\in\mathbf{R}^{n}$,$\widetilde{\boldsymbol{Y}}(\boldsymbol{e},\boldsymbol{e}_{\mathrm{f}},\boldsymbol{\eta},t)\in\mathbf{R}^{n}$ 分别定义为

$$\widetilde{\boldsymbol{Y}}=\boldsymbol{M}(\boldsymbol{q})\ddot{\boldsymbol{q}}_{\mathrm{d}}+\boldsymbol{V}_{\mathrm{m}}(\dot{\boldsymbol{q}}_{\mathrm{d}},\boldsymbol{q})\dot{\boldsymbol{q}}_{\mathrm{d}}+\boldsymbol{G}(\boldsymbol{q})+\boldsymbol{F}_{\mathrm{d}}\dot{\boldsymbol{q}}-\boldsymbol{Y}_{\mathrm{d}}\boldsymbol{\theta}$$

$$\begin{aligned}\boldsymbol{\chi}=&\boldsymbol{M}(\boldsymbol{q})\mathbf{Cosh}^{-2}(\boldsymbol{e})[\boldsymbol{\eta}-\mathbf{Tanh}(\boldsymbol{e})-\mathbf{Tanh}(\boldsymbol{e}_{\mathrm{f}})]+\boldsymbol{M}(\boldsymbol{q})\mathbf{Cosh}^{-2}(\boldsymbol{e}_{\mathrm{f}})[-\mathbf{Tanh}(\boldsymbol{e}_{\mathrm{f}})\boldsymbol{e}+\\&\mathbf{Tanh}(\boldsymbol{e})]+\boldsymbol{V}_{\mathrm{m}}[\boldsymbol{q},\dot{\boldsymbol{q}}_{\mathrm{d}}+\mathbf{Tanh}(\boldsymbol{e}_{\mathrm{f}})+\mathbf{Tanh}(\boldsymbol{e})]\cdot[\mathbf{Tanh}(\boldsymbol{e}_{\mathrm{f}})+\mathbf{Tanh}(\boldsymbol{e})]+\\&\boldsymbol{V}_{\mathrm{m}}(\boldsymbol{q},\dot{\boldsymbol{q}}_{\mathrm{d}})[\mathbf{Tanh}(\boldsymbol{e}_{\mathrm{f}})+\mathbf{Tanh}(\boldsymbol{e})]-\boldsymbol{V}_{\mathrm{m}}(\boldsymbol{q},\boldsymbol{\eta})[\dot{\boldsymbol{q}}_{\mathrm{d}}+\mathbf{Tanh}(\boldsymbol{e}_{\mathrm{f}})+\mathbf{Tanh}(\boldsymbol{e})]\end{aligned}$$

对于辅助信号$\boldsymbol{\chi}(\boldsymbol{e},\boldsymbol{e}_{\mathrm{f}},\boldsymbol{\eta},t)$,经过数学整理后可以证明

$$\|\boldsymbol{\chi}(\cdot)\|\leqslant c_1\|\boldsymbol{\nu}(t)\| \tag{8.30}$$

其中,$c_1\in\mathbf{R}^{+}$是一个正的常数,$\boldsymbol{\nu}(t)$表示如下的复合向量

$$\boldsymbol{\nu}(t)=[\mathbf{Tanh}^{\mathrm{T}}(\boldsymbol{e})\quad\mathbf{Tanh}^{\mathrm{T}}(\boldsymbol{e}_{\mathrm{f}})\quad\boldsymbol{\eta}^{\mathrm{T}}]^{\mathrm{T}}$$

类似地,可以证明辅助信号$\widetilde{\boldsymbol{Y}}(\boldsymbol{e},\boldsymbol{e}_{\mathrm{f}},\boldsymbol{\eta},t)$具有如下性质

$$\|\widetilde{\boldsymbol{Y}}(\cdot)\|\leqslant c_2\|\boldsymbol{\nu}(t)\| \tag{8.31}$$

其中,$c_2\in\mathbf{R}^{+}$是一个正的常数。

根据系统的开环动态特性式(8.29),设计输出反馈控制器为[17]

$$\boldsymbol{\tau}=\boldsymbol{Y}_{\mathrm{d}}\hat{\boldsymbol{\theta}}-k\mathbf{Cosh}^{2}(\boldsymbol{e}_{\mathrm{f}})\mathbf{Tanh}(\boldsymbol{e}_{\mathrm{f}})+\mathbf{Tanh}(\boldsymbol{e}) \tag{8.32}$$

其中,$k\in\mathbf{R}^{+}$是式(8.28)中所定义的控制增益,参数估计向量$\hat{\boldsymbol{\theta}}(t)$可以通过以下方法获得

$$\dot{\hat{\boldsymbol{\theta}}}=\boldsymbol{\Gamma}\boldsymbol{Y}_{\mathrm{d}}^{\mathrm{T}}\boldsymbol{\eta} \tag{8.33}$$

其中,$\boldsymbol{\Gamma}$ 表示正定对称的对角增益矩阵。

8.7.4 闭环系统稳定性分析

将控制器$\boldsymbol{\tau}(t)$代入开环动态方程式(8.29),然后消去公共项后得到

$$\boldsymbol{M}(\boldsymbol{q})\dot{\boldsymbol{\eta}}=-\boldsymbol{V}_{\mathrm{m}}(\boldsymbol{q},\dot{\boldsymbol{q}})\dot{\boldsymbol{\eta}}-k\boldsymbol{M}(\boldsymbol{q})\boldsymbol{\eta}+\boldsymbol{Y}_{\mathrm{d}}\widetilde{\boldsymbol{\theta}}+\boldsymbol{\chi}+\widetilde{\boldsymbol{Y}}+k\mathbf{Cosh}^{2}(\boldsymbol{e}_{\mathrm{f}})\mathbf{Tanh}(\boldsymbol{e}_{\mathrm{f}})-\mathbf{Tanh}(\boldsymbol{e}) \tag{8.34}$$

其中,参数估计向量$\widetilde{\boldsymbol{\theta}}(t)$定义为

$$\widetilde{\boldsymbol{\theta}}(t)=\boldsymbol{\theta}-\hat{\boldsymbol{\theta}}(t)$$

为了进一步分析系统的稳定性,对于闭环系统式(8.34),选择李雅普诺夫候选

函数为

$$V=\frac{1}{2}\boldsymbol{\eta}^{\mathrm{T}}\boldsymbol{M}(\boldsymbol{q})\boldsymbol{\eta}+\frac{1}{2}\hat{\boldsymbol{\theta}}^{\mathrm{T}}\boldsymbol{\Gamma}^{-1}\hat{\boldsymbol{\theta}}+\sum_{i=1}^{n}\ln(\cosh(e_i))+\sum_{i=1}^{n}\ln(\cosh(e_{\mathrm{f}i})) \tag{8.35}$$

其中，$e_i(t)$和$e_{\mathrm{f}i}(t)$分别表示向量$\boldsymbol{e}(t)$和$\boldsymbol{e}_{\mathrm{f}}(t)$的第$i$个分量。显然，由于

$$\sum_{i=1}^{n}\ln(\cosh(e_i))\geqslant\sum_{i=1}^{n}|e_i|\geqslant\|\boldsymbol{e}\|$$

以及

$$\sum_{i=1}^{n}\ln(\cosh(e_{\mathrm{f}i}))\geqslant\sum_{i=1}^{n}|e_{\mathrm{f}i}|\geqslant\|\boldsymbol{e}_{\mathrm{f}}\|$$

因此$V(t)$可以进行如下放缩

$$V\geqslant\frac{1}{2}\boldsymbol{\eta}^{\mathrm{T}}\boldsymbol{M}(\boldsymbol{q})\boldsymbol{\eta}+\frac{1}{2}\tilde{\boldsymbol{\theta}}^{\mathrm{T}}\boldsymbol{\Gamma}^{-1}\tilde{\boldsymbol{\theta}}+\|\boldsymbol{e}\|+\|\boldsymbol{e}_{\mathrm{f}}\|$$

对式(8.35)求$V(t)$关于时间的导数，并进行整理后得到

$$\dot{V}=\boldsymbol{\eta}^{\mathrm{T}}\boldsymbol{M}(\boldsymbol{q})\dot{\boldsymbol{\eta}}+\frac{1}{2}\boldsymbol{\eta}^{\mathrm{T}}\dot{\boldsymbol{M}}(\boldsymbol{q})\boldsymbol{\eta}-\tilde{\boldsymbol{\theta}}^{\mathrm{T}}\boldsymbol{\Gamma}^{-1}\dot{\hat{\boldsymbol{\theta}}}+\mathbf{Tanh}^{\mathrm{T}}(\boldsymbol{e}_{\mathrm{f}})\dot{\boldsymbol{e}}_{\mathrm{f}}+\mathbf{Tanh}^{\mathrm{T}}(\boldsymbol{e})\dot{\boldsymbol{e}}$$

代入误差信号的闭环特性式(8.34)，并利用机器人的斜对称性质及参数更新律式(8.33)进行化简后得到

$$\dot{V}=-k\boldsymbol{\eta}^{\mathrm{T}}\boldsymbol{M}(\boldsymbol{q})\boldsymbol{\eta}+\boldsymbol{\eta}^{\mathrm{T}}(\boldsymbol{\chi}+\tilde{\boldsymbol{Y}})+[k\boldsymbol{\eta}^{\mathrm{T}}\mathbf{Cosh}^{2}(\boldsymbol{e}_{\mathrm{f}})\mathbf{Tanh}(\boldsymbol{e}_{\mathrm{f}})+\mathbf{Tanh}^{\mathrm{T}}(\boldsymbol{e}_{\mathrm{f}})\dot{\boldsymbol{e}}_{\mathrm{f}}]+[\mathbf{Tanh}^{\mathrm{T}}(\boldsymbol{e})\dot{\boldsymbol{e}}-\boldsymbol{\eta}^{\mathrm{T}}\mathbf{Tanh}(\boldsymbol{e})]$$

对于上式，注意到

$$k\boldsymbol{\eta}^{\mathrm{T}}\mathbf{Cosh}^{2}(\boldsymbol{e}_{\mathrm{f}})\mathbf{Tanh}(\boldsymbol{e}_{\mathrm{f}})+\mathbf{Tanh}^{\mathrm{T}}(\boldsymbol{e}_{\mathrm{f}})\dot{\boldsymbol{e}}_{\mathrm{f}}=[k\boldsymbol{\eta}^{\mathrm{T}}\mathbf{Cosh}^{2}(\boldsymbol{e}_{\mathrm{f}})+\dot{\boldsymbol{e}}_{\mathrm{f}}^{\mathrm{T}}]\mathbf{Tanh}(\boldsymbol{e}_{\mathrm{f}})$$

因此，利用式(8.28)可以将上式化简为

$$k\boldsymbol{\eta}^{\mathrm{T}}\mathbf{Cosh}^{2}(\boldsymbol{e}_{\mathrm{f}})\mathbf{Tanh}(\boldsymbol{e}_{\mathrm{f}})+\mathbf{Tanh}^{\mathrm{T}}(\boldsymbol{e}_{\mathrm{f}})\dot{\boldsymbol{e}}_{\mathrm{f}}=[-\mathbf{Tanh}^{\mathrm{T}}(\boldsymbol{e}_{\mathrm{f}})+\mathbf{Tanh}^{\mathrm{T}}(\boldsymbol{e})]\mathbf{Tanh}(\boldsymbol{e}_{\mathrm{f}})$$

类似地，可以证明

$$\begin{aligned}\mathbf{Tanh}^{\mathrm{T}}(\boldsymbol{e})\dot{\boldsymbol{e}}-\boldsymbol{\eta}^{\mathrm{T}}\mathbf{Tanh}(\boldsymbol{e})&=(\dot{\boldsymbol{e}}^{\mathrm{T}}-\boldsymbol{\eta}^{\mathrm{T}})\mathbf{Tanh}(\boldsymbol{e})\\&=[-\mathbf{Tanh}^{\mathrm{T}}(\boldsymbol{e})-\mathbf{Tanh}^{\mathrm{T}}(\boldsymbol{e}_{\mathrm{f}})]\mathbf{Tanh}(\boldsymbol{e})\end{aligned}$$

所以，$\dot{V}(t)$可以进一步化简为

$$\dot{V}=-k\boldsymbol{\eta}^{\mathrm{T}}\boldsymbol{M}(\boldsymbol{q})\boldsymbol{\eta}+\boldsymbol{\eta}^{\mathrm{T}}(\boldsymbol{\chi}+\tilde{\boldsymbol{Y}})-\mathbf{Tanh}^{\mathrm{T}}(\boldsymbol{e})\mathbf{Tanh}(\boldsymbol{e})-\mathbf{Tanh}^{\mathrm{T}}(\boldsymbol{e}_{\mathrm{f}})\mathbf{Tanh}(\boldsymbol{e}_{\mathrm{f}})$$

在此基础上，根据式(8.30)和式(8.31)，$\dot{V}(t)$可以放缩为

$$\dot{V}\leqslant-km_1\|\boldsymbol{\eta}\|^2+(c_1+c_2)\|\boldsymbol{\eta}\|\|\boldsymbol{\nu}\|-\|\mathbf{Tanh}(\boldsymbol{e})\|^2-\|\mathbf{Tanh}(\boldsymbol{e}_{\mathrm{f}})\|^2 \tag{8.36}$$

如果选择控制增益k如下

$$k=\frac{1}{m_1}\left[1+\frac{1}{1-\beta}(c_1+c_2)^2\right]$$

其中,$\beta\in(0,1)$为可调增益。将增益 k 代入 $\dot{V}(t)$的上界可以得到

$$\dot{V}\leqslant\left[-\frac{1}{1-\beta}(c_1+c_2)^2\|\boldsymbol{\eta}\|^2+(c_1+c_2)\|\boldsymbol{\eta}\|\|\boldsymbol{\nu}\|\right]-[\|\boldsymbol{\eta}\|^2+\|\mathbf{Tanh}(\boldsymbol{e})\|^2+\|\mathbf{Tanh}(\boldsymbol{e}_{\mathrm{f}})\|^2]$$

对前面的括号利用非线性衰减定理(定理2.10)进行放缩,同时对后面的括号利用$\boldsymbol{\nu}(t)$的定义式进行化简,最后进行整理后得到

$$\dot{V}\leqslant[(1-\beta)\|\boldsymbol{\nu}\|^2]-[\|\boldsymbol{\nu}\|^2]=-\beta\|\boldsymbol{\nu}\|^2$$

根据$V(t)$及$\dot{V}(t)$的表达式,利用芭芭拉定理(定理2.11)可以证明

$$\lim_{t\to\infty}\boldsymbol{\nu}(t)=0$$

所以

$$\lim_{t\to\infty}\mathbf{Tanh}(\boldsymbol{e})=0\quad\Rightarrow\quad\lim_{t\to\infty}\boldsymbol{e}=0$$

8.7.5 控制系统的实现形式分析

对于前面所设计的控制器式(8.32),由于其中仍然包含速度信号,因此直接采用这种形式无法实现输出反馈控制。值得注意的是:在控制器$\boldsymbol{\tau}(t)$中与速度信号有关的只有 $\mathbf{Cosh}(\boldsymbol{e}_{\mathrm{f}})$和 $\mathbf{Tanh}(\boldsymbol{e}_{\mathrm{f}})$两项,以及参数更新律$\dot{\hat{\boldsymbol{\theta}}}(t)$。所以,如果能够根据输出信号来产生 $\mathbf{Tanh}(\boldsymbol{e}_{\mathrm{f}})$($\mathbf{Cosh}(\boldsymbol{e}_{\mathrm{f}})$可以通过 $\mathbf{Tanh}(\boldsymbol{e}_{\mathrm{f}})$计算得到)和参数估计向量$\hat{\boldsymbol{\theta}}(t)$,则式(8.32)可以改写成输出反馈控制的形式。

基于以上分析,首先注意到对于辅助信号 $\boldsymbol{e}_{\mathrm{f}}(t)$,从式(8.28)可知,以下关系式成立

$$\dot{e}_{\mathrm{f}i}=-\tanh(e_{\mathrm{f}i})+\tanh(e_i)-k\cosh^2(e_{\mathrm{f}i})\eta_i$$

其中,$\eta_i(t)$表示向量$\boldsymbol{\eta}(t)$的第 i 个分量。将$\boldsymbol{\eta}(t)$的定义式(8.27)代入上式得到

$$\begin{aligned}\dot{e}_{\mathrm{f}i}=&-\tanh(e_{\mathrm{f}i})+\tanh(e_i)-\\&k\cosh^2(e_{\mathrm{f}i})[\dot{e}_i+\tanh(e_i)+\tanh(e_{\mathrm{f}i})]\end{aligned}\tag{8.37}$$

为了便于描述,定义辅助向量

$$\boldsymbol{z}=\mathbf{Tanh}(\boldsymbol{e}_{\mathrm{f}})$$

将其各个分量 $z_i(t)$分别对时间求导并代入式(8.37)整理后得到

$$\begin{aligned}\dot{z}_i=&\cosh^{-2}(e_{\mathrm{f}i})\dot{e}_{\mathrm{f}i}\\=&-\cosh^{-2}(e_{\mathrm{f}i})\tanh(e_{\mathrm{f}i})+\cosh^{-2}(e_{\mathrm{f}i})\tanh(e_i)-k[\dot{e}_i+\tanh(e_i)+\tanh(e_{\mathrm{f}i})]\end{aligned}$$

此外,根据函数 $\cosh^2(e_{\mathrm{f}i})$的性质,容易证明

$$\cosh^2(e_{\mathrm{f}i})=\frac{1}{1-\tanh^2(e_{\mathrm{f}i})}=\frac{1}{1-z_i^2}$$

所以,$\dot{z}_i(t)$可以进一步改写为

$$\dot{z}_i=-(1-z_i^2)[z_i-\tanh(e_i)]-k[\dot{e}_i+\tanh(e_i)+z_i]\tag{8.38}$$

但是,上式的右边包含不可测量的信号 $\dot{e}_i(t)$,因此它无法直接应用于输出反馈控制系统,不能根据它来在线产生控制器所需要的信号 $z_i(t)$。幸运的是,信号 $\dot{e}_i(t)$仅

仅以线性方式进入 $\dot{z}_i(t)$ 的动态特性中，因此在式(8.38)中可以将无法测量的信号 $\dot{e}_i(t)$ 移动到方程式左边，然后进行整理后得到

$$\frac{\mathrm{d}}{\mathrm{d}t}(z_i + ke_i) = -(1-z_i^2)[z_i - \tanh(e_i)] - k[\tanh(e_i) + z_i] \tag{8.39}$$

通过上式可以看出，如果定义信号 $p_i(t)$ 如下

$$p_i = z_i + ke_i$$

则该信号可以通过式(8.39)来在线产生

$$\dot{p}_i = -[1-(p_i - ke_i)^2][p_i - ke_i - \tanh(e_i)] - k[\tanh(e_i) + p_i - ke_i]$$

对于初始条件而言，考虑到 $z_i(0)=0$，我们将其初值设置为 $p_i(0)=ke_i(0)$。在此基础上，$z_i(t)$ 可以通过 $p_i(t)$ 计算得到

$$z_i(t) = p_i(t) - ke_i(t)$$

综上所述，信号 $z_i(t)$ 可以通过如下方法在线产生

$$\begin{cases} \dot{p}_i = -[1-(p_i - ke_i)^2][p_i - ke_i - \tanh(e_i)] - \\ \qquad k[\tanh(e_i) + p_i - ke_i], p_i(0) = ke_i(0) \\ z_i = p_i - ke_i \end{cases} \tag{8.40}$$

另一方面，为了得到参数估计向量 $\hat{\boldsymbol{\theta}}(t)$，将 $\boldsymbol{\eta}(t)$ 的定义式(8.27)代入更新律式(8.33)，经过数学整理后得到

$$\dot{\hat{\boldsymbol{\theta}}} = \boldsymbol{\Gamma}\boldsymbol{Y}_{\mathrm{d}}^{\mathrm{T}}[\dot{\boldsymbol{e}} + \mathbf{Tanh}(\boldsymbol{e}) + \boldsymbol{z}] = \boldsymbol{\Gamma}\boldsymbol{Y}_{\mathrm{d}}^{\mathrm{T}}\dot{\boldsymbol{e}} + \boldsymbol{\Gamma}\boldsymbol{Y}_{\mathrm{d}}^{\mathrm{T}}[\mathbf{Tanh}(\boldsymbol{e}) + \boldsymbol{z}]$$

上式中，右边第一项由于包含不可测量的速度信号 $\dot{\boldsymbol{e}}(t)$，因此它是无法直接实现的。为此，对其进行分步积分，从而把上式改写如下

$$\dot{\hat{\boldsymbol{\theta}}} = \frac{\mathrm{d}}{\mathrm{d}t}(\boldsymbol{\Gamma}\boldsymbol{Y}_{\mathrm{d}}^{\mathrm{T}}\boldsymbol{e}) - \boldsymbol{\Gamma}\dot{\boldsymbol{Y}}_{\mathrm{d}}^{\mathrm{T}}\boldsymbol{e} + \boldsymbol{\Gamma}\boldsymbol{Y}_{\mathrm{d}}^{\mathrm{T}}[\mathbf{Tanh}(\boldsymbol{e}) + \boldsymbol{z}]$$

最终可以把参数更新规则改写成如下的积分形式

$$\begin{cases} \dot{\boldsymbol{\varphi}} = -\dot{\boldsymbol{Y}}_{\mathrm{d}}^{\mathrm{T}}\boldsymbol{e} + \boldsymbol{Y}_{\mathrm{d}}^{\mathrm{T}}[\mathbf{Tanh}(\boldsymbol{e}) + \boldsymbol{z}] \\ \hat{\boldsymbol{\theta}} = \boldsymbol{\Gamma}\boldsymbol{Y}_{\mathrm{d}}^{\mathrm{T}}\boldsymbol{e} + \boldsymbol{\Gamma}\boldsymbol{\varphi} \end{cases} \tag{8.41}$$

由于 $\boldsymbol{Y}_{\mathrm{d}}(\cdot)$ 只与所跟踪的轨迹 $\boldsymbol{q}_{\mathrm{d}}(t)$，$\dot{\boldsymbol{q}}_{\mathrm{d}}(t)$，$\ddot{\boldsymbol{q}}_{\mathrm{d}}(t)$ 有关，因此上述积分形式的更新规律可以通过输出信号来实现。

由以上分析可知，尽管自适应控制器式(8.32)及其参数更新律式(8.33)中包含有速度信号，无法直接实现输出反馈控制，但是经过数学处理后可知，原来的自适应控制器及其参数更新值可以根据式(8.40)和式(8.41)，仅仅利用系统的输出信号计算得到，因此达到了输出反馈控制的设计目标。

习题

1. 请证明 8.2 节中的两关节机械手臂满足性质 8.3 的约束。

2. 试利用机器人各个参数矩阵的特性证明 $\widetilde{\boldsymbol{Y}}$ 的上界函数式(8.21)。

3. 对于8.6节中所研究的机器手臂,试推导其滤波误差信号的开环动态特性式(8.23)。

4. 请对于8.6节中所设计的重复学习-自适应混合控制策略式(8.24)～式(8.26),证明定理8.4所示的误差渐近收敛的结论。

5. 对于8.7节中的机器手臂,试证明其辅助误差信号$\boldsymbol{\eta}(t)$的开环动态特性式(8.29),并对信号$\boldsymbol{\chi}(e,e_f,\boldsymbol{\eta},t)$和$\widetilde{\boldsymbol{Y}}(e,e_f,\boldsymbol{\eta},t)$的组成进行简单分析。

6. 请证明8.7节中辅助信号$\boldsymbol{\chi}(e,e_f,\boldsymbol{\eta},t)$具有如式(8.30)所示的上界函数。

7. 对于基于目标轨迹(DCAL)的机器人自适应控制而言,它与通常的自适应控制有何区别?这种控制方法的主要优点是什么?有何不足之处?

8. 试分析8.7节中的输出反馈控制与全状态反馈控制有何差别。在实际系统中,为什么较少利用位移信号的差分来计算速度信号并实现全状态反馈控制?

参考文献

1. 郭洪红. 工业机器人技术[M]. 西安:西安电子科技大学出版社,2006.
2. 蒋新松. 机器人导论[M]. 沈阳:辽宁科学技术出版社,1994.
3. 张铁,谢存禧. 机器人学[M]. 广州:华南理工大学出版社,2005.
4. 李磊,叶涛,谭民,等. 移动机器人技术研究现状与未来[J]. 机器人,2002,24(5):92-97.
5. Spong M W,Vidyasagar M. Robot Dynamics and Control[M]. John Wiley & Sons,1989.
6. Craig J J. Introduction to Robotics: Mechanical and Control[M]. 3rd Edition. Prentice Hall,2003.
7. 李群明,熊蓉,褚健. 室内自主移动机器人定位方法研究综述[J]. 机器人,2003,25(6):560-567.
8. 柳洪义,宋伟刚. 机器人技术基础[M]. 北京:冶金工业出版社,2002.
9. 王耀南. 机器人智能控制工程[M]. 北京:科学出版社,2004.
10. 墨菲. 人工智能机器人学导论[M]. 杜军平,等译. 北京:电子工业出版社,2004.
11. Sadegh N and Horowitz R. Stability and Robustness Analysis of a Class of Adaptive Controllers for Robotic Manipulators[J]. *International Journal of Robotics Research*,1991,9(2):74-92.
12. De wit C C,Fixot N. Adaptive Control of Robot Manipulators via Velocity Estimated Feedback[J]. *IEEE Trans. Automat. Contr.*,1992,37:1234-1237.
13. Kelly R. A Simple Set-point Robot Controller by Using only Position Measurements[C]. Proc. of the 1993 IFAC. World Congress,1993,6:173-176.
14. Lewis F L, Abdallah C T, Dawson D M. Control of Robot Manipulators[M]. New York: Macmillan Publishing,1993.
15. Queiroz M de, et al. Lyapunov-Based Control of Mechanical Systems[M]. Boston: Birkhauser,2000.
16. Dixon W E, Zergeroglu E, Dawson D M. Repetitive Learning Control: a Lyapunov-Based Approach[J]. *IEEE Trans. on Systems, Man and Cybernetics-Part B*,2002,32(4):538-545.
17. Zhang F,Dawson D M,Queiroz M S, et al. Global Adaptive Output Feedback Tracking Control of Robot Manipulators[J]. *IEEE Trans. on Automatic Control*,2002,45(6):1203-1208.

第9章 欠驱动桥式吊车系统的非线性控制

9.1 引言

桥式吊车作为一种常见的装配运输工具，在很多工业场合中得到了广泛应用。桥式吊车的示意图如图9.1所示，在利用其运送负载时，需要利用绳索将负载与台车相连，通过台车的运动将负载运送到指定的位置。在操作吊车时，一方面需要实现台车的精确定位，以满足运送负载的要求；另一方面，为了提高吊车的工作效率，需要有效地抑制负载的摆动，实现"无摆"或者"微摆"操作[1-3]。当前，一般是通过有经验的工人来操纵吊车，在操作过程中，工人需要利用他们的经验并通过其眼睛的观测来估计台车的位置，并进而对其进行定位控制。这种方式需要非常娴熟的技巧以及大量的操作经验，因此工作人员需要经过很长时间的培训，而且操作过程中劳动强度很大[4]，工作效率较低。

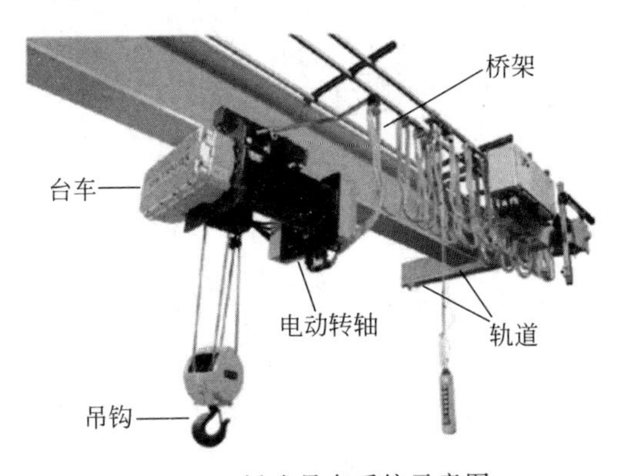

图9.1 桥式吊车系统示意图

近年来，许多专家学者致力于吊车控制系统的设计工作，并分别采用输入修整[5]、最优控制[6]、滑模控制[7-9]、粗集理论[10]、模糊控制[11-14]等方法构造了多种控制策略，试图设计出一种高性能的吊车自动控制系统，以期提高吊车的运送效率，并切实保障系统的安全性能[15]。但是，桥式吊车是一个具有高度非线性的欠驱动系统[16-17]（系统的控制量为各个方向上的电动机力矩,而它的自由度既包括台车的位移向量,同时又包括负载在各个方向上的摆动,因此系统的自由度大于控制向量的维数),而且在吊车操作中,每次运送的负载重量都有所不同。除此之外,在运送过程中,负载每次起吊的高度都有差别,因此吊车系统中绳索的长度也会发生变化。此外,系统中还存在空气阻尼、摩擦等多种不确定因素,这些都为实现吊车系统的高性能控制增加了困难。因此,如果采用常规的线性控制方法,难以得到令人满意的控制效果。本章针对桥式吊车这种复杂的欠驱动系统,将对其动态特性进行深入分析。在此基础上,从系统能量分析的角度出发,设计一种非线性控制器来达到满意的控制性能。

9.2 桥式吊车系统动态特性建模与分析

如前所述,桥式吊车是一个典型的机电一体化非线性系统。本章将对在一个方向上运动的吊车系统进行建模与控制。这种吊车系统的简化模型如图9.2所示,其中台车与负载的重量分别为 m_c 和 m_p;$F_r(t)\in\mathbf{R}$ 是台车的摩擦力;$k_{di}\in\mathbf{R}$ 是未知的空气阻尼系数;系统的控制量为 $F(t)\in\mathbf{R}$,它直接作用于台车上,通常是利用电机来实现;系统的运动状态有两个,即台车的位移 $x(t)\in\mathbf{R}$ 和负载物的摆角 $\theta(t)\in\mathbf{R}$。在图9.2中,$v_{pH}(t)$、$v_{pV}(t)\in\mathbf{R}$ 分别是负载物在水平方向和垂直方向的速度。

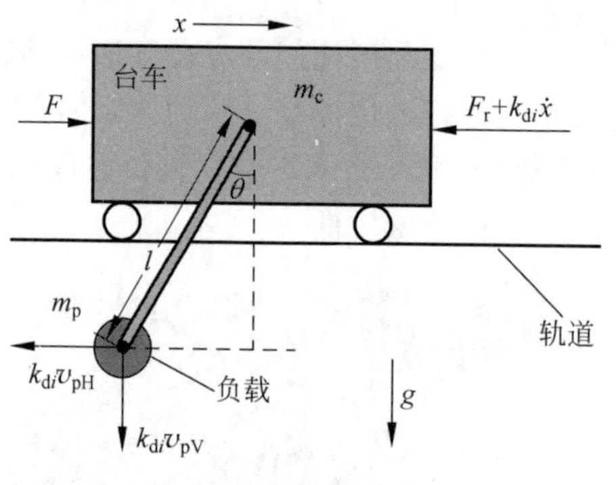

图9.2 桥式吊车模型

在上述吊车系统中,台车在控制力 $F(t)$ 作用下沿水平方向运动,其位移为 $x(t)$;负载通过一根无质量的刚性杆或者柔性绳索与台车相连,杆长为 l。当台车运动时,负载由于惯性而发生摆动,其与竖直方向的夹角为 $\theta(t)$。由于系统具有两个自由度,即台车位移与负载摆角,而控制量只有作用于台车上的控制力,因此它是一个欠驱动系统。

运用拉格朗日虚功原理对图9.2所示的吊车系统进行理论分析以后,可以得到如下所示的模型[18,19]

$$\boldsymbol{M}(\boldsymbol{q})\ddot{\boldsymbol{q}}+\boldsymbol{V}_m(\boldsymbol{q},\dot{\boldsymbol{q}})\dot{\boldsymbol{q}}+\boldsymbol{G}(\boldsymbol{q})=\boldsymbol{u} \tag{9.1}$$

其中,$\boldsymbol{q}(t)\in\mathbf{R}^2$ 表示系统的自由度

$$\boldsymbol{q}=[x(t)\quad\theta(t)]^{\mathrm{T}}$$

$\boldsymbol{M}(\boldsymbol{q})\in\mathbf{R}^{2\times2}$，$\boldsymbol{V}_{\mathrm{m}}(\boldsymbol{q},\dot{\boldsymbol{q}})\in\mathbf{R}^{2\times2}$ 分别代表惯性矩阵和柯氏力矩阵

$$\boldsymbol{M}=\begin{bmatrix} m_{\mathrm{c}}+m_{\mathrm{p}} & -m_{\mathrm{p}}l\cos\theta \\ -m_{\mathrm{p}}l\cos\theta & m_{\mathrm{p}}l^2 \end{bmatrix},\quad \boldsymbol{V}_{\mathrm{m}}=\begin{bmatrix} 0 & m_{\mathrm{p}}l\sin\theta\dot{\theta} \\ 0 & 0 \end{bmatrix}$$

而 $\boldsymbol{G}(\boldsymbol{q})\in\mathbf{R}^2$，$\boldsymbol{u}(t)\in\mathbf{R}^2$ 则分别表示重力向量和控制向量

$$\boldsymbol{G}(\boldsymbol{q})=[0\quad m_{\mathrm{p}}gl\sin\theta]^{\mathrm{T}},\quad \boldsymbol{u}(t)=[F\quad 0]^{\mathrm{T}}$$

为了便于设计控制系统，我们对这种桥式吊车对象的动态特性进行分析以后，可以证明它具有以下性质。

性质 9.1　$\boldsymbol{M}(\boldsymbol{q})$矩阵可逆，正定对称，且具有以下上下界

$$k_1\|\boldsymbol{\xi}\|^2\leqslant\boldsymbol{\xi}^{\mathrm{T}}\boldsymbol{M}(\boldsymbol{q})\boldsymbol{\xi}\leqslant k_2\|\boldsymbol{\xi}\|^2,\quad\forall\boldsymbol{\xi}\in\mathbf{R}^2$$

其中，$k_1,k_2\in\mathbf{R}^+$ 是正的常数。

性质 9.2　$\boldsymbol{M}(\boldsymbol{q})$及 $\boldsymbol{V}_{\mathrm{m}}(\boldsymbol{q},\dot{\boldsymbol{q}})$矩阵具有如下的斜对称性质

$$\boldsymbol{\xi}^{\mathrm{T}}\left(\frac{1}{2}\dot{\boldsymbol{M}}(\boldsymbol{q})-\boldsymbol{V}_{\mathrm{m}}(\boldsymbol{q},\dot{\boldsymbol{q}})\right)\boldsymbol{\xi}=0,\quad\forall\boldsymbol{\xi}\in\mathbf{R}^2$$

9.3　基于能量分析的吊车系统非线性控制

9.3.1　吊车系统的开环动态特性变换

如前所述，本章所讨论的桥式吊车是一个非线性欠驱动系统，它具有两个自由度，即台车的位移和负载的摆动，而系统的控制量则只有作用于台车上的作用力 $F(t)$。由图 9.2 以及系统的模型式(9.1)容易看出，利用作用力 $F(t)$可以直接对台车位移进行控制，而对于负载摆动的抑制，则需要通过台车与负载之间的耦合来完成。为了方便随后的控制器设计与分析，对原来的动态模型进行数学处理以后，可以把它拆分为以下两个子系统[20]

$$\begin{cases}\ddot{x}=\dfrac{F}{m(\theta)}-\dfrac{\eta(\theta,\dot{\theta})}{m(\theta)}\\[2ex] \ddot{\theta}=\dfrac{1}{l}\cos\theta\ddot{x}-\dfrac{g}{l}\sin\theta\end{cases}\tag{9.2}$$

其中，$\eta(\theta,\dot{\theta})$和 $m(\theta)$分别表示如下的辅助函数

$$m(\theta)=m_{\mathrm{c}}+m_{\mathrm{p}}\sin^2\theta\geqslant m_{\mathrm{c}}>0\tag{9.3}$$

$$\eta(\theta,\dot{\theta})=m_{\mathrm{p}}\sin\theta(l\dot{\theta}^2+g\cos\theta)\tag{9.4}$$

9.3.2　系统的能量分析

欠驱动系统的控制是当前自动控制领域的一个热点和难点问题，而通常的线性控制方法对于这类系统无能为力。本节针对具有欠驱动特性的桥式吊车系统，将从

其能量分析着手来设计相应的控制器。具体设计思路如下：提出一种以系统能量为主体的李雅普诺夫函数，并且分析其随时间变化的规律。在此基础上，通过构造非线性控制器尽量使系统能量单调递减或者维持不变，从而实现控制误差渐近收敛的目标[21,22]。为此，对于图9.2所示的吊车系统，经过分析以后，可以计算得到其能量$E(\boldsymbol{q},\dot{\boldsymbol{q}})$如下

$$E(\boldsymbol{q},\dot{\boldsymbol{q}})=\frac{1}{2}\dot{\boldsymbol{q}}^{\mathrm{T}}\boldsymbol{M}(\boldsymbol{q})\dot{\boldsymbol{q}}+m_{\mathrm{p}}gl(1-\cos\theta)\geqslant 0 \tag{9.5}$$

前一项表示系统的动能，而后一项则是系统的势能。对上式求导后，再代入系统模型，并利用相关性质进行化简可以计算得到$\dot{E}(\boldsymbol{q},\dot{\boldsymbol{q}})$的表达式如下

$$\dot{E}(\boldsymbol{q},\dot{\boldsymbol{q}})=\dot{\boldsymbol{q}}^{\mathrm{T}}(t)\boldsymbol{u}(t)=\dot{x}(t)F(t)$$

9.3.3 吊车控制系统设计与分析

如前所述，吊车控制器的目标是在实现台车精确定位的同时使负载实现“无摆”或者“微摆”操作，特别是当台车停止运动以后，负载必须尽快停止摆动，以提高吊车的运送效率。为此，定义台车的定位误差$e(t)$为

$$e(t)=x-x_{\mathrm{d}}$$

其中，x_{d}表示台车位移的设定值，它需要根据对负载目标位置的要求来设置。为了实现预定的控制目标，我们根据系统能量分析的结果，设计控制器$F(t)$如下[20]

$$F=\frac{-k_{\mathrm{d}}\dot{x}-k_{\mathrm{p}}e+\dfrac{k_{\mathrm{v}}\eta(\theta,\dot{\theta})}{m(\theta)}}{k_{\mathrm{E}}E+\dfrac{k_{\mathrm{v}}}{m(\theta)}} \tag{9.6}$$

其中，$k_{\mathrm{d}},k_{\mathrm{p}},k_{\mathrm{v}},k_{\mathrm{E}}\in\mathbf{R}^{+}$均为控制增益。

定理9.1 非线性控制器式(9.6)可以使台车稳定到设定的位置x_{d}，同时负载的摆动$\theta(t)$将渐近衰减，即

$$\lim_{t\to\infty}(x\quad \dot{x}\quad \theta\quad \dot{\theta})=(x_{\mathrm{d}}\quad 0\quad 0\quad 0) \tag{9.7}$$

证明 根据系统的设计目标，选择如下所示的包含能量分析的李雅普诺夫函数

$$V_1=\frac{1}{2}k_{\mathrm{E}}E^2+\frac{1}{2}k_{\mathrm{v}}\dot{x}^2+\frac{1}{2}k_{\mathrm{p}}e^2$$

对上式关于时间求导以后得到

$$\dot{V}_1=k_{\mathrm{E}}E\dot{E}+k_{\mathrm{v}}\dot{x}\ddot{x}+k_{\mathrm{p}}e\dot{e}$$

进一步进行数学处理后得到

$$\dot{V}_1=\dot{x}\left[\left(k_{\mathrm{E}}E+\frac{k_{\mathrm{v}}}{m(\theta)}\right)F-k_{\mathrm{v}}\frac{\eta(\theta,\dot{\theta})}{m(\theta)}+k_{\mathrm{p}}e\right]$$

将控制量$F(t)$代入$\dot{V}_1(t)$的表达式以后可以将其最终改写为

$$\dot{V}_1 = -k_{\mathrm{d}}\dot{x}^2$$

在此基础上，利用拉塞尔不变性原理(LaSalle's Invariance Theorem) 可以证明控制器能将台车位移及负载摆动渐近镇定到设定值，即式(9.7)所示的结论。为此，定义集合 Γ 包含所有满足 $\dot{V}_1(t)=0$ 的点，在这个集合中，显然有

$$\dot{x}(t) = 0$$

因此，在集合 Γ 中，台车位移 $x(t)$ 及李雅普诺夫函数 $V_1(t)$ 均为常数，并且 $\ddot{x}(t)=0$。在此基础上，可以进一步证明：系统能量 $E(\boldsymbol{q},\dot{\boldsymbol{q}})$、台车定位误差 $e(t)$ 以及控制量 $F(t)$ 亦为常数。接下来，我们将分 $\dot{\theta}(t)\equiv 0$ 以及存在 $\dot{\theta}(t)\neq 0$ 两种情形进行讨论。

情形一　当在集合 Γ 中，$\dot{\theta}(t)\equiv 0$ 时，则有 $\ddot{\theta}(t)=0$，根据以上事实，利用式(9.2)不难证明

$$\sin\theta = 0, \quad \eta(\theta,\dot{\theta}) = 0$$

进一步假设负载的摆角 $\theta\in(-\pi,\pi)$，则有 $\theta(t)=0$。在此基础上，根据系统的动态方程可知 $F(t)=0$，将它代入控制器方程式(9.6)可得 $e(t)=0$。

情形二　如果在集合 Γ 中存在一点 t_1，满足 $\dot{\theta}(t_1)\neq 0$ 时，根据 $\dot{\theta}(t)$ 的连续性可知，存在以 t_1 为中心的邻域 $U(t_1,\varepsilon)\subseteq\Gamma$，在该邻域中，$\dot{\theta}(t)\neq 0$，$\forall t\in U(t_1,\varepsilon)$。在集合 $U(t_1,\varepsilon)$ 中，台车位移 $x(t)$ 以及控制量 $F(t)$ 均为常数，因此由式(9.2)可知

$$\eta(\theta,\dot{\theta}) = m_{\mathrm{p}}\sin\theta(l\dot{\theta}^2 + g\cos\theta) \text{ 为常数} \tag{9.8}$$

$$\ddot{\theta} = -\frac{g}{l}\sin\theta \tag{9.9}$$

对式(9.8)关于时间求导可得

$$\dot{\theta}[\cos\theta(l\dot{\theta}^2 + g\cos\theta) + (2l\sin\theta\ddot{\theta} - g\sin^2\theta)] = 0$$

将上式除以非零变量 $\dot{\theta}(t)$，然后利用式(9.9)进行化简可得

$$l\dot{\theta}^2\cos\theta + g - 4g\sin^2\theta = 0$$

对上式关于时间求导并整理后得到

$$\dot{\theta}(l\sin\theta\dot{\theta}^2 + 10g\sin\theta\cos\theta) = 0$$

两边同时除以 $\dot{\theta}(t)$ 得到

$$l\sin\theta\dot{\theta}^2 + 5g\sin2\theta = 0 \tag{9.10}$$

对上式关于时间求导，然后再除以 $\dot{\theta}(t)$，经过整理后可以得到

$$l\cos\theta\dot{\theta}^2 + 22g\cos^2\theta - 12g = 0$$

类似地，再对上式关于时间求导，并经过数学整理后得到

$$l\sin\theta\dot{\theta}^2 + 23g\sin2\theta = 0 \tag{9.11}$$

将式(9.11)减去式(9.10)后得到

$$\sin 2\theta = 0$$

根据上述条件,同时考虑到 $\theta(t)$ 的连续性可知:在集合 $U(t_1,\varepsilon)$ 内,$\theta(t)$ 为常数,$\dot{\theta}(t)=0$,这与假设 $\dot{\theta}(t_1)\neq 0$ 相矛盾。因此情形二中的情况不成立。所以在集合 Γ 中,$\dot{\theta}(t)\equiv 0$,由对情形一的分析可知

$$\lim_{t\to\infty}(x \quad \dot{x} \quad \theta \quad \dot{\theta}) = (x_d \quad 0 \quad 0 \quad 0)$$

为了进一步简化控制系统的结构,我们对非线性控制器式(9.6)进行改进后,可以得到如下的能量耦合控制器

$$F_2 = \frac{-k_d\dot{x} - k_p e + k_v[\eta(\theta,\dot{\theta}) - m_p\sin\theta\ \cos\theta\dot{x}\dot{\theta}]}{k_E + k_v} \tag{9.12}$$

其中,$k_d,k_p,k_v,k_E\in\mathbf{R}^+$ 代表控制增益。对于该控制器,利用李雅普诺夫方法,并结合拉塞尔不变性原理可以证明该控制器同样可以实现预定的稳态性能。

9.3.4 吊车控制系统实验结果

吊车控制系统实验平台如图 9.3 所示,它包括机械和数据采集/控制两部分。该实验平台的物理参数如下

$$m_c = 3.5,\quad m_p = 0.5,\quad l = 0.9$$

实验的采样频率为 1kHz,为了实现"软"启动,设定值选择如下

$$x_d = 1 - e^{-8.33t^3} \tag{9.13}$$

对于上述实验设置,针对式(9.12)所设计的非线性吊车控制系统,分别采用刚性杆和柔索悬吊重物,取得了以下的实验结果[23]。

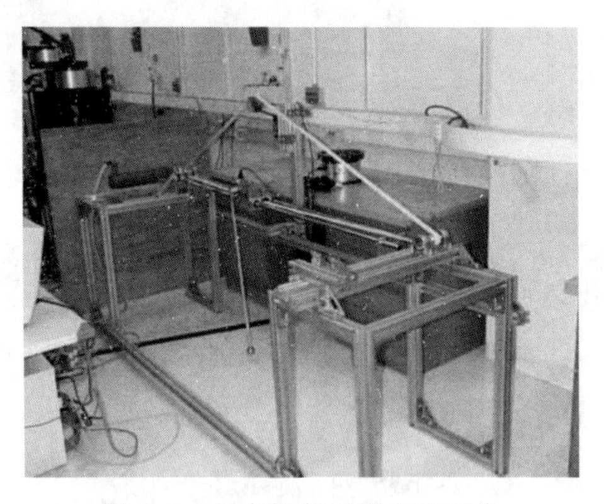

图 9.3　吊车控制系统实验平台

实验一　刚性杆实验结果

当台车与重物之间通过刚性杆相连时,在实验平台上,对控制器进行实验。对控制系统进行充分调试以后,得到其最佳控制增益如下

$$k_d=1.25,\quad k_v=3.4,\quad k_p=6,\quad k_E=1.2$$

在这种设置情况下，控制器的运行结果如图 9.4 所示。其中，图 9.4 上图表示台车的定位误差，而图 9.4 下图则是重物的摆角变化。

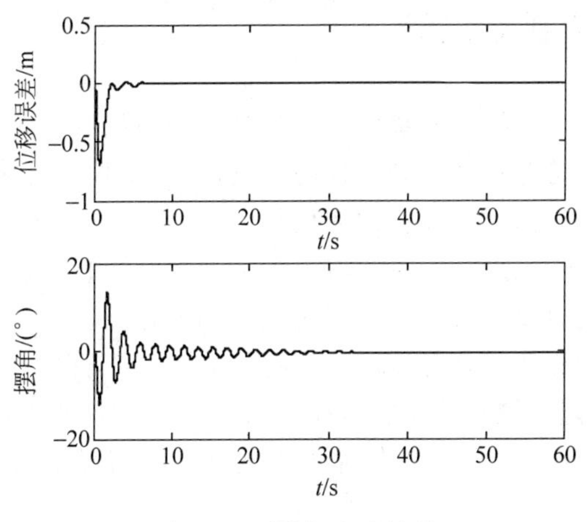

图 9.4　刚性杆实验结果

根据上述曲线，可以计算得到主要的控制指标如下：超调量 $\sigma\%=1.25\%$，而系统的调整时间为 $t_s=30.8\mathrm{s}$。

实验二　柔性绳索实验结果

考虑实际的吊车系统中，一般是通过绳索与台车相连，绳索的柔性将影响系统的性能。为了检测本实验所设计的控制算法，我们以柔性绳索来代替刚性杆，在相同的设置条件下，对所设计的非线性控制器进行重复实验，得到的实验结果如图 9.5 所示。

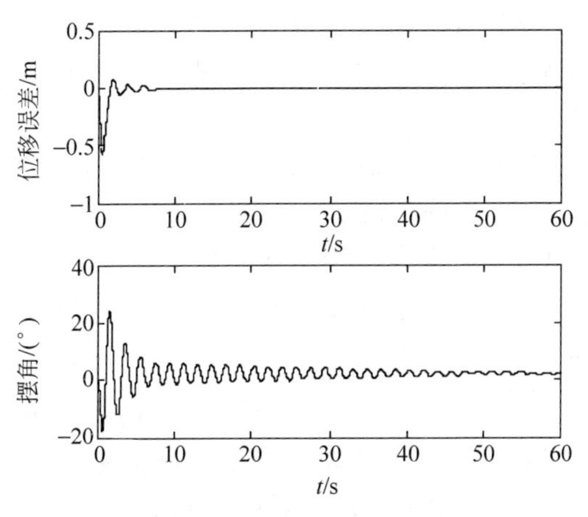

图 9.5　柔性绳索控制实验结果

9.4 桥式吊车系统的抗干扰控制器设计

9.4.1 抗干扰控制器设计

在以上所设计的吊车控制系统中,忽略了空气阻尼、摩擦等不确定因素。但是,所有的机械系统都不可避免地受到干扰的影响,这些干扰会带来各种各样的不良响应,如降低系统的精密度,减少设备的使用年限,严重时甚至造成生产事故。对于桥式吊车系统而言,在运行过程中,系统将受到多种噪声干扰的影响,主要包括机械摩擦对台车运动的影响以及空气等摩擦对负载摆动的作用。为了提高系统的性能,在桥式吊车控制系统中需要综合分析上述不确定因素,并且在控制器中添加有关的非线性补偿项,使系统能够较好地克服摩擦力以及空气阻力等的影响。本节将介绍一种吊车抗干扰控制系统,它在存在各种不确定干扰的情况下,仍然能够实现桥式吊车的高性能控制[24]。

对于如图9.2所示的桥式吊车系统,如果考虑到系统中所存在的摩擦力和空气阻尼,则经过理论分析以后,系统的动态模型可以改写如下

$$\boldsymbol{M}(\boldsymbol{q})\ddot{\boldsymbol{q}}+\boldsymbol{V}_{\mathrm{m}}(\boldsymbol{q},\dot{\boldsymbol{q}})\dot{\boldsymbol{q}}+\boldsymbol{G}(\boldsymbol{q})=\boldsymbol{u}+\boldsymbol{F}_{\mathrm{d}}$$

其中,$\boldsymbol{F}_{\mathrm{d}}(t)\in\mathbf{R}^2$ 表示系统中的不确定干扰项,具体定义如下

$$\boldsymbol{F}_{\mathrm{d}}(t)=[-F_{\mathrm{r}}+k_{\mathrm{d}i}l\cos\theta\dot{\theta}-2k_{\mathrm{d}i}\dot{x}\quad k_{\mathrm{d}i}l\cos\theta\dot{x}-k_{\mathrm{d}i}l^2\dot{\theta}]^{\mathrm{T}}$$

其中,$k_{\mathrm{d}i}\in\mathbf{R}^+$ 表示未知的空气阻尼系数,$F_{\mathrm{r}}(t)\in\mathbf{R}$ 代表系统中的摩擦力,其表达式为[25]

$$F_{\mathrm{r}}(t)=F_{\mathrm{r}0}\tanh(\dot{x}/\varepsilon)+k_{\mathrm{r}}\,|\dot{x}|\,\dot{x}$$

其中,系数 ε 可以通过试验方法获得,而 $F_{\mathrm{r}0},k_{\mathrm{r}}\in\mathbf{R}^+$ 都是未知的正常数。在实际的吊车系统中,要对这些参数进行准确辨识具有很大的难度,需要进行大量的实验,以获取充足的实验数据;此外,这些参数在不同的工作条件下也会发生变化。因此,如何在这些参数未知或者准确度较低的情况下,实现桥式吊车系统的高性能控制具有非常重要的实际意义。

如前所述,吊车的控制目标是选择合适的控制力矩 $F(t)$,使台车运动到设定的位置 x_{d},同时较好地抑制负载的摆角 $\theta(t)$。和9.3节的设计方法类似,我们仍然采用基于能量分析的方法来设计非线性控制器。对于受到噪声干扰影响的吊车系统,其总能量仍然可以用式(9.5)所定义的 $E(\boldsymbol{q},\dot{\boldsymbol{q}})$ 来表示,对其关于时间求导以后,可以得到其变化趋势如下

$$\dot{E}=\dot{\boldsymbol{q}}^{\mathrm{T}}(\boldsymbol{u}+\boldsymbol{F}_{\mathrm{d}})=F\dot{x}+(-F_{\mathrm{r}}+k_{\mathrm{d}i}l\cos\theta\dot{\theta}-2k_{\mathrm{d}i}\dot{x})\dot{x}+(k_{\mathrm{d}i}l\cos\theta\dot{x}-k_{\mathrm{d}i}l^2\dot{\theta})\dot{\theta}$$

对系统动态特性进行充分分析以后,设计如下所示的自适应控制器

$$F=-\boldsymbol{Y}^{\mathrm{T}}\hat{\boldsymbol{w}}-k_{\mathrm{x}}\dot{x}-k_{\mathrm{e}}e \tag{9.14}$$

其中,$k_{\mathrm{x}},k_{\mathrm{e}}\in\mathbf{R}^+$ 是控制增益,$\boldsymbol{Y}(t)\in\mathbf{R}^3$ 表示可以测量得到的向量

$$\boldsymbol{Y}(t)=[-\tanh(\dot{x}/\varepsilon)\quad -|\dot{x}|\dot{x}\quad 2l\cos\theta\dot{\theta}]^{\mathrm{T}}$$

而 $\hat{\boldsymbol{w}}(t)\in\mathbf{R}^3$ 代表对未知参数向量 $\boldsymbol{w}(t)=[F_{r0}\quad k_r\quad k_{di}]^{\mathrm{T}}$ 的在线估计

$$\hat{\boldsymbol{w}}(t)=[\hat{F}_{r0}\quad \hat{k}_r\quad \hat{k}_{di}]^{\mathrm{T}}$$

其中，$\hat{F}_{r0}(t)$，$\hat{k}_r(t)$，$\hat{k}_{di}(t)$分别是 F_{r0}，k_r，k_{di} 的估计值。在系统运行过程中，$\hat{\boldsymbol{w}}(t)$将通过以下的参数更新规律不断进行调整

$$\dot{\hat{\boldsymbol{w}}}(t)=\boldsymbol{\Gamma}\boldsymbol{Y}\dot{x} \tag{9.15}$$

其中，$\boldsymbol{\Gamma}\in\mathbf{R}^{3\times3}$ 是一个正定对角增益矩阵。

9.4.2 吊车抗干扰控制系统的稳定性分析

定理 9.2 在存在不确定参数的情况下，自适应控制器式(9.14)能够使台车定位误差和负载摆角实现渐近收敛，即

$$\lim_{t\to\infty}(x(t)\quad \dot{x}(t)\quad \theta(t)\quad \dot{\theta}(t))=(x_d\quad 0\quad 0\quad 0)$$

证明 为了证明上述结论，选取如下的李雅普诺夫函数 $V_2(t)$

$$V_2=E+\frac{1}{2}k_e e^2+\frac{1}{2}\tilde{\boldsymbol{w}}^{\mathrm{T}}\boldsymbol{\Gamma}^{-1}\tilde{\boldsymbol{w}} \tag{9.16}$$

其中，$\tilde{\boldsymbol{w}}(t)\in\mathbf{R}^3$ 为参数估计误差

$$\tilde{\boldsymbol{w}}(t)=\boldsymbol{w}-\hat{\boldsymbol{w}}(t)$$

对 $V_2(t)$关于时间求导，并化简后得到

$$\dot{V}_2=\dot{E}+k_e e\dot{e}-\tilde{\boldsymbol{w}}^{\mathrm{T}}\boldsymbol{\Gamma}^{-1}\dot{\hat{\boldsymbol{w}}}$$

代入系统的动态模型和参数更新律后，可以将上式化简为

$$\dot{V}=-(2k_{di}+k_x)\dot{x}^2-k_{di}l^2\dot{\theta}^2 \tag{9.17}$$

因为 k_x，$k_{di}>0$，故由式(9.16)和式(9.17)可知 $V\in L_\infty$，于是通过简单的分析可以证明

$$E(t),e(t),\hat{w}(t)\in L_\infty,\quad \dot{x}(t),\dot{\theta}(t)\in L_\infty,\quad F(t)\in L_\infty$$

类似地，可以利用拉塞尔不变性原理来完成定理 9.2 的证明。为此，定义如下的域

$$\Omega=\{q\ |\dot{V}=0\}$$

在 Ω 中，由式(9.17)可知

$$\dot{x}(t)=0,\quad \dot{\theta}(t)=0$$

故 $x(t)$和 $\theta(t)$均为常数，因此其二阶微分为 0，即

$$\ddot{x}(t)=0,\quad \ddot{\theta}(t)=0$$

进一步分析可以证明，在 Ω 中满足如下条件

$$Y(t)=0,\quad F_{\mathrm{r}}(t)=0$$

根据以上事实,不难证明在 Ω 中

$$\sin\theta=0$$

同样假设负载的摆角 $\theta\in(-\pi,\pi)$,则由上式可得,在集合 Ω 中

$$\theta(t)=0$$

因此,在该集合中

$$F(t)=0,\quad e(t)=0$$

所以由拉塞尔不变性原理可知定理 9.2 成立。

9.4.3 仿真结果与分析

为了验证控制器式(9.14)对于吊车系统的控制效果,通过 MATLAB/Simulink 进行了仿真实验。仿真时选取和 9.3.4 节中的实验平台同样的系统参数

$$m_{\mathrm{c}}=3.5,\quad m_{\mathrm{p}}=0.5,\quad l=0.9,\quad g=9.8$$

而不确定动态特性中的有关参数选择为

$$F_{\mathrm{r0}}=5,\quad k_{\mathrm{r}}=0.5,\quad k_{\mathrm{d}i}=0.02$$

要求吊车到达的目标位置选为

$$x_{\mathrm{d}}=1$$

系统状态的初始值取为

$$x_0=0,\quad \theta_0=0$$

通过充分调节以后,自适应控制器中的各个控制增益取为

$$\varepsilon=0.1,\quad k_{\mathrm{x}}=5,\quad k_{\mathrm{e}}=5,\quad \boldsymbol{\Gamma}=\boldsymbol{I}_3$$

其中,$\boldsymbol{I}_3$ 表示三阶单位方阵。在 Simulink 中设置步长 ode45 算法,得到的仿真结果如图 9.6 和图 9.7 所示。其中,图 9.6 表示台车的位置曲线,而图 9.7 则记录了负载的摆角曲线。由图 9.6 可以看出,台车用了 1 分钟的时间到达了指定的位置,没有发

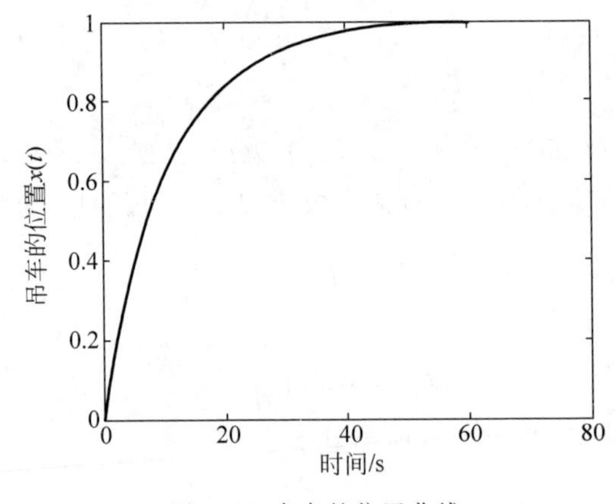

图 9.6 台车的位置曲线

生抖动现象(超调)。由图 9.7 可以看到负载物与垂直方向的俯角保持在一个很小的范围内,并很快地向零收敛。从图中可以看到这个俯角的最大值为 1.8°(0.03rad),可以计算得到负载物与吊车在水平方向上的最大位置差为 0.0027。

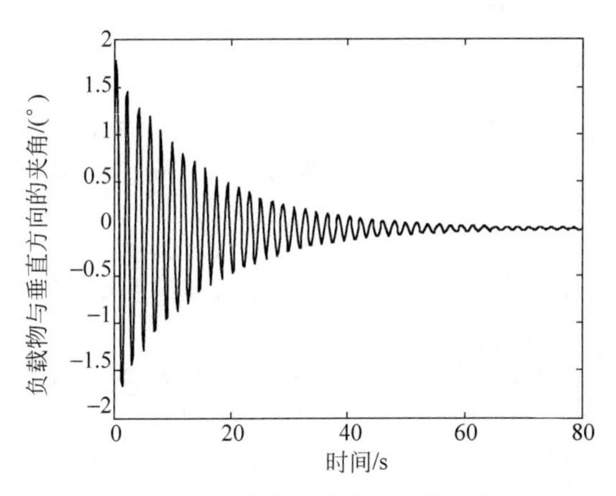

图 9.7　负载物与垂直方向的夹角

习题

1. 对于吊车系统式(9.1),请对其性质 9.1 和性质 9.2 进行数学证明。

2. 对于欠驱动吊车系统式(9.1),试给出其模型变换时,从式(9.1)到式(9.2)的数学推导。

3. 对于式(9.1)中的欠驱动吊车系统,试证明如下的比例微分控制算法

$$F=-k_{\mathrm{d}}\dot{x}-k_{\mathrm{p}}e$$

能够使台车的定位误差 $e(t)$ 和负载摆角 $\theta(t)$ 渐近收敛。其中,$k_{\mathrm{d}},k_{\mathrm{p}}\in\mathbf{R}^{+}$ 代表控制增益,定位误差定义如下

$$e(t)=x-x_{\mathrm{d}}$$

式中,x_{d} 表示台车位移的设定值。

4. 对于式(9.12)所示的能量耦合控制器,试利用李雅普诺夫方法和拉塞尔不变性原理分析其稳定性。

5. 当利用拉塞尔不变性原理分析系统的稳定性时,为什么可以对各个等式关于时间求导?如果式(9.8)仅仅在某一时刻成立,是否能通过对其求导来进行分析?

6. 在对吊车控制系统进行实验测试时,在选择设定值时,进行了如式(9.13)所示的"软"起动。这种处理对于实际控制系统而言,有何意义?

7. 请利用 MATLAB/Simulink 对控制器式(9.6)和式(9.12)进行仿真,并分析系统的暂态性能。

8. 对于式(9.14)所示的抗干扰控制器而言,在设计过程中,假定了台车质量等参数是精确已知的。当这些参数中存在不确定性时,请设计自适应控制器实现渐近收敛的稳态性能。

9. 请对式(9.14)所构造的抗干扰吊车控制系统进行仿真,并分析系统能否使参数估计向量 $\hat{w}(t)$渐近收敛于真实值。

参考文献

1. Hekman K A, Singhose W E. Feedback Control for Suppression of Crane Payload Oscillation Using On-Off Commands[C]. *Proc. of the 2006 American Control Conference*, Minneapolis, Minnesota, USA, 2006, 1784-1789.
2. Agostini M J, Darker G G, Schaub H, et al. Generating Swing-Suppressed Maneuvers for Crane Systems with Rate Saturation[J]. *IEEE Trans. on Control Systems Technology*, 2003, 11(4): 471-481.
3. Cho S and Lee H. An Anti-Swing Control of a 3-Dimensional Overhead Crane[C]. *Proc. of the 2000 IEEE American Control Conference*, Illinois, 2000, 1037-1041.
4. Khalid J, Singhose W, Huey J, et al. Study of Operator Behavior, Learning, and Performance Using an Input-Shaped Bridge Crane[C]. *Proc. of the 2004 IEEE Conference on Control Applications*, Taipei, China, 2004, 759-764.
5. Hekman K, Singhose W, Lawrence J. Input Shaping with Coulomb Friction Compensation on a Solder Cell Machine[C]. *Proc. of the 2004 American Control Conference*, Boston, Massachusetts, 2004, 728-733.
6. Hamalainen J J, Marttinen A, Baharova L, et al. Optimal Path Planning for a Trolley Crane: Fast and Smooth Transfer of Load[J]. *IEEE Proceeding of Control Theory and Applications*, 1995, 142(4): 51-57.
7. 王伟,易建强,赵冬斌,等. 桥式吊车系统的分级滑模控制方法[J]. 自动化学报,2004,30(5): 784-788.
8. 王伟,易建强,赵冬斌,等. 基于滑模方法的桥式吊车系统的抗摆控制[J]. 控制与决策,2004, 19(9): 1013-1016.
9. Liu D, Yi J, Zhao D, et al. Adaptive Sliding Mode Fuzzy Control for a Two-dimensional Overhead Crane[J]. *Mechatronics*, 2005, 15(5): 505-522.
10. 郭贤生,吴斌. 基于粗集理论的吊车摆控制研究[J]. 计算机工程与应用,2005,7: 209-211.
11. Chang C Y, Hsu S W, Chiang K H. The Switching Fuzzy Controller of the Overhead Crane System[C]. *Proc. of the 2004 IEEE Conference on Control Applications*, Taipei, China, 2004, 753-758.
12. 刘殿通,易建强,谭民. 适于长距离运输的分段吊车模糊控制[J]. 控制理论与应用,2003, 20(6): 908-912.
13. 李树江,胡韶华,吴海. 基于LQR和变论域模糊控制的吊车防摆控制[J]. 控制与决策,2006, 21(3): 289-296.
14. 刘殿通,易建强,谭民. 不确定欠驱动非线性系统的模糊滑模控制[J]. 电机与控制学报,2003, 7(3): 215-218.
15. Yamamoto M, Honda E, Mohri A. Safe Automatic Emergency Stop Control of Gantry Crane Including Moving Obstacles in Its Workspace[C]. *Proceedings of the 2005 IEEE International Conference on Robotics and Automation*, Barcelona, Spain, 2005, 254-259.
16. 王伟,易建强,赵冬斌,等. 一类非确定欠驱动系统的串级模糊滑模控制[J]. 控制理论与应用, 2006, 23(1): 53-59.

17. 王伟，易建强，赵冬斌，等. 基于稳定性分析的一类欠驱动系统的滑模控制器设计[J]. 信息与控制，2005，34(2)：232-235.
18. 高丙团，陈宏钧，张晓华. 龙门吊车系统的动力学建模[J]. 计算机仿真，2006，23(2)：50-52.
19. Lee H H. Modeling and Control of a Three-Dimensional Overhead Crane[J]. *Journal of Dynamic Systems, Measurement, and Control*, 1998, 120：471-476.
20. Fang Y, Zergeroglu E, Dixon W E, et al. Nonlinear Coupling Control Laws for an Overhead Crane System[C]. *Proc. of the IEEE Conference on Control Applications*, 2001, 639-644.
21. Fang Y, Dixon W E, Dawson D M, et al. Nonlinear Coupling Control Laws for a 3-DOF Overhead Crane System[C]. *Proc. of the IEEE Conference on Decision and Control*, 2001, 3766-3771.
22. Fang Y, Dixon W E, Dawson D M, et al. Nonlinear Coupling Control Laws for an Overhead Crane System[C]. *IEEE/ASME Transactions on Mechatronics*, 2003, 8(3)：418-423.
23. 方勇纯，Dawson D，王鸿鹏. 欠驱动吊车非线性控制系统设计及实验[J]. 中南大学学报(自然科学版)，2005，36(1)(专辑)：151-155.
24. 马博军，方勇纯，王鸿鹏. 基于能量分析的桥式吊车系统抗干扰控制器设计[J]. 中南大学学报(自然科学版)，2005，36(1)(专辑)：169-173.
25. Aschemann H, Sawodny O, Lahres S, et al. Disturbance Estimation and Compensation for Trajectory Control of an Overhead Crane[C]. *Proc. of the 2000 IEEE American Control Conference*, Illinois, 2000, 1027-1031.

第10章 磁悬浮系统的非线性控制

10.1 引言

磁悬浮系统是通过电磁铁与铁磁材料之间的磁力作用来实现对工作物体的无接触支撑，它基本上可以实现无摩擦工作，因此可以避免由摩擦带来的各种影响[1,2]。例如，它可以大幅度减少功耗和器件磨损，无须使用润滑剂，器件的寿命理论上可以无限长，维护费用低。在磁悬浮系统中，通常是通过控制励磁电流来改变磁场的强弱及其分布，从而产生所需要的磁力，使系统能够稳定运行[3,4]。由于采用电信号进行控制，因此系统具有响应时间快，控制精度高等优点。由于具有上述优点，磁悬浮系统可以有效地降低生产成本，提高制造和加工精度，并减少生产时的能量损耗。

常见的磁悬浮系统包括磁轴承和磁悬浮列车两种。20 世纪 70—80 年代，欧美等许多国家看到了磁悬浮系统的种种优点，因此加大了该方面的研究力度。其中，法国、德国、瑞士等国家对磁轴承进行了集中研究，开发了适用于超高速超精密加工机床的磁轴承系统。而美国则率先开始研究面向航空发动机的高温磁轴承系统，以奠定其在未来的空中优势地位。与此同时，德国、法国等国家致力于研究磁悬浮列车，基本上解决了有关技术问题，德国还多次尝试修建磁悬浮列车线路。我国在近年来开展了磁悬浮系统领域的研究，并取得了一定的研究成果。其中，清华大学开发的磁轴承系统成功进行了内圆磨削实验，而西南交大、国防科大、中科院电工所等单位则对低速磁悬浮列车的悬浮、导向、推进等关键技术进行了基础性研究。但是，与国外磁悬浮系统相比，我国在研究水平上还存在着不小的差距，特别是在系统的可靠性、加工精度以及能耗等方面还亟待提高。

磁悬浮技术是集电磁学、电子技术、控制工程、信号处理、机械学、动力学为一体的典型的机电一体化技术。随着电子技术、控制工程以及电磁理论等的进展，磁悬浮技术在近年来得到了广泛关注，并逐步发展成为当前的一个研究热点。但是，现在仍然有许多关键问题没有得到根本解决，因而制约了其进一步的应用。就控制环节而言，由于磁悬浮系统内部的吸引或排斥电磁过程具有非常复杂的非线性动态特性,并且开环系统本身是不稳定的,再加上各种干扰的影响[5],常规的线性控制方法很难达到期望的性能指标。因此,许多专家分别采用各种先进控制方法,如耗散理论[6]、Q 参数化方法[7]、模糊控制[8,9]、最优控制[10]、鲁棒控制[11]、非线性反步控制[12]等方法来设计磁悬浮控制系统,以期实现预定的性能指标。遗憾的是,这些方法都存在各自不同的问题,目前还难以使系统安全有效地工作,因此,如何针对磁系统的特点设计出稳定可靠的控制环节,仍然是充分发挥磁悬浮系统优点,使其得到广泛应用所需要解决的一个关键问题。本章将对磁悬浮系统的动态特性进行分析,然后根据实际的应用需求,分别介绍基于零稳态功率损失的磁轴承控制系统以及能够有效抑制未知动态干扰的磁悬浮列车控制系统。

10.2　零稳态功率损失的磁轴承控制系统设计

磁轴承是现在得到广泛关注和实际应用的一类磁悬浮系统。由于不存在机械接触,因此转子可以达到很高的运转速度。磁轴承可以广泛应用于超高速超精密加工机床,新一代航空发动机,以及航天器储能飞轮等领域,是极有前途的一种高技术新型轴承[13]。图 10.1 展示了德国莱宝公司生产的两种磁悬浮轴承。磁轴承系统是我国实现超高速超精密先进制造业的关键技术之一。通过开发出实用的高精度磁轴承系统,取代传统的滚动轴承,可以大幅度降低机电等企业的生产成本,提高产品的精度,从而增强其国际竞争力,最终为机电等行业带来良好的发展契机,并推动我国国民经济的发展。

10.1　德国莱宝公司磁悬浮轴承产品

在磁轴承中,通常是通过在电磁体中产生一定的偏置磁通来得到相应的悬浮力[14],这种方法可以为控制系统的设计带来很大的便利。但是,它存在一个非常大的缺点:偏置磁通将使转子发热,并造成系统中的功率损耗,因此,在利用磁轴承进行高速加工以及能量存储等应用时必须对其进行有效处理。针对这个问题,本节将介绍一种零稳态偏置磁通的轴承控制方法[13],它在调节转子位置的同时能有效地减少稳态功率损耗,较好地解决了系统发热问题,有望应用于实现超高速机械加工。

10.2.1 磁轴承系统模型分析

本节所研究的磁轴承包括定子和转子两部分,其中定子包含4个缠绕有通电线圈的电磁体,前两组线圈用于产生 X 方向的电磁力,而后两组线圈则可以产生 Y 方向的电磁力。对于该磁悬浮轴承而言,系统模型包括机械模型与电磁模型两部分,通过对系统进行详细分析以后,可以分别对其建立数学模型。

对于磁轴承而言,其机械部分的数学模型可以用以下的微分方程来描述

$$m\ddot{x}=\sum_{i=1}^{2}F_i(\phi_i),\quad m\ddot{y}=\sum_{i=3}^{4}F_i(\phi_i) \tag{10.1}$$

其中,m 表示转子的质量,$x(t)$、$y(t)$ 分别代表转子在 X 方向和 Y 方向上的位移,$\phi_i(t)$ 是第 i 组线圈中的磁通,而 $F_i(\phi_i)$ 则表示第 i 个电磁体所产生的电磁力

$$F_i=\frac{(-1)^{i+1}\phi_i^2}{\mu_0 A},\quad i=1,2,3,4 \tag{10.2}$$

其中,μ_0 表示空气中的导磁率,A 是相应电磁体的横截面积。

在磁轴承中,电磁部分的特性经过机理分析以后,可以得到如下的动态方程

$$\begin{aligned} &N\dot{\phi}_i+\frac{2[g_0+(-1)^i x]+l}{\mu_0 AN}R_i\phi_i=v_i,\quad i=1,2 \\ &N\dot{\phi}_i+\frac{2[g_0+(-1)^i y]+l}{\mu_0 AN}R_i\phi_i=v_i,\quad i=3,4 \end{aligned} \tag{10.3}$$

其中,N 表示线圈的匝数,g_0 是磁隙宽度,R_i 表示第 i 个电磁体的电阻,l 为有效磁路长度,v_i 则是施加在第 i 个电磁体线圈上的电压。

10.2.2 零稳态功率损失控制系统设计与分析

根据磁轴承的特点,控制系统的设计目标可以阐述如下:构造合适的控制电压 $v_i(t)$,将转子调节到中心位置,即

$$\lim_{t\to\infty}x(t)=0,\quad \lim_{t\to\infty}y(t)=0 \tag{10.4}$$

同时尽量减少系统的稳态功率损耗。

从式(10.1)可以看出,系统在 X 轴和 Y 轴上的动态特性是完全对称的,因此只需要对 X 轴上的控制信号进行设计,而 Y 轴上的控制则可以采用完全相同的结构。

根据系统的控制目标,定义线性滤波器信号 $r(t)$ 如下

$$r=\dot{x}+\alpha x \tag{10.5}$$

其中,α 表示正的控制增益。显然,根据线性滤波器的性质可知:当 $\lim_{t\to\infty}r(t)=0$ 时,$\lim_{t\to\infty}x(t)=0$,因此,控制目标可以转化为设计控制器 $v_i(t)$,$i=1,2$,使得

$$\lim_{t\to\infty}r(t)=0$$

为此,我们对式(10.5)求导,并将其两边同时乘以 m,然后将式(10.1)和式(10.2)代入整理后得到

$$m\dot{r}=\alpha m\dot{x}+\sum_{i=1}^{2}\frac{(-1)^{i+1}\phi_i^2}{\mu_0 A}$$

对于该系统，接下来将采用反步设计方法来完成控制器的设计，为此，对上式进行数学处理后得到

$$m\dot{r}=\alpha m\dot{x}+f_d-\sum_{i=1}^{2}\frac{(-1)^{i+1}(\phi_i+\phi_{di})\eta_i}{\mu_0 A} \tag{10.6}$$

其中，$\phi_{di}(t)$表示为了实现控制目标所需要的期望磁通，$f_d(t)$为 X 轴方向上的期望电磁力，它与 $\phi_{di}(t)$之间满足如下关系

$$f_d=\sum_{i=1}^{2}\frac{(-1)^{i+1}\phi_{di}^2}{\mu_0 A} \tag{10.7}$$

而 $\eta_i(t)$则是磁通跟踪误差

$$\eta_i=\phi_{di}-\phi_i \tag{10.8}$$

从式(10.7)可以看出，当期望磁通 $\phi_{di}(t)$满足如下约束关系时，可以实现期望的电磁力 $f_d(t)$

$$\mu_0 A f_d=\phi_{d1}^2-\phi_{d2}^2=(\phi_{d1}+\phi_{d2})(\phi_{d1}-\phi_{d2}) \tag{10.9}$$

因此，在设计期望磁通 $\phi_{di}(t)$时，必须将上式作为一个约束条件，并综合考虑系统的稳态功率损耗，兼顾这两方面的要求来构造合理的期望磁通 $\phi_{d1}(t)$和 $\phi_{d2}(t)$。

为了实现控制目标，根据 $r(t)$的开环动态特性式(10.6)设计期望电磁力 $f_d(t)$为

$$f_d=-\alpha m\dot{x}-kr \tag{10.10}$$

其中，$k\in\mathbf{R}^+$为反馈控制增益。将上述控制器代入式(10.6)并化简后得到

$$m\dot{r}=-kr-\sum_{i=1}^{2}\frac{(-1)^{i+1}(\phi_i+\phi_{di})\eta_i}{\mu_0 A} \tag{10.11}$$

在此基础上，需要对电磁特性式(10.3)和式(10.6)进行分析，并设计输入电压 $v_i(t)$，$i=1,2$ 以实现期望的电磁力。为此，对磁通跟踪误差式(10.8)关于时间求导，然后进行数学整理后得到

$$N\dot{\eta}_i=N\dot{\phi}_{di}+\frac{2[g_0+(-1)^i x]+l}{\mu_0 AN}R_i\phi_i-v_i \tag{10.12}$$

根据上式，设计输入电压 $v_i(t)$，$i=1,2$ 如下

$$v_i=N\dot{\phi}_{di}+\frac{2[g_0+(-1)^i x]+l}{\mu_0 AN}R_i\phi_i+k_{ei}\eta_i-\frac{(-1)^{i+1}(\phi_i+\phi_{di})r}{\mu_0 A} \tag{10.13}$$

其中，k_{ei} 是反馈增益。在上述控制器中，前两项是为了抵消 $\eta_i(t)$中的开环动态特性而引入的前馈项，$k_{ei}\eta_i(t)$是标准反馈项，而最后一项则是为了补偿 $r(t)$闭环方程中的交叉项。将上述控制器 $v_i(t)$，$i=1,2$ 代入式(10.12)，并消去公共项后得到

$$N\dot{\eta}_i=-k_{ei}\eta_i+\frac{(-1)^{i+1}(\phi_i+\phi_{di})r}{\mu_0 A} \tag{10.14}$$

为了对所设计的控制系统进行稳定性分析，选择如下的半正定函数

$$V=\frac{1}{2}mr^2+\frac{1}{2}N(\eta_1^2+\eta_2^2)$$

显然,$V(t)$满足如下不等式

$$\lambda_1\|\boldsymbol{z}\|^2\leqslant V\leqslant\lambda_2\|\boldsymbol{z}\|^2 \tag{10.15}$$

其中,$z(t)\in\mathbf{R}^3$ 定义如下

$$\boldsymbol{z}=[r\quad\eta_1\quad\eta_2]^{\mathrm{T}} \tag{10.16}$$

而 $\lambda_1,\lambda_2\in\mathbf{R}^+$ 则是如下的常数

$$\lambda_1=\min\left\{\frac{1}{2}m,\frac{1}{2}N\right\},\quad\lambda_2=\max\left\{\frac{1}{2}m,\frac{1}{2}N\right\}$$

对 $V(t)$关于时间求导并代入闭环动态方程进行整理后得到

$$\dot{V}=rm\dot{r}+N\eta_1\dot{\eta}_1+N\eta_2\dot{\eta}_2=-kr^2-k_{\mathrm{e1}}\eta_1^2-k_{\mathrm{e2}}\eta_2^2\leqslant-\lambda_3\|\boldsymbol{z}\|^2 \tag{10.17}$$

其中,$\lambda_3\in\mathbf{R}^+$ 为如下常数

$$\lambda_3=\min\{k,k_{\mathrm{e1}},k_{\mathrm{e2}}\}$$

进一步将式(10.15)代入式(10.17)后可得

$$\dot{V}\leqslant-\lambda_3\|\boldsymbol{z}\|^2\leqslant-\frac{\lambda_3}{\lambda_2}V$$

对上述微分不等式进行求解后得到

$$V(t)\leqslant V(0)\mathrm{e}^{-\frac{\lambda_3}{\lambda_2}t}$$

在此基础上,利用式(10.16)可以直接得到

$$|r(t)|\leqslant\|\boldsymbol{z}\|\leqslant\sqrt{\frac{1}{\lambda_1}V}\leqslant\sqrt{\frac{1}{\lambda_1}V(0)}\mathrm{e}^{-\frac{\lambda_3}{2\lambda_2}t}\leqslant\sqrt{\frac{\lambda_2}{\lambda_1}}\|\boldsymbol{z}(0)\|\mathrm{e}^{-\frac{\lambda_3}{2\lambda_2}t}$$

根据上式,利用滤波器方程可以直接证明

$$|x(t)|\leqslant\mu_1\mathrm{e}^{-\beta t},\quad|\dot{x}(t)|\leqslant\mu_2\mathrm{e}^{-\beta t} \tag{10.18}$$

其中,$\mu_1,\mu_2\in\mathbf{R}^+$ 为正的常数,收敛速率 $\beta\in\mathbf{R}^+$ 定义为

$$\beta=\min\left\{\frac{\lambda_3}{2\lambda_2},\alpha\right\}$$

根据上述关系,并且注意到

$$f_{\mathrm{d}}=-\alpha m\dot{x}-kr=-(\alpha m+k)\dot{x}-\alpha kx$$

不难证明

$$|f_{\mathrm{d}}|\leqslant(\alpha m+k)|\dot{x}|+\alpha k|x|\leqslant\mu_3\mathrm{e}^{-\beta t},\quad|\dot{f}_{\mathrm{d}}|\leqslant\mu_4\mathrm{e}^{-\beta t} \tag{10.19}$$

其中,常数 $\mu_3,\mu_4\in\mathbf{R}^+$ 分别定义为

$$\mu_3=(\alpha m+k)\mu_1+\alpha k\mu_2,\quad\mu_4=\beta\mu_3$$

10.2.3 功率损耗估计

在磁轴承系统运行过程中,其欧姆功率损耗 $P_1(t)$计算如下

$$P_1=\sum_{i=1}^{4}I_i^2R_i$$

利用电磁体中电流与磁通之间的关系,可以将 $P_1(t)$ 改写为

$$P_1=\frac{1}{(\mu_0AN)^2}\sum_{i=1}^{2}[2(g_0+(-1)^ix)+l]^2\phi_i^2R_i+$$
$$\frac{1}{(\mu_0AN)^2}\sum_{i=3}^{4}[2(g_0+(-1)^iy)+l]^2\phi_i^2R_i$$

当系统达到稳态情况时,$x=y=0$,因此,稳态欧姆功率损耗 $(P_1)_{ss}$ 的表达式如下

$$(P_1)_{ss}=\frac{(2g_0+l)^2}{(\mu_0AN)^2}\sum_{i=1}^{4}(\phi_i)_{ss}^2R_i \tag{10.20}$$

其中,$(\cdot)_{ss}$ 代表信号的稳态值。另一方面,注意到控制器式(10.10)和式(10.13)可以使闭环信号 $r(t)$、$x(t)$、$\dot{x}(t)$、$\eta_i(t)$ 指数衰减,因此,经过暂态响应时间以后:$\phi_i(t)\approx\phi_{di}(t)$。所以,在计算稳态功率损耗时,可以近似以 $(\phi_{di})_{ss}$ 来代替 $(\phi_i)_{ss}$,从而将式(10.20)改写为

$$(P_1)_{ss}=\frac{(2g_0+l)^2}{(\mu_0AN)^2}\sum_{i=1}^{4}(\phi_{di})_{ss}^2R_i$$

从上式可以看出,为了减少稳态误差,必须尽量降低稳态磁通 $(\phi_{di})_{ss}$。基于以上原因,同时考虑到约束条件式(10.9),设计期望磁通 $\phi_{di}(t)$ 如下

$$\phi_{di}(t)=\sqrt{\mu_0A}\sqrt{\frac{1}{2}[(-1)^{i+1}f_d+\sqrt{f_d^2+\delta^2}]} \tag{10.21}$$

其中,$\delta(t)$ 选择为指数衰减信号

$$\delta(t)=a\mathrm{e}^{-bt}$$

而常数 $a,b\in\mathbf{R}^+$ 分别满足如下约束

$$a\geqslant\frac{4}{3}\mu_3,\quad b<\beta$$

根据上述选择,容易证明

$$|\delta(t)|>\frac{3}{4}|f_d| \tag{10.22}$$

因此

$$f_d^2+\delta^2>|f_d|+\frac{1}{2}\delta$$

进一步整理后得到

$$\sqrt{f_d^2+\delta^2}-|f_d|>\frac{1}{2}\delta$$

利用上式可以证明

$$\phi_{di}\geqslant\sqrt{\mu_0A}\sqrt{\frac{1}{2}[\sqrt{f_d^2+\delta^2}-|f_d|]}\geqslant\frac{1}{2}\sqrt{\mu_0A}\sqrt{\delta} \tag{10.23}$$

10.2.4 控制器奇异性分析

对于控制器式(10.10)、式(10.13)和式(10.21),为了避免其出现奇异性,必须

对 $\dot{\phi}_{di}(t)$的特性进行分析

$$\dot{\phi}_{di}(t)=\frac{\partial\phi_{di}}{\partial f_{d}}\dot{f}_{d}+\frac{\partial\phi_{di}}{\partial\delta}\dot{\delta}$$

将 $\phi_{di}(t)$的表达式代入上式进行具体计算,然后经过数学处理后得到

$$\dot{\phi}_{di}(t)=\frac{\mu_{0}A}{4\phi_{di}}\left[(-1)^{i+1}+\frac{f_{d}}{\sqrt{f_{d}^{2}+\delta^{2}}}\right]\dot{f}_{d}+\frac{\mu_{0}A}{4\phi_{di}}\frac{\delta}{\sqrt{f_{d}^{2}+\delta^{2}}}\dot{\delta}$$

在上式中,考虑到

$$\left|\frac{f_{d}}{\sqrt{f_{d}^{2}+\delta^{2}}}\right|\leqslant 1,\quad\left|\frac{\delta}{\sqrt{f_{d}^{2}+\delta^{2}}}\right|\leqslant 1$$

利用式(10.19)和式(10.23)可以将 $\dot{\phi}_{di}(t)$放缩为

$$\dot{\phi}_{di}(t)\leqslant\frac{\sqrt{\mu_{0}A}}{\sqrt{\delta}}\mu_{4}\mathrm{e}^{-\beta t}+\frac{\sqrt{\mu_{0}A}}{2\sqrt{\delta}}\dot{\delta}$$

在上式中,代入 $\delta(t)$的表达式后可得

$$\dot{\phi}_{di}(t)\leqslant\mu_{4}\sqrt{\frac{\mu_{0}A}{a}}\mathrm{e}^{-\left(\beta-\frac{b}{2}\right)t}+\frac{b}{2}\sqrt{\mu_{0}aA}\,\mathrm{e}^{-\frac{b}{2}t}$$

所以,$\lim\limits_{t\to\infty}\dot{\phi}_{di}(t)=0$,在此基础上,容易证明:$v_{i}(t)\in L_{\infty}$,$i=1,2$,所以本节所设计的零稳态功率损失控制器不存在奇异性问题。

10.3　磁悬浮列车系统的非线性控制

10.3.1　磁悬浮列车介绍

磁悬浮列车是一种新型高速交通工具,与普通的轮轨式列车不同,它主要依靠电磁力使车体在离轨道约1cm的上方运行。由于运行过程中列车与轨道不接触,因此可以有效避免由摩擦带来的各种影响,从而实现高速运行。自问世以来,磁悬浮列车引起了我国以及其他世界各国的广泛关注,成为有望解决我国当前所面临的地域广阔,交通落后问题的办法之一。基于此,我国从德国引进相关技术,在上海建成了全球首条30km磁悬浮列车线(如图10.2所示),该线路从浦东机场至龙阳路地铁站,已经投入使用,运行情况良好,时速高达430km/h。

尽管我国在上海建成了全球首条磁悬浮列车线,但是应该看到,该线路大多数设备都是在德国用新生产线专门生产的,成本非常高;而且核心技术仍然被德国掌握。因此,我们国家迫切需要展开磁悬浮列车的有关研究,对其关键技术进行解剖、消化、吸收,以掌握磁悬浮列车的核心技术。在此基础上,优化现有技术,进一步提高系统的可靠性和安全性,并减少其能耗和大幅度降低生产成本,设计出更为经济可靠的磁悬浮列车系统。

控制单元是磁悬浮列车的一项核心技术,经过分析可以得知该系统存在以下的

图 10.2 上海 30km 磁悬浮列车线路

控制难点：

(1) 磁悬浮系统开环是不稳定的；

(2) 从系统模型可以看出，它是一个非线性系统；

(3) 系统在运行过程中受到风力等多种不确定因素的影响；

(4) 部分磁悬浮系统只能施加正向的控制量(系统提供的电磁力是竖直向上的)，即它是一个单方向的控制系统。

由于以上原因，很难通过线性控制方法使系统长时间稳定运行。因此，如何实现磁悬浮列车的高性能控制是一个非常富有挑战性的问题，它得到了自动控制领域的广泛关注，并陆续出现了多种控制方法[15-17]，但是这些方法都有其各自不同的缺陷和适用工况。本节将针对一种常见的磁悬浮列车设计相应的控制器，使其在存在未知动态干扰的情况下仍然能够实现稳定悬浮[19]。

10.3.2 磁悬浮列车建模与控制器设计

对于磁悬浮列车系统，在竖直方向上对其进行动态分析并进行适当简化以后，可以建立如下的动态模型

$$m\ddot{x}=mg-F+\delta(t) \tag{10.24}$$

其中，$x(t)$、$\dot{x}(t)$、$\ddot{x}(t)$分别表示列车在竖直方向上的位移、速度和加速度，m 表示列车的质量，g 是重力加速度常数，$\delta(t)$表示列车在竖直方向上受到的各种扰动力，为了简化设计，假定扰动力 $\delta(t)$是周期为 T 的有界函数

$$\delta(t)=\delta(t-T),\quad \delta(t)\leqslant\delta_0\leqslant mg \tag{10.25}$$

在系统模型式(10.24)中，$F(t)$是实际控制量，它由以下电磁力来产生

$$F(t)=k\cdot\frac{i^2(t)}{x^2(t)} \tag{10.26}$$

其中，常数 k 由磁铁有效面积、线圈匝数等决定，而 $i(t)$表示励磁电流。显然，由式(10.26)可以看出，系统的控制量 $F(t)\geqslant 0$，因此这是一个单边的控制系统，如何对其进行有效控制是一个难点。由式(10.26)可以看出，通过改变励磁电流 $i(t)$的大小，可

以对系统施加不同的控制力 $F(t)$，而励磁电流 $i(t)$ 本身则由电压 $u(t)$ 来进行控制

$$Ri(t)+L\frac{\mathrm{d}i(t)}{\mathrm{d}t}=u(t) \tag{10.27}$$

其中，R、L 分别表示电磁体的电阻和电感值。

在磁悬浮列车系统中，通过改变电压量 $u(t)$ 可以调整励磁电流 $i(t)$ 的大小，并进一步达到改变控制量 $F(t)$ 的目标，最终使列车实现稳定悬浮(通常悬浮高度约为10mm)。从控制理论的角度而言，为了使列车在固定的高度上悬浮，需要使其在竖直方向上的位移稳定在设定值，为此需要通过设计合适的电磁力来实现。对于系统式(10.24)而言，一旦构造出适当的控制量 $F(t)$，使 $x(t)$ 稳定在设定值以后，就可以利用反步设计方法来得到励磁电流 $i(t)$ 和输入电压 $u(t)$，完成整个控制器的设计。由于对于系统式(10.26)和式(10.27)的设计相对简单，因此在本节中，我们假定 $F(t)$ 为真实的控制量，通过它来改变列车的悬浮高度。

综上所述，本节的控制目标是针对系统式(10.24)，设计合适的控制量 $F(t)$，使其在存在未知干扰 $\delta(t)$ 的情况下，将系统调节到设定的位置 x_{d}。根据这个控制目标，定义系统的调节误差如下

$$e(t)=x(t)-x_{\mathrm{d}} \tag{10.28}$$

进一步地，为了方便随后的控制器设计，引入如下的线性滤波器，以便将关于 $e(t)$ 的二维系统转化为关于的 $r(t)$ 的一维系统

$$r(t)=\dot{e}(t)+\alpha e(t) \tag{10.29}$$

其中，α 代表正的控制增益。对上式关于时间求导并代入式(10.28)，整理后得到

$$\dot{r}(t)=\ddot{x}(t)+\alpha r(t)-\alpha^2 e(t)$$

将上式两边同时乘以系数 m 并代入式(10.24)，化简后得到

$$m\dot{r}(t)=mg-F(t)+\delta(t)+\alpha mr(t)-\alpha^2 me(t) \tag{10.30}$$

根据上述开环误差系统，设计一种包含重复学习环节的非线性控制器如下[18]

$$F(t)=mg+k_1\tanh(k_2 r)+\hat{\delta}(t) \tag{10.31}$$

其中，k_1、k_2 表示控制增益，$k_1\tanh(k_2 r)$ 是非线性状态反馈项，$\hat{\delta}(t)$ 是对于时变周期干扰信号 $\delta(t)$ 的在线估计。需要指出的是，在式(10.31)中，考虑到控制器只能施加正向的控制量，因此采用 $k_1\tanh(k_2 r)$ 来代替通常的线性反馈项，以满足 $F(t)\geqslant 0$ 的基本要求。对于估计信号 $\hat{\delta}(t)$ 而言，由于 $\delta(t)$ 是周期变化的有界信号，因此我们可以采用以下的学习规律来获得对它的估计

$$\hat{\delta}(t)=\mathrm{sat}_{\delta_0}(\hat{\delta}(t-T))+k_3\tanh(k_2 r) \tag{10.32}$$

其中，k_3 为控制增益，$\mathrm{sat}_{\delta_0}(\cdot)$ 表示界为 δ_0 的饱和函数，对于任意标量 ξ，$\mathrm{sat}_{\delta_0}(\xi)$ 的具体定义如下

$$\mathrm{sat}_{\delta_0}(\xi)=\begin{cases}\delta_0, & \xi\geqslant\delta_0\\ \xi, & -\delta_0<\xi<\delta_0\\ -\delta_0, & \xi\leqslant-\delta_0\end{cases} \tag{10.33}$$

为了保证控制器式(10.31)满足约束 $F(t) \geqslant 0$,选择控制增益时必须满足如下条件

$$k_1 + k_3 \leqslant mg - \delta_0 \tag{10.34}$$

对于估计信号 $\hat{\delta}(t)$,根据式(10.32)~式(10.34)容易证明

$$|\hat{\delta}(t)| \leqslant \delta_0 + k_3$$

所以由式(10.31)可知

$$F(t) \geqslant mg - k_1 - \delta_0 - k_3 \geqslant 0$$

因此满足控制器施加单向控制量的要求。

对于式(10.32)所定义的自学习律,可以证明以下性质[19]

$$[\delta(t) - \mathrm{sat}_{\delta_0}(\hat{\delta}(t))]^2 \leqslant [\delta(t) - \hat{\delta}(t)]^2 \tag{10.35}$$

把控制器式(10.31)代入开环动态系统式(10.30),整理后得到系统的闭环方程如下

$$m\dot{r}(t) = -k_1 \tanh(k_2 r) + [\delta(t) - \hat{\delta}(t)] - \alpha^2 m e(t) + \alpha m r(t) \tag{10.36}$$

10.3.3 磁悬浮控制系统的稳定性分析

对于式(10.31)所设计的基于重复学习控制的磁悬浮闭环系统,可以证明它在存在周期性干扰的情况下,仍然能够实现列车的稳定悬浮,即实现如下定理所示的结论。

定理 10.1 对于非线性控制器式(10.31),当控制增益满足如下约束条件时

$$\alpha(2k_1 + k_3 - m^2\alpha^3) > \left[|\dot{e}(0)| + \alpha\,|e(0)| + \frac{1}{2m}e^2(0) + \frac{1}{k_2}\ln 2 + \frac{1}{k_2}\right]^2$$

其中,$e(0)$、$\dot{e}(0)$分别表示初始的位移与速度误差,则控制器可以使位移误差 $e(t)$渐近收敛到零

$$\lim_{t \to \infty} e(t) = 0$$

证明 为了证明调节误差 $e(t)$的渐近收敛特性,根据式(10.31)所示的包含重复学习环节的非线性控制器的特点,定义如下的非负标定函数

$$V = \frac{m}{k_2}\ln(\cosh(k_2 r)) + \frac{1}{2}e^2 + \frac{1}{2k_3}\int_{t-T}^{t} [\delta(\sigma) - \mathrm{sat}_{\delta_0}(\hat{\delta}(\sigma))]^2 \mathrm{d}\sigma$$

其中,$\cosh(k_2 r)$表示双曲余弦函数

$$\cosh(k_2 r) = \frac{\mathrm{e}^{k_2 r} + \mathrm{e}^{-k_2 r}}{2}$$

对 V 关于时间求导,并代入闭环方程式(10.36),整理后得到

$$\dot{V} = \tanh(k_2 r) m\dot{r} + e\dot{e} + \frac{1}{2k_3}\{[\delta(t) - \mathrm{sat}_{\delta_0}(\hat{\delta}(t))]^2 - [\delta(t-T) - \mathrm{sat}_{\delta_0}(\hat{\delta}(t-T))]^2\}$$

在上式中,对于 $\delta(t-T) - \mathrm{sat}_{\delta_0}(\hat{\delta}(t-T))$,可以利用扰动 $\delta(t)$的周期特性以及重复学习规律将其改写为

$$\delta(t-T)-\mathrm{sat}_{\delta_0}(\hat{\delta}(t-T))=\delta(t)-\hat{\delta}(t)+k_3\tanh(k_2r)$$

把系统的闭环动态特性式(10.36)及滤波器方程式(10.29)代入 $\dot{V}(t)$,同时利用上式对其进行化简后可以得到

$$\dot{V}\leqslant-\left(k_1+\frac{k_3}{2}\right)\tanh^2(k_2r)+\tanh(k_2r)(-\alpha^2me+\alpha mr)+e(r-\alpha e)\tag{10.37}$$

显然,为了实现预定的控制目标,需要证明 $\dot{V}(t)\leqslant0$,为此我们将分成以下两种情况来证明。

情形一 $r(t)=0$

此时,容易证明 $\tanh(k_2r)=0$,因此式(10.37)可以简化为

$$\dot{V}\leqslant-\alpha e^2\leqslant0$$

情形二 $r(t)\neq0$

显然,在这种情况下有

$$\tanh(k_2r)\neq0$$

因此,可以将式(10.37)改写为

$$\dot{V}\leqslant-\left(k_1+\frac{k_3}{2}-m\alpha\frac{r}{\tanh(k_2r)}\right)\tanh^2(k_2r)-\alpha e^2-\left[m\alpha^2-\frac{r}{\tanh(k_2r)}\right][e\tanh(k_2r)]$$

为了便于分析 $\dot{V}(t)$是否负定,我们将其改写为如下二次型的形式

$$\dot{V}\leqslant-\left(k_1+\frac{k_3}{2}-m\alpha\frac{r}{\tanh(k_2r)}\right)\tanh^2(k_2r)-\frac{\alpha}{2}e^2-2\left[\frac{m\alpha^2}{2}-\frac{r}{2\tanh(k_2r)}\right][e\tanh(k_2r)]-\frac{\alpha}{2}e^2$$

即

$$\dot{V}\leqslant-\boldsymbol{z}^{\mathrm{T}}\boldsymbol{B}\boldsymbol{z}-\frac{\alpha}{2}e^2\tag{10.38}$$

其中,$\boldsymbol{z}(t)\in\mathbf{R}^2$ 表示如下的辅助向量

$$\boldsymbol{z}=[e(t)\quad\tanh(k_2r)]^{\mathrm{T}}$$

而对称方阵 $\boldsymbol{B}(t)$定义为

$$\boldsymbol{B}=\begin{bmatrix}\dfrac{\alpha}{2} & \dfrac{m\alpha^2}{2}-\dfrac{r}{2\tanh(k_2r)}\\ \dfrac{m\alpha^2}{2}-\dfrac{r}{2\tanh(k_2r)} & k_1+\dfrac{k_3}{2}-m\alpha\dfrac{r}{\tanh(k_2r)}\end{bmatrix}$$

显然,如果选择控制增益使 $\boldsymbol{B}(t)$为正定矩阵,则根据式(10.38)可以看出 $\dot{V}(t)\leqslant-\frac{\alpha}{2}e^2(t)\leqslant0$,在此基础上就可以实现预定的控制目标。为此,需要合理选择控制增

益使矩阵 $\boldsymbol{B}(t)$ 的顺序主子式为正数，即满足以下条件

(1) $\dfrac{\alpha}{2}>0$；

(2) $$\frac{\alpha}{2}\left[k_1+\frac{k_3}{2}-m\alpha\frac{r}{\tanh(k_2 r)}\right]-\left[\frac{m\alpha^2}{2}-\frac{r}{2\tanh(k_2 r)}\right]^2>0 \tag{10.39}$$

显然，对于条件(1)，只要选择 $\alpha>0$ 就可以了。对于条件(2)，展开式(10.39)然后再合并同类项后得到

$$\frac{\alpha}{2}\left(k_1+\frac{k_3}{2}\right)-\frac{m^2\alpha^4}{4}-\frac{r^2}{4\tanh^2(k_2 r)}>0 \tag{10.40}$$

为了进一步化简上式，首先注意到

$$\left|\frac{r(t)}{\tanh(k_2 r)}\right|\leqslant|r(t)|+\frac{1}{k_2}$$

因此式(10.40)可以转化为如下的充分条件

$$\alpha(2k_1+k_3-m^2\alpha^3)>\left[|r(t)|+\frac{1}{k_2}\right]^2 \tag{10.41}$$

显然，由 $V(t)$ 的定义式可知

$$V\geqslant\frac{m}{k_2}\ln(\cosh(k_2 r))$$

同时，考虑到

$$\ln(\cosh(k_2 r))\geqslant\ln\left(\frac{\mathrm{e}^{|k_2 r|}}{2}\right)\geqslant k_2|r|-\ln 2$$

所以可以得到 $V(t)$ 的下界如下

$$\frac{1}{m}V(t)\geqslant\frac{1}{k_2}\ln(\cosh(k_2 r))\geqslant|r(t)|-\frac{1}{k_2}\ln 2$$

根据以上结果，可以将式(10.41)改写为如下的充分条件

$$\alpha(2k_1+k_3-m^2\alpha^3)>\left[\frac{1}{m}V(t)+\frac{1}{k_2}\ln 2+\frac{1}{k_2}\right]^2$$

因此，只要选择控制增益满足上述条件，则 $\dot{V}(t)$ 具有如下所示的上界函数

$$\dot{V}\leqslant-\frac{\alpha}{2}e^2\leqslant 0\quad \text{for}\quad \alpha(2k_1+k_3-m^2\alpha^3)>\left[\frac{1}{m}V(t)+\frac{1}{k_2}\ln 2+\frac{1}{k_2}\right]^2$$

此时，函数 $V(t)$ 单调递减，因此 $V(t)\leqslant V(0)$，以上条件可以改写为

$$\dot{V}\leqslant-\frac{\alpha}{2}e^2\leqslant 0\quad \text{for}\quad \alpha(2k_1+k_3-m^2\alpha^3)>\left[\frac{1}{m}V(0)+\frac{1}{k_2}\ln 2+\frac{1}{k_2}\right]^2$$

其中

$$V(0)=\frac{m}{k_2}\ln(\cosh(k_2 r(0)))+\frac{1}{2}e^2(0)\leqslant m|r(0)|+\frac{1}{2}e^2(0) \tag{10.42}$$

事实上，只要选择控制增益，使之满足式(10.42)中关于初始条件的约束，则函数 $V(t)$ 将单调递减，因此条件式(10.42)将始终成立。此时，$\dot{V}(t)$ 具有如下的上界

$$\dot{V}(t) \leqslant -\frac{\alpha}{2}e^2(t) \leqslant 0$$

利用以上事实,可以证明信号 $e(t)\in L_2$ 且 $V(t)$、$r(t)$、$e(t)$、$\dot{e}(t)\in L_\infty$,在此基础上,根据系统的动态特性容易得知所有闭环信号都是有界的,同时利用芭芭拉定理(定理2.11)可以证明

$$\lim_{t\to\infty} e(t) = 0$$

10.3.4 实验结果

为了测试包含重复学习单元的非线性饱和控制器式(10.31)的性能,我们对闭环磁悬浮系统进行了实验。实验平台如图10.3所示[19]。

图10.3 磁悬浮系统实验平台

在该平台上,一个线圈提供系统的控制力,而另外一个线圈则用来模拟系统中的扰动量,它可以通过在该线圈中通入合适的电流而产生期望的干扰信号。实验过程中利用一个感应式的距离传感器来测量位移信号,而速度信号则通过对位移信号进行数值差分并滤波后得到。数据输入输出板采用Servo-To-Go公司生产的STG I/O接口板,它分别有8个A/D通道和8个D/A通道,可以用来实现系统和计算机之间的通信(主要包括位移信号和控制指令的传送)。对于该实验平台,悬浮体的质量为

$$m = 0.020\text{kg}$$

针对上述实验平台,选择系统的悬浮高度为

$$x_{\rm d} = 7.0\text{mm}$$

针对不同的干扰信号,分别进行了以下两组实验。在实验过程中,对各个控制增益进行了充分调节,以使系统获得良好的性能。

实验一　简单周期干扰实验

系统中的周期干扰选择为

$$\delta(t)=0.04\sin^2 2\pi t\,\mathrm{N}$$

显然，对于这个干扰信号，其周期为 $T=0.5\mathrm{s}$，而其最大值为 $\delta_0=0.04\mathrm{N}$。系统的初始位移与速度信号分别为

$$x(0)=16.6\mathrm{mm},\quad \dot{x}(0)=0.0\mathrm{m/s}$$

经过充分调节以后，控制系统中的各个增益取值如下

$$k_1=0.1,\quad k_2=30,\quad k_3=0.02,\quad \alpha=7.75$$

为了观测干扰信号 $\delta(t)$ 对系统性能的影响以及估计信号 $\hat{\delta}(t)$ 对 $\delta(t)$ 的学习逼近能力，我们选择当系统运行到 10s 时将干扰信号 $\delta(t)$ 加入到磁悬浮系统中，此时不施加任何干扰学习及补偿策略（即 $\hat{\delta}(t)=0$）。当系统运行到 20s 时，将干扰学习及补偿策略加入系统中，以便对周期干扰信号进行相应处理。整个系统的响应曲线如图 10.4 和图 10.5 所示。其中，图 10.4 表示控制误差，而图 10.5 则是系统对于干扰信号的学习响应。图 10.4(b)和图 10.5(b)都是对于图 10.4(a)和图 10.5(a)曲线的放大，以方便对其进行分析。显然，当在稳定的悬浮系统中加入干扰信号时，它将使悬浮体产生一定幅值的波动。而随着干扰学习及补偿策略的加入，系统的波动将得到明显改善，实际上，从图 10.5 可以看出，经过不到 5s 的时间，估计信号 $\hat{\delta}(t)$ 和

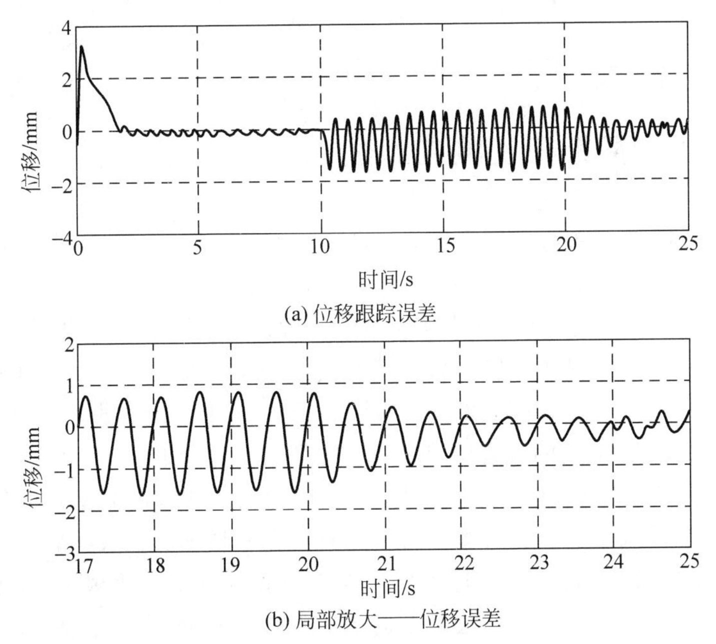

图 10.4　系统位移误差曲线(实验一)

干扰信号 $\delta(t)$ 就基本一致了。另一方面,在系统的响应曲线中出现了一定程度的高频噪声。需要指出的是,这种噪声的主要来源在于实现控制算法时,为了获得速度信号而引入的数值差分算法。

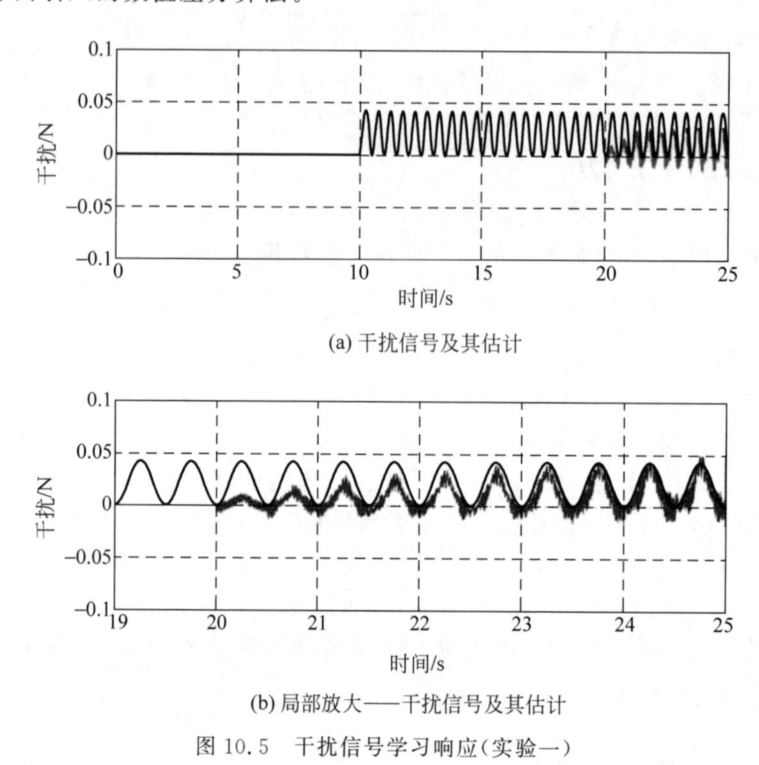

(a) 干扰信号及其估计

(b) 局部放大——干扰信号及其估计

图 10.5 干扰信号学习响应(实验一)

实验二 复杂周期干扰响应测试

在实验二中,将系统收到的干扰信号选择如下

$$\delta(t)=0.015+0.015\tanh(2.0\tan\pi t)\text{N}$$

显然,对于这个干扰信号,其周期为 $T=1\text{s}$,而其最大值为 $\delta_0=0.03\text{N}$。其他条件与实验一完全相同。在这种情况下,整个系统的响应曲线如图 10.6 和图 10.7 所示。其中,图 10.6 表示控制误差,而图 10.7 则是系统对于干扰信号的学习响应。与实验一的结果相比,系统响应的性能有所下降,这是由于干扰信号更为复杂所引起的。另一方面,从图 10.7 可以看出,重复学习算法需要大约 11s 的时间才能使估计信号 $\hat{\delta}(t)$ 跟踪干扰信号 $\delta(t)$,这比实验一的学习时间有所增加。比较实验一和实验二中干扰信号的差异以后,我们认为这种区别主要是由于干扰信号周期的变化所引起的。具体而言,由于重复学习算法是以周期为单位来进行学习,因此如果算法需要经过相同的周期数才能跟踪干扰信号,则随着信号周期的增加,需要的学习时间也更长。

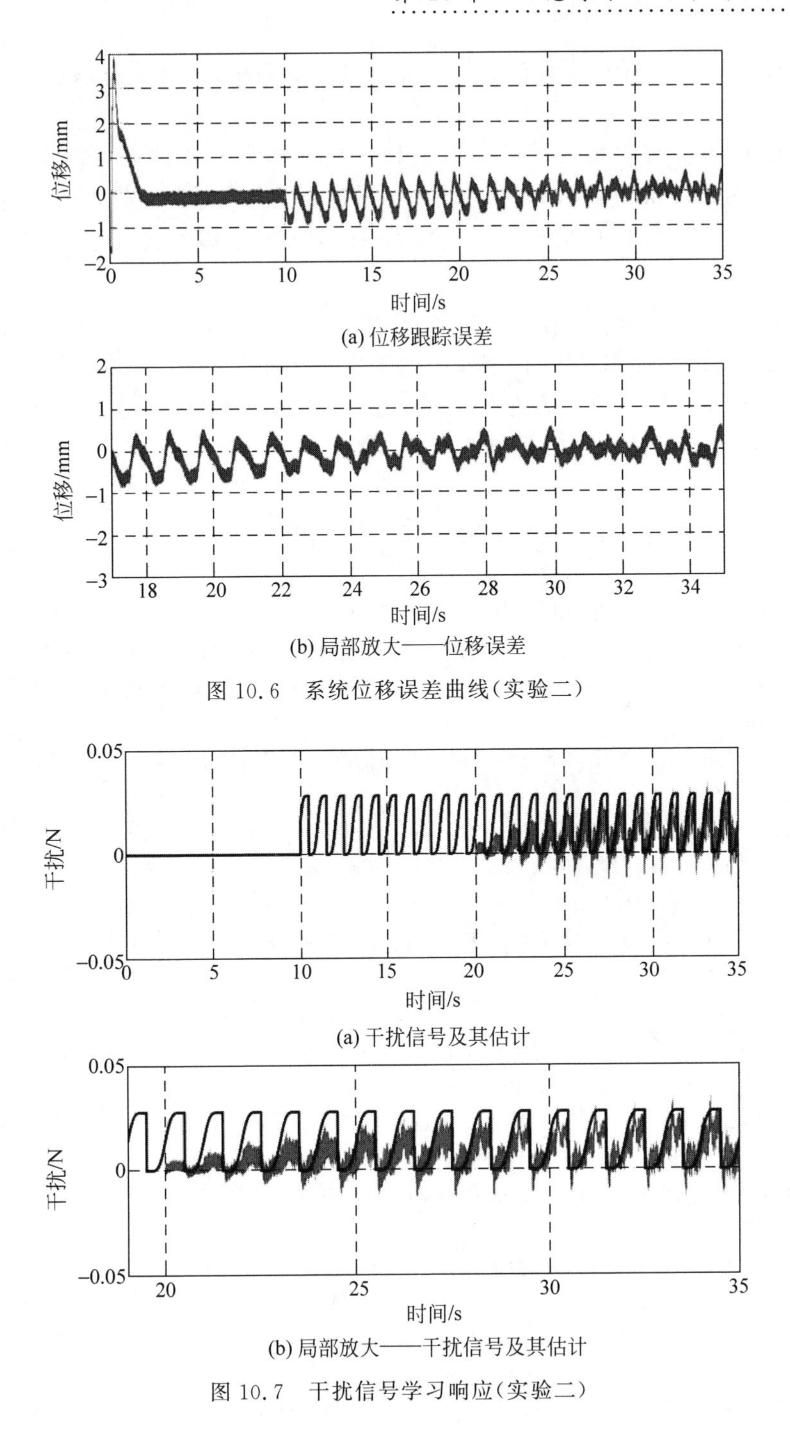

(a) 位移跟踪误差

(b) 局部放大——位移误差

图 10.6　系统位移误差曲线(实验二)

(a) 干扰信号及其估计

(b) 局部放大——干扰信号及其估计

图 10.7　干扰信号学习响应(实验二)

习题

1. 什么是磁悬浮系统？与其他系统相比，磁悬浮系统有何优点？
2. 对于控制器设计而言，磁悬浮系统控制的主要难点有哪些？

3. 对于10.2节中所设计的磁轴承非线性控制系统,试对其瞬态功率损失进行定性分析。

4. 对于10.2节中所设计的具有零稳态功率损失的磁轴承控制系统,试利用MATLAB/Simulink进行仿真,并讨论不同的控制增益对于系统性能的影响。

5. 对于10.3.2节中所定义的重复学习律,请证明它具有式(10.35)所示的不等式性质。

6. 请对10.3.3节中的式(10.37)进行完整的数学推导。

7. 对于磁悬浮列车系统,保持系统的平稳性有何意义?

8. 对于式(10.24)所示的磁悬浮列车系统,当选择式(10.31)~式(10.33)所示的非线性控制器时,试对闭环系统进行仿真研究。

参考文献

1. 虞烈.可控磁悬浮转子系统[M].北京:科学出版社,2003.
2. 张士勇.磁悬浮技术的应用现状与展望[J].工业仪表与自动化装置,2003,3:63-65.
3. 刘晓军,刘小英,胡业发,等.五自由度磁悬浮轴承控制系统的研制[J].机械与电子,2007,(5):34-37.
4. 王宝国,王凤翔.磁悬浮无轴承电机悬浮力绕组励磁及控制方式分析[J].电机工程学报,2002,22(5):105-108.
5. Behal A,Costic B,Dawson D,et al. Nonlinear Control of Magnetic Bearing in the Presence of Sinusoidal Disturbance[C]. *Proc. of the American Control Conference*,2001,3636-3641.
6. Rodrigues H,Orgeta R,Mareels I. A Novel Passivity-Based Controller for an Active Magnetic Bearing Benchmark Experiment[C]. *Proc. of the American Control Conference*,Chicago,IL,2000,2144-2148.
7. Mohamed M,Busch-Vishniac I. Imbalance Compensation and Automatic Balancing in Magnetic Bearing Systems Using the Q-Parameterization Theory[C]. *Proc. of the American Control Conference*,Baltimore,MD,2002,4015-4020.
8. 柏猛,李敏花,王洋,等.模糊控制在磁悬浮轴承中的应用[J].自动化与仪表,2004,3:51-53.
9. 李敏花,刘淑琴.磁悬浮轴承的模糊PID控制[J].控制工程,2004,11(5):409-412.
10. 朱熀秋,孙玉坤.最优控制理论在磁轴承控制系统中的应用研究[J].控制理论与应用,2002,19(3):479-483.
11. 刘淑焕.磁悬浮转子系统的鲁棒控制设计与仿真[J].伺服控制,2006,7:38-42.
12. Queiroz de M,Dawson D. Nonlinear Control of Active Magnetic Bearings: A Backstepping Approach[J]. *IEEE Transactions on Control Systems Technology*,1996,4(5):545-552.
13. Motee N,Queiroz de M S,Fang Y,et al. Active Magnetic Bearing Control with Zero Steady-State Power Loss[C]. *Proc. of the American Control Conference*,Anchorage,Alaska,2002,827-832.
14. 吴国庆,张钢,张建生,等.基于DSP的主动磁轴承电主轴控制系统研究[J].电机与控制学报,2006,10(2):118-120.
15. Charara A,De Miras J,Caron B. Nonlinear Control of a Magnetic Levitation System without Premagnetization[J]. *IEEE Transactions on Control Systems Technology*,1996,4(5):

513-523.
16. 刘恒坤，常文森. 磁悬浮列车的双环控制[J]. 控制工程，2007，14(2)：198-200.
17. 杨泉林. 磁悬浮实验列车模型的解耦控制系统[J]. 自动化学报，1989，15(1)：23-29.
18. Fang Y, Feemster M, Dawson D. Nonlinear Disturbance Rejection for Magnetic Levitation Systems[J]. *Prof. of the IEEE International Symposium on Intelligent Control*, Houston, Texas, 2003, 58-62.
19. Feemster M, Fang Y, Dawson D. Disturbance Rejection for a Magnetic Levitation System[J]. *IEEE/ASME Trans. on Mechatronics*, 2006, 11(6): 709-717.

“高等学校自动化专业系列教材”丛书书目

教材类型	编　　号	教材名称	主编/主审	主编单位	备注
本科生教材					
控制理论与工程	Auto-2-(1+2)-V01	自动控制原理(研究型)	吴麒、王诗宓	清华大学	
	Auto-2-1-V01	自动控制原理(研究型)	王建辉、顾树生/杨自厚	东北大学	
	Auto-2-1-V02	自动控制原理(应用型)	张爱民/黄永宣	西安交通大学	
	Auto-2-2-V01	现代控制理论(研究型)	张嗣瀛、高立群	东北大学	
	Auto-2-2-V02	现代控制理论(应用型)	谢克明、李国勇/郑大钟	太原理工大学	
	Auto-2-3-V01	控制理论 CAI 教程	吴晓蓓、徐志良/施颂椒	南京理工大学	
	Auto-2-4-V01	控制系统计算机辅助设计	薛定宇/张晓华	东北大学	
	Auto-2-5-V01	工程控制基础	田作华、陈学中/施颂椒	上海交通大学	
	Auto-2-6-V01	控制系统设计	王广雄、何朕/陈新海	哈尔滨工业大学	
	Auto-2-8-V01	控制系统分析与设计	廖晓钟、刘向东/胡佑德	北京理工大学	
	Auto-2-9-V01	控制论导引	万百五、韩崇昭、蔡远利	西安交通大学	
	Auto-2-10-V01	控制数学问题的MATLAB求解	薛定宇、陈阳泉/张庆灵	东北大学	
控制系统与技术	Auto-3-1-V01	计算机控制系统(面向过程控制)	王锦标/徐用懋	清华大学	
	Auto-3-1-V02	计算机控制系统(面向自动控制)	高金源、夏洁/张宇河	北京航空航天大学	
	Auto-3-2-V01	电力电子技术基础	洪乃刚/陈坚	安徽工业大学	
	Auto-3-3-V01	电机与运动控制系统	杨耕、罗应立/ 陈伯时	清华大学、华北电力大学	
	Auto-3-4-V01	电机与拖动	刘锦波、张承慧/陈伯时	山东大学	
	Auto-3-5-V01	运动控制系统	阮毅、陈维钧/陈伯时	上海大学	
	Auto-3-6-V01	运动体控制系统	史震、姚绪梁/谈振藩	哈尔滨工程大学	
	Auto-3-7-V01	过程控制系统(研究型)	金以慧、王京春、黄德先	清华大学	
	Auto-3-7-V02	过程控制系统(应用型)	郑辑光、韩九强/韩崇昭	西安交通大学	
	Auto-3-8-V01	系统建模与仿真	吴重光、夏涛/吕崇德	北京化工大学	
	Auto-3-8-V01	系统建模与仿真	张晓华、王华民/薛定宇	哈尔滨工业大学	
	Auto-3-9-V01	传感器与检测技术	王俊杰/王家祯	清华大学	
	Auto-3-9-V02	传感器与检测技术	周杏鹏、孙永荣/韩九强	东南大学	
	Auto-3-10-V01	嵌入式控制系统	孙鹤旭、林涛/袁著祉	河北工业大学	
	Auto-3-13-V01	现代测控技术与系统	韩九强、张新曼/田作华	西安交通大学	
	Auto-3-14-V01	建筑智能化系统	章云、许锦标/胥布工	广东工业大学	
	Auto-3-15-V01	智能交通系统概论	张毅,姚丹亚/史其信	清华大学	
	Auto-3-16-V01	智能现代物流技术	柴跃廷、申金升/吴耀华	清华大学	

续表

教材类型	编　　号	教材名称	主编/主审	主编单位	备注
本科生教材					
信号处理与分析	Auto-5-1-V01	信号与系统	王文渊/阎平凡	清华大学	
	Auto-5-2-V01	信号分析与处理	徐科军/胡广书	合肥工业大学	
	Auto-5-3-V01	数字信号处理	郑南宁/马远良	西安交通大学	
计算机与网络	Auto-6-1-V01	单片机原理与接口技术	杨天怡、黄勤	重庆大学	
	Auto-6-2-V01	计算机网络	张曾科、阳宪惠/吴秋峰	清华大学	
	Auto-6-4-V01	嵌入式系统设计	慕春棣/汤志忠	清华大学	
	Auto-6-5-V01	数字多媒体基础与应用	戴琼海、丁贵广/林闯	清华大学	
软件基础与工程	Auto-7-1-V01	软件工程基础	金尊和/肖创柏	杭州电子科技大学	
	Auto-7-2-V01	应用软件系统分析与设计	周纯杰、何顶新/卢炎生	华中科技大学	
实验课程	Auto-8-1-V01	自动控制原理实验教程	程鹏、孙丹/王诗宓	北京航空航天大学	
	Auto-8-3-V01	运动控制实验教程	綦慧、杨玉珍/杨耕	北京工业大学	
	Auto-8-4-V01	过程控制实验教程	李国勇、何小刚/谢克明	太原理工大学	
	Auto-8-5-V01	检测技术实验教程	周杏鹏、仇国富/韩九强	东南大学	
研究生教材					
	Auto(＊)-1-1-V01	系统与控制中的近代数学基础	程代展/冯德兴	中科院系统所	
	Auto(＊)-2-1-V01	最优控制	钟宜生/秦化淑	清华大学	
	Auto(＊)-2-2-V01	智能控制基础	韦巍、何衍/王耀南	浙江大学	
	Auto(＊)-2-3-V01	线性系统理论	郑大钟	清华大学	
	Auto(＊)-2-4-V01	非线性系统理论	方勇纯/袁著祉	南开大学	
	Auto(＊)-2-6-V01	模式识别	张长水/边肇祺	清华大学	
	Auto(＊)-2-7-V01	系统辨识理论及应用	萧德云/方崇智	清华大学	
	Auto(＊)-2-8-V01	自适应控制理论及应用	柴天佑、岳恒/吴宏鑫	东北大学	
	Auto(＊)-3-1-V01	多源信息融合理论与应用	潘泉、程咏梅/韩崇昭	西北工业大学	
	Auto(＊)-4-1-V01	供应链协调及动态分析	李平、杨春节/桂卫华	浙江大学	